材料科学与工程实验系列教材

总主编　崔占全　潘清林　赵长生　谢峻林
总主审　王明智　翟玉春　肖纪美

金属材料液态成型实验教程

主　编　燕山大学　徐　瑞
　　　　南昌航空大学　严青松
副主编　太原理工大学　王红霞
　　　　陕西理工学院　王　华
主　审　河南理工大学　米国发

北　京
冶金工业出版社
北京大学出版社
国防工业出版社
哈尔滨工业大学出版社
2012

内容提要

本实验教材分四篇，包括基础型实验、综合设计型实验、模拟计算型实验和创新型实验。基础型实验主要从铸件形成理论开始介绍，随后介绍造型材料与铸造工艺、铸造合金熔炼及组织观察、测试技术；综合设计型实验主要包括消失模铸造成型实验，合金成分设计、熔炼、成型及组织检验，金属液态成型技术综合实验以及液态成型模具设计与拆装实验；模拟计算型实验主要包括铸件凝固过程的温度场数值模拟、铸件充型过程的数值模拟、铸造应力的模拟计算以及铸件缺陷形成的数值模拟；创新型实验主要包括特种铸件的创意设计与成型实验、艺术品精密铸造成型实验和SLS快速铸造工艺及模具制造技术实验。

本教材可供金属材料科学与工程、材料成型及控制工程、机械工程等专业的专科生、本科生、研究生学习使用，也可供相关专业的老师和工程技术人员学习参考。

图书在版编目(CIP)数据

金属材料液态成型实验教程/徐瑞，严青松主编．—北京：冶金工业出版社，2012.8

材料科学与工程实验系列教材

ISBN 978-7-5024-6011-2

Ⅰ.①金…　Ⅱ.①徐…　②严…　Ⅲ.①液态金属充型—高等学校—教材　Ⅳ.①TG21

中国版本图书馆CIP数据核字(2012)第170871号

出版人　曹胜利

地　　址　北京北河沿大街嵩祝院北巷39号，邮编100009

电　　话　(010)64027926　电子信箱　yjcbs@cnmip.com.cn

责任编辑　尚海霞　美术编辑　李　新　版式设计　孙跃红

责任校对　卿文春　责任印制　牛晓波

ISBN 978-7-5024-6011-2

北京百善印刷厂印刷；冶金工业出版社出版发行；各地新华书店经销

2012年8月第1版，2012年8月第1次印刷

787mm×1092mm　1/16；16印张；382千字；238页

32.00元

冶金工业出版社投稿电话：(010)64027932　投稿信箱：tougao@cnmip.com.cn

冶金工业出版社发行部　电话：(010)64044283　传真：(010)64027893

冶金书店　地址：北京东四西大街46号(100010)　电话：(010)65289081(兼传真)

《材料科学与工程实验系列教材》
总 编 委 会

《材料科学与工程实验系列教材》
编写委员会成员单位

《材料科学与工程实验系列教材》

出版委员会

序　言

近年来，我国高等教育取得了历史性突破，实现了跨越式的发展，高等教育由精英教育变为大众化教育。以国家需求与社会发展为导向，走多样化人才培养之路是今后高等教育教学改革的一项重要内容。

作为高等教育教学内容之一的实验教学，是培养学生动手能力、分析问题、解决问题能力的基础，是学生理论联系实际的纽带和桥梁，是高等院校培养创新开拓型和实践应用型人才的重要课堂。因此，实验教学及国家级实验示范中心建设在高等学校建设上至关重要，在高等院校人才培养计划中亦占有极其重要的地位。但长期以来，实验教学存在以下弊病：

1. 在高等学校的教学中，存在重理论轻实践的现象，实验教学长期处于从属理论教学的地位，大多没有单独设课，忽视对学生能力的培养；

2. 实验教师队伍建设落后，师资力量匮乏，部分实验教师由于种种原因而进入实验室，且实验教师知识更新不够；

3. 实验教学学时有限，且在教学计划中实验教学缺乏系统性，为了理论教学任务往往挤压实验教学课时，实验教学没有被置于适当的位置；

4. 实验内容单调，局限在验证理论；实验方法呆板、落后，学生按照详细的实验指导书机械地模仿和操作，缺乏思考、分析和设计过程，被动地重复几年不变的书本上的内容，整个实验过程是教师抱着学生走；设备缺乏且陈旧，组数少，大大降低了实验效果；

5. 整个高等学校存在实验室开放程度不够，实验室的高精尖设备学生根本没有机会操作，更谈不上学生亲自动手及培养其分析问题与解决问题的能力。

这样，怎么能培养出适应国家“十二五”发展规划以及建设“创新型国家”需求的合格毕业生?

“百年大计，教育为本；教育大计，教师为本；教师大计，教学为本；教学大计，教材为本。”有了好的教材，就有章可循，有规可依，有鉴可借，有路可走。师资、设备、资料（首先是教材）是高等院校的三大教学基本建设。

为了落实教育部“质量工程”及“卓越工程师”计划，建设好材料类特色专业与国家级实验示范中心，实现培养面向21世纪高等院校材料类创新型综合性应用人才的目的，国内涉及材料科学与工程专业实验教学的40余所高校及国内四家出版社100多名专家、学者，于2011年1月成立了“材料科学与工程实验教学研究会”。“研究会”针对目前国内材料类实验教学的现状，以提升材料实验教学能力和传输新鲜理念为宗旨，团结全国高校从事材料科学与工程类实验教学的教师，共同研究提高我国材料科学与工程类实验教学的思路、方法，总结教学经验；目标是，精心打造出一批形式新颖、内容权威、适合时代发展的材料科学与工程系列实验教材，并经过几年的努力，成为优秀的精品课程教材。为此，成立“实验系列教材编审委员会”，并组成以国内有关专家、院士为首的高水平“实验系列教材总编审指导委员会”，其任务是策划教材选题，审查把关教材总体编写质量等；还组成了以教学第一线骨干教师为首的“实验教材编写委员会”，其任务是，提出、审查编写大纲，编写、修改、初审教材等。此外，冶金工业出版社、国防工业出版社、北京大学出版社、哈尔滨工业大学出版社等组成了本系列实验教材的“出版委员会”，协调、承担本实验教材的出版与发行事宜等。

为确保教材品位、体现材料科学与工程实验教材的国家级水平，“编委会”特意对培养目标、编写大纲、书目名称、主干内容等进行了研讨。本系列实验教材的编写，注意突出以下特色：

1. 实验教材的编写与教育部专业设置、专业定位、培养模式、培养计划、各学校实际情况联系在一起；坚持加强基础、拓宽专业面、更新实验教材内容的基本原则。

2. 实验教材编写紧跟世界各高校教材编写的改革思路。注重突出人才素质、创新意识、创造能力、工程意识的培养，注重动手能力，分析问题及解决问题能力的培养。

3. 实验教材的编写与专业人才的社会需求实际情况联系在一起，做到宽窄并举；教材编写应听取用人单位专业人士的意见。

4. 实验教材编写突出专业特色、深浅度适中，以编写质量为实验教材的生命线。

5. 实验教材的编写，处理好该实验课与基础课之间的关系，处理好该实验课与其他专业课之间的关系。

6. 实验教材编写注意教材体系的科学性、理论性、系统性、实用性，不但要编写基本的、成熟的、有用的基础内容，同时也要将相关的未知问题在教材中体现，只有这样才能真正培养学生的创新意识。

7. 实验教材编写要体现教学规律及教学法，真正编写出一本教师及学生都感觉到得心应手的教材。

8. 实验教材的编写要注意与专业教材、学习指导、课堂讨论及习题集等配套教材的编写成龙配套，力争打造立体化教材。

本材料科学与工程实验系列教材，从教学类型上可分为：基础入门型实验，设计研究型实验，综合型实践实验，软件模拟型实验，创新开拓型实验。从教材题目上，包括材料科学基础实验教程（金属材料工程专业）；机械工程材料实验教程（机械类、近机类专业）；材料科学与工程实验教程（金属材料工程）；高分子材料实验教程（高分子材料专业）；无机非金属材料实验教程（无机专业）；材料成型与控制实验教程（压力加工分册）；材料成型与控制实验教程（铸造分册）；材料成型与控制实验教程（焊接分册）；材料物理实验教程（材料物理专业）；超硬材料实验教程（超硬材料专业）；表面工程实验教程（材料的腐蚀与防护专业）等一系列与材料有关的实验教材。从内容上，每个实验包含实验目的、实验原理、实验设备与材料、实验内容与步骤、实验注意事项、实验报告要求、思考题等内容。

本实验系列教材由崔占全（燕山大学）、潘清林（中南大学）、赵长生（四川大学）、谢峻林（武汉理工大学）任总主编；王明智（燕山大学）、翟玉春（东北大学）、肖纪美（北京科技大学、院士）任总主审。

经全体编审教师的共同努力，本系列教材的第一批教材即将出版发行，我们殷切期望此系列教材的出版能够满足国内高等院校材料科学与工程类各个专业教育改革发展的需要，并在教学实践中得以不断充实、完善、提高和发展。

本材料科学与工程实验系列教材涉及的专业及内容极其广泛。随着专业设置与教学的变化和发展，本实验系列教材的题目还会不断补充，同时也欢迎国内从事材料科学与工程专业的教师加入我们的队伍，通过实验教材这个平台，将本专业有特色的实验教学经验、方法等与全国材料实验工作者同仁共享，为国家复兴尽力。

由于编者水平及时间所限，书中不足之处，敬请读者批评指正。

材料科学与工程实验教学研究会
材料科学与工程实验系列教材编写委员会

2011 年 7 月

前　言

实验教学是材料科学与工程专业教学中的重要组成部分，它不仅使学生加深对专业知识的理解，获取专业知识和经验，而且对培养学生的科学研究能力、创新思维和实践动手能力起着相当重要的作用。长期以来，我国材料科学与工程专业培养的学生通常具备较高的专业基础理论知识，但是实践动手能力较弱，这与新世纪高素质创新人才的培养要求差距较大，不能满足社会对人才的要求。鉴于此，编者编写了本书。

本书汇编了材料科学与工程专业中液态成型（铸造）方向各门专业课程的实验，共分四篇十五章，共计58个实验，其中，基础型实验篇包括铸件形成理论、造型材料与铸造工艺、铸造合金熔炼及组织观察、测试技术等四章，接着是综合设计型实验篇，包括消失模铸造成型实验，合金成分设计、熔炼、成型及组织检验，金属液态成型技术综合实验和液态成型模具设计与拆装实验等四章，然后是模拟计算型实验篇，包括铸件凝固过程的温度场数值模拟、铸件充型过程的数值模拟、铸造应力的模拟计算、铸件缺陷形成的数值模拟等四章，最后是创新型实验篇，包括特种铸件的创意设计与成型实验、艺术品精密铸造成型实验、SLS快速铸造工艺及模具制造技术实验。内容不仅涉及所有液态成型专业方向所有实验，而且编者特意编写了以培养学生科研能力和创新能力为主的综合性设计型和研究创新型实验。

本书的特点是：第一，紧密结合学科发展的最新动态和各门课程的实验要求，坚持加强专业基础，拓宽知识面，增强培养学生动手能力和科学创新能力，满足社会对新型科技人才的要求。第二，注重实验教学新体系的探索。本教材的编写过程，尽可能地考虑到体系的完整性和创新性，即以全面提高学生实验技能为主线设计课程体系，尽可能配合课堂教学，同时又根据专业发展的需要，特意编写了提高研究能力和创新思维为主的实验。

本书由燕山大学徐瑞教授和南昌航空大学严青松副教授任主编，太原理工大学王红霞副教授和陕西理工学院王华教授任副主编。其中，第一章和第四章由太原科技大学罗小萍编写，第二章中第一节～第三节和第三章由太原理工大学王红霞编写，第二章中第四节～第七节由北方民族大学李海玲编写，第二章中第八节和第六章由燕山大学徐瑞编写，第五章由陕西理工学院王华编写，第七章由南昌航空大学万红、卢百平、严青松共同编写，第八章和第十三章由南昌航空大学方立高编写，第九章～第十二章由大连理工大学姚山编写，第十四章由南昌航空大学万红编写，第十五章由南昌航空大学严青松、卢百平共同编写。全书由河南理工大学米国发教授主审。

本书在编写过程中得到了材料/冶金科学与工程实验教学研究会的大力支持，谨此一并深表谢意。

由于编者水平有限，书中不足之处恳请广大读者批评指正。

编 者

2012 年 6 月于燕山大学

目　录

第一篇　基础型实验

第二篇 综合设计型实验

第三篇 模拟计算型实验

第四篇 创新型实验

第一篇　基础型实验

第一章

铸件形成理论

第一节　合金流动性及液态金属充型能力评定

一、实验目的

（1）掌握目前在生产及科研中应用最广泛的螺旋形试样测定合金流动性和评定其充型能力的实验方法。

（2）在试样结构及铸型性质固定不变的情况下，了解合金的化学成分和浇注温度对液态金属充型能力和流动性的影响。

二、实验原理

充型能力是液态金属充满铸型型腔，获得轮廓清晰、形状完整的铸件的能力，它主要取决于液态合金的流动性，同时还受相关工艺因素的影响。合金的流动性是液态金属本身的流动能力，是铸造合金重要的铸造性能之一，它主要取决于合金的热物理特性和结晶特性，它用一定的铸造工艺条件下流动性试样的长度来衡量。流动性好的合金，能使金属液较容易地充满铸型，能使铸件在凝固期间产生的缩孔得到液态金属的补缩，能阻止热裂产生并有利于金属液中的夹杂物及气泡的排除等，因此，流动性对铸件质量有重要影响。合金成分及浇注温度是影响合金流动性的主要因素。

实验采用标准的同心单螺旋流动性测试装置（见图1-1），把不同合金在一定浇注温度下的流动距离反映到螺旋形轨迹上，并在轨迹上每相隔50mm做一标记，从而可以方便准确地确定出合金的流动距离，以便于分析、比较不同合金的流动性。

三、实验设备及材料

设备：螺旋形试样模具；浇口杯模具；砂箱；高温坩埚电炉；温度控制器；热电偶测温仪；浇口塞；坩埚；坩埚钳；台秤；造型工具。

材料：纯铝；铸铝102或201；精炼剂（氯化锌质量分数为0.15%～0.2%）；黏土砂。

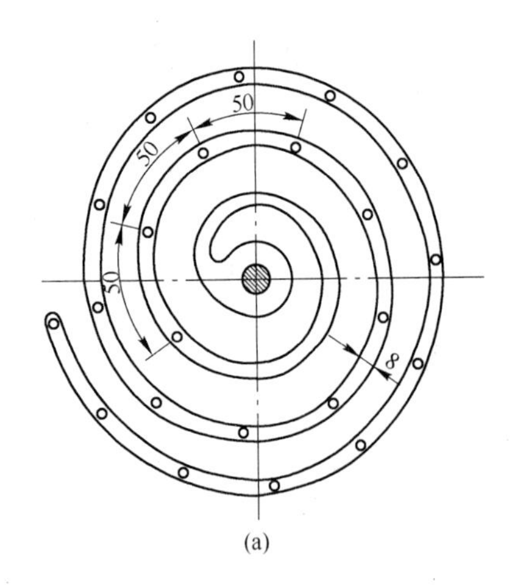

(a)

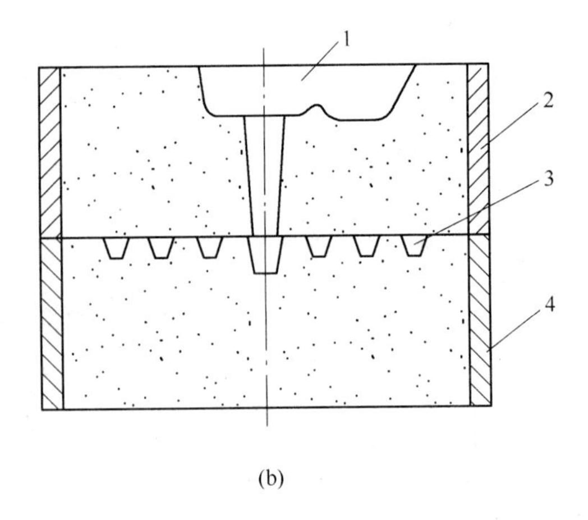

(b)

图 1-1 流动性实验示意图

（a）螺旋形试样图；（b）合箱图

1—浇口杯；2—上砂箱；3—螺旋试样；4—下砂箱

四、实验内容及步骤

（一）实验内容

（1）测定不同成分的铝合金在相同过热度的条件下螺旋形试样的长度。

（2）测定某一定成分在不同过热条件下（50℃，100℃）螺旋形试样的长度，每种过热度做一个实验。

（二）实验步骤

（1）混砂，造型，合箱。

（2）合金配料及熔化后测温，待达到预定温度后加氯化锌精炼、扒渣，保温 1 ~ 2min，出炉浇注。

（3）用浇口杯控制一定的压头，浇口杯先用浇口塞堵住，待浇杯中注满金属液后进行测温，当液体金属温度达到预定温度时，立即拔去浇口塞，等待金属填充铸型。浇口塞及浇口杯应预先加热到 150℃左右。

（4）打箱后，测定螺旋形试样长度，并观察试样流头特点。

（5）记录各项数据，并整理好工具、砂箱，清扫造型场地。

五、实验报告要求

（1）将各组实验结果收集整理填入表 1-1，并与相图对照分析讨论。

表 1-1 实验结果

成 分	纯 铝		铸铝 102		铸铝 201	
熔点/℃						
过热度/℃	50	100	50	100	50	100
浇注温度/℃						
螺旋形试样长度/mm						
备 注						

（2）实验分析：

1）分析浇注温度对合金流动性及充型能力的影响。

2）分析浇注时如何提高合金的充型能力。

六、实验注意事项

（1）不准穿凉鞋、短裤进入实验室，以免烫伤。

（2）螺旋形试样模板起模时要平稳，尽量不修型。

（3）铸型扎排气孔时不得扎透型腔。

（4）浇注要平稳，流股大小要适中。

七、思考题

（1）影响合金流动性试样长度的主要因素有哪些？

（2）测定合金流动性时为什么要控制充型压头，如何控制？

第二节 铸件动态凝固曲线的测定

一、实验目的

（1）了解与掌握测定凝固动态曲线的方法及过程。

（2）会用所测的动态凝固曲线分析合金凝固过程特点。

二、实验原理

在凝固过程中，铸件断面上液相边界和固相边界之间的区域称为凝固区域。凝固区域是液固并存区，它的宽窄将影响合金的铸造性能与凝固组织，从而影响铸件质量。凝固区域越窄，铸件越是倾向于逐层凝固方式，易得到补缩而不形成缩松，但易形成集中缩孔，便于用冒口补缩而得到致密的铸件。凝固区域越宽，铸件越是倾向于糊状凝固方式，易形成发达的树枝晶，不易得到补缩而形成晶间缩松、析出性气孔、热裂等缺陷。因此，研究铸件凝固时凝固区域宽度是非常重要的。

凝固时期各个时刻的凝固区域大小和它从铸件表面向铸件中心移动规律的曲线，称为凝固动态曲线或铸件凝固动态图。测定凝固动态曲线能够较全面地描绘铸件凝固过程。

本实验采用多点热分析法。它是用多支热电偶分别测定和记录铸件凝固时期不同部位的温度-时间曲线，然后对其做不同的图形变换，得到坐标为距离-时间的铸件凝固动态曲线图。

如图 1-2 所示，6 支热电偶固定在铸件表面到中心的不同位置上，离铸件表面的距离分别为 x_0、x_1、x_2、x_3、x_4 和 x_5。利用多点自动记录电子电位差计记录各点的温度-时间曲线，如图 1-3(b)所示。

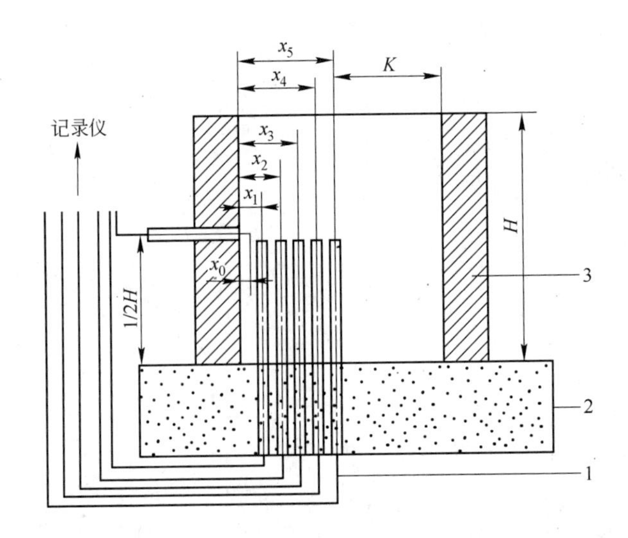

图 1-2 多点热分析法示意图（测定铸件断面上各点的冷却曲线）

1—热电偶；2—砂型；3—金属型

K—铸件 1/2 宽度；H—铸型高度

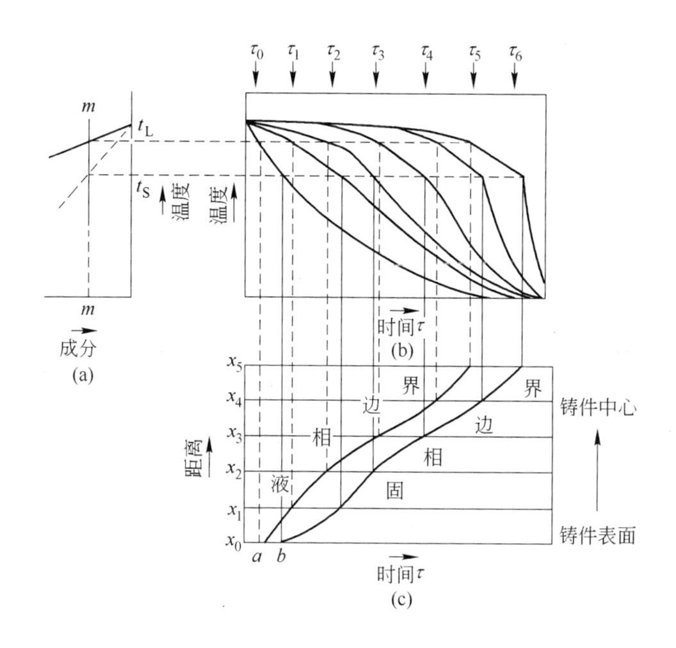

图 1-3　铸件凝固动态曲线图的绘制

（a）合金状态图一角；（b）各测温点 x_0，…，x_5 的冷却曲线图；（c）凝固动态曲线图

t_L—液相线温度；t_S—固相线温度

图 1-3 是所绘制的凝固动态曲线图，是从图 1-3(b)开始到图 1-3(c)结束。图 1-3(a)表示合金相图的一角，浇注合金液的成分为 m，其液相线和固相线的温度分别为 t_L 和 t_S。图 1-3(c)的横坐标为时间τ；纵坐标为铸件表面至中心的距离，可以用有因次的热电偶热端离铸件表面的距离 x_0，…，x_5 表示，也可以用无因次距离 x_0/R，…，x_5/R（R 为铸件表面到中心的距离）表示。因 $x_5=R$，所以 $x_5/R=1$。固相边界到达 $x_5/R=1$ 处，则表示铸件已凝固完毕。

在图 1-3(b)的每根冷却曲线与液相线和固相线的交点上，分别往下引出垂线，使之与图 1-3(c)上的各横坐标线相交而得到相应的交点。每条横坐标线上可得到两个交点，例如，x_0 线上可得到 a、b 两点，a 点为 x_0 处达到液相线温度的时间，而 b 点为 x_0 处达到固相线温度的时间。即每条 x_0，…，x_5 横坐标上左边的点为该处达到液相线温度的时间，而右边的点则为达到固相线温度的时间。将 x_0，…，x_5 上达到液相线温度的交点相连，在图 1-3(c)上得到“液相边界”线；达到固相线温度的交点相连，则得到“固相边界”线。“液相边界”线表示铸件断面中开始凝固的部位和时刻，实质上是表示液相线等温面从铸件表面向中心推进的动态特征。该曲线的斜率就表示液相线等温面向中心推进的深度。“固相边界”线则表示铸件断面中凝固完毕的部位和时刻，实质上是表示固相线等温面从铸件表面向中心推进的动态特征。同样，该曲线的斜率表示固相线等温面向中心推进的速度。在图 1-3 中可以看出，铸件凝固过程即是凝固区域不断推向铸件中心，液相区随之不断缩小以至于消失的过程。所以动态曲线测定原理实际上就是把具有温度-时间坐标的多根冷却曲线转变成具有距离-时间坐标的凝固动态曲线图。

将某液态金属在同一浇注温度下同时注入几个同样的铸型，经过不同时间间隔，分别使铸型中尚未凝固的残余液体流失，获得固态金属硬壳。这种铸件凝固的研究方法称为残余液体流失法或倾出法。所得到的硬壳内表面称为倾出边界，所得到的硬壳厚度即为倾出边界向铸件中心推进的距离。把在凝固动态图上不同时间内所得到的硬壳厚度的点连接成线，就可以得到倾出边界动态曲线。

三、实验设备及材料

设备：电子电位差计自动平衡记录仪；温度控制器；镍铬-镍硅热电偶丝；坩埚电阻炉；高温测温计；坩埚；坩埚钳；台秤；浇注工具；金属型模具；秒表；外卡钳；钢板尺。

材料：纯铝；铸铝 102 或 201；黏土砂；精炼剂（氯化锌质量分数为0.15% ~ 0.2%）。

四、实验内容及步骤

（一）实验内容

测定不同成分的铝硅系或铝铜系在相同过热度条件下的铸件凝固动态曲线（每组做一种成分铸件的凝固动态曲线）。

（二）实验步骤

（1）按 x_0，…，x_5 各测温点位置装好热电偶，它们伸入铸型高度的一半，然后造好平面砂型，作铸型的底面。

（2）在平面砂型上放好金属型，按一定次序将热电偶接在温度自动记录仪上，待浇。要注意防止从分型面处跑火。

（3）从金属型顶部浇入，浇满铸型。每种合金各浇一个有热电偶铸型和 2 ~ 4 个不带热电偶的铸型。同时按动秒表记录时间，打开记录仪自动记录。

（4）当有热电偶铸型温度降到450℃时，测定结束，从温度记录仪上取下记录纸，按实验原理绘出凝固动态曲线。

（5）用残余合金液流失法测定金属壳厚度，确定倾出边界向铸件中心的移动距离。铸型是型腔内不装测温热电偶的铸型。从流失合金液后所得到的各金属壳高度中部（1/2处）取三点，用外卡钳及钢板尺测量金属壳厚度，取其平均值作为金属壳厚度，即在相应时间内倾出边界向中心推进的距离，把此距离填入表 1-2。

何时使未凝固的残余金属流失应该用棒接触金属熔体，当已凝固成一定厚度的金属壳时就可以让残余金属流失，记下从开始浇注到流失的凝固时间 t_1。第二个铸型可稍长于 t_1 的时间，第三个铸型也稍长于 t_1 的时间，按相同的操作让金属液流失。

（6）观察流失金属液后所得到的金属壳内表面的情况，分析倾出边界的表面特征。

五、实验报告要求

（1）按表 1-2 列出残余金属液流失法的测定结果。

表 1-2　残余金属液流失法的测定结果

合金种类	金属壳编号	浇注温度/℃	从浇注到拔塞时间/s	金属壳厚度/mm				金属表面情况
				第一点	第二点	第三点	平均值	
	1							
	2							
	3							
	4							
	1							
	2							
	3							
	4							
	1							
	2							
	3							
	4							

根据记录仪测绘出的各测点温度的冷却曲线，按图 1-2 格式在方格坐标纸上绘出实测的铸件凝固动态曲线图。并根据表 1-2 的数据，在该图上填制倾出边界动态曲线。图注中要说明浇注温度。

（2）测定结果的分析：

1）试样铸件的凝固时间及其分析；

2）根据实验测定结果论证试样凝固方式的倾向性以及它们的铸造性能特征；

3）分析凝固区域的结构特征和运动特点。

六、思考题

（1）说明合金成分对凝固动态曲线的影响。

（2）结晶温度范围宽的合金，用水冷金属型时对凝固动态曲线有何影响？

（3）从凝固动态曲线上可以说明凝固过程的哪些问题？

第三节 铸造合金自由线收缩的测定

一、实验目的

通过实验掌握合金线收缩测定方法，测出棒形试样凝固冷却过程中线收缩、温度与时间的动态曲线，确定线收缩率。

二、实验原理

金属从凝固期间某一温度开始冷却到室温发生体积收缩，一般都用铸件的线尺寸的变化来衡量这种固态收缩。铸件发生线收缩时不受阻碍，称为自由线收缩。实际铸件在冷却过程中产生线收缩时，总是会受到砂型、型芯等的机械阻碍，这时称为受阻线收缩。由于线收缩受到阻碍，常常会带来一些缺陷，如热裂、应力、变形和冷裂，因此，合金的线收缩是铸造合金的重要铸造性能之一，也是设计和制造模样的依据。通过对各种铸造合金线收缩的测定，可以了解各种合金本身的组织特征与这种物理现象的内在联系，掌握铸造合金线收缩的规律是分析有关铸造缺陷、控制铸件尺寸精度及改善铸件质量的手段之一。通常以相对线收缩量表示合金的线收缩特性，这一相对线收缩量称为线收缩率。铸造合金收缩的大小，一般根据其在一定浇注温度下线收缩试样的长短来判断。

实验所采用的线收缩测量装置示意图如图 1-4 所示。

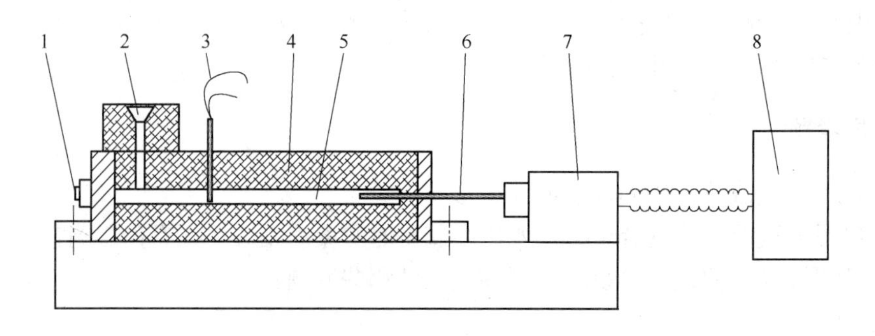

图 1-4 线收缩测量装置示意图

1—固定端；2—浇口杯；3—热电偶；4—铸型；5—试样型腔；
6—测杆；7—测位移机构及传感器；8—记录仪

三、实验设备及材料

设备：自由线收缩仪（包括 HEL 电感位移计）；台式自动平衡记录仪；温度控制器；镍铬-镍硅热电偶丝（ϕ0.3 ~ 0.5mm）；电阻坩埚电炉；高温计；坩埚；坩埚钳；台秤；变压器。

材料：纯铝；铸铝 102 或 201；黏土砂；精炼剂（氯化锌质量分数为0.15% ~

0.2%）。

四、实验内容及步骤

（一）实验内容

测定不同成分的铝合金在相同的工艺条件下（金属液过热100℃）的自由线收缩率-时间、温度-时间曲线，每组做一种成分。

（二）实验步骤

（1）造型，注意定位、砂子紧实。

（2）仪器调试：接通测缩仪电源及记录仪的电源，分别将HEL电感位移计的输出端及热电偶冷端导线接入记录仪的输入端，将量程旋钮分别调到需要的位置上，检查仪表动作是否正常，再将各记录笔的零点调到所需的位置上（温度笔可调到温度对应的毫伏数上）。安装石英棒与铸型连接，注意保证石英棒伸入铸型应不小于10mm。

（3）移动测缩仪的连杆，根据百分表所示数字调节位移计的“满度调节”旋钮，使位移计指针标定的示数与大小相对应。打开记录仪输入开关。根据百分表示数移动从0到+1mm，然后调节位移计的“输出调节”旋钮，使记录仪记位移的笔相应地从“零位”向右移动20mV，此时表示测缩仪移动1mm。仪表调整好后，各旋钮位置在整个测量过程中不得随意移动，否则将重新进行调整。

（4）将造好型的砂箱安放在调好水平的砂箱座上，拧紧两侧的固定螺钉，放好浇口杯，装入前砂堵头及热电偶丝，注意要把热电偶丝固定好再装入测缩端砂堵头，然后将测缩仪调到适当的位置上将其锁紧，调测缩仪主连杆位置使位移计的指针基本上指在零位，然后将石英杆固定死。

（5）熔化合金：用电阻炉、坩埚将配制好的合金进行熔化，用热电偶测得温度达到过热100℃时，加0.15%～0.2%（质量分数）的氯化锌精炼，扒渣、保温1～2min出炉，然后进行浇注。

（6）浇注观察：浇注后要密切注意记录仪器是否正常，记录有关数据。

五、实验报告要求

（1）根据记录曲线分别整理出自由线收缩率与时间、温度与时间、线收缩率与温度的曲线。

（2）计算凝固及冷却过程中的自由线收缩率。

（3）收集各组记录对照相图，讨论不同成分的合金自由线收缩率与相图的关系。

（4）分析缩前膨胀的原因。

（5）分析实验误差的原因。

六、实验注意事项

（1）测试过程中，铸型应呈水平状态，防止严重倾斜。

（2）浇注时液流要连续、平稳。

（3）实验完后清理场地，并将所有试样及剩余铸锭打上标记。

七、思考题

（1）为什么常以相对线收缩量表示合金的线收缩特性？

（2）试样形态、尺寸对实验结果有何影响？

（3）影响线收缩率大小的主要因素有哪些？

第四节　液态金属成型中的结晶裂纹倾向测定

一、实验目的

（1）测定发生热裂时的温度和应力，熟悉有关仪表及使用方法。

（2）比较不同铸造铝合金的热裂倾向性，并结合相图分析其原因。

（3）加深对热裂形成机理的认识。

（4）通过热裂倾向的测定，掌握各种铸造合金对热裂的敏感性及各种工艺因素对热裂倾向的影响，以便采取相应的工艺措施，消除热裂产生的可能性。

二、实验原理

热裂是铸件，特别是铸钢件及某些轻合金铸件生产中常见的铸造缺陷之一。热裂是铸件在凝固期间或刚凝固完毕，在高温下收缩受到阻碍时产生的。这种裂纹的出现常常导致铸件报废。热裂一般沿晶界产生和发展，其外形曲折短小，裂纹缝内表面呈氧化色。

本实验是测定棒形试样受阻收缩时，在热结部位上产生第一条热裂纹时的临界应力及温度范围，以此来衡量合金的热裂倾向及热裂产生的温度范围。采用的热裂倾向测定仪，是用仪表把试样收缩受到的机械阻碍而产生热裂时的应力和温度连续记录下来。实验装置如图 1-5 所示。然后从记录曲线确定热裂时的温度和应力的大小。测量方框图如图 1-6 所示。

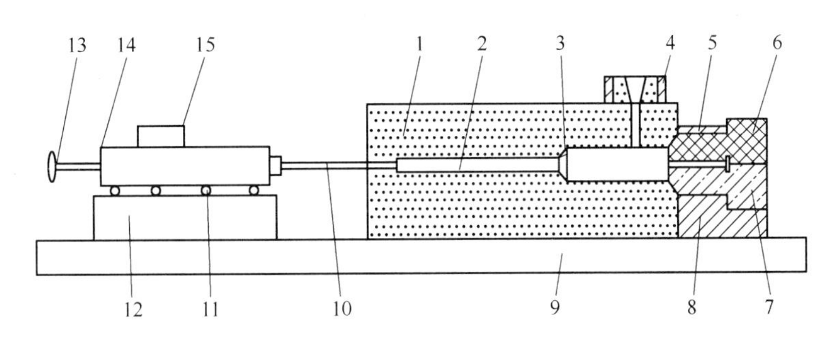

图 1-5　热裂倾向测定仪示意简图

1—砂型；2—试样型腔；3—热电偶插入处；4—浇口杯；5—夹紧块；6—上堵头；7—下堵头；8—固定支架；9—底座；10—测杆；11—滚珠；12—支座；13—紧固螺栓；14—支架；15—荷重传感器

在砂箱中用黏土砂做出试样铸型，其内腔如图 1-5 所示，将黏土砂铸型放在测定仪工作台上，将测杆伸入铸型内腔的细端，测杆另一端与传感器（即荷重传感器）连接紧固。操作时注意测杆必须与铸型的内腔对中。将需要测定热裂倾向性的铸造合金熔化到一定温度，通过浇口浇入试样型腔，试样的细端与测杆浇

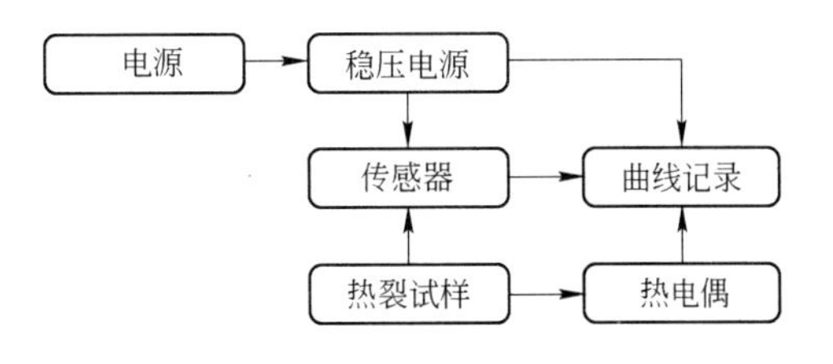

图 1-6　测量方框图

合，粗端与底座固定，进一步加强固定端的冷却。当试样在凝固过程及刚凝固完了时，由于试样本身所产生的线收缩受到传感器的机械阻碍，试样中产生应力。这个应力超过在该温度下热节点（试样的粗细交界处）的强度时，就产生热裂。

试样凝固收缩时的应力通过荷重传感器送进记录仪，将应力变化的动态过程记录下来，同时，热电偶将铸造合金的凝固冷却曲线也记录下来。

三、实验设备及材料

设备：铸造合金热裂测试仪；台式自动平衡记录仪；ϕ0.3 ~ 0.5mm 镍铬-镍硅热电偶；高温仪表；坩埚电炉；温控器；坩埚；坩埚钳；台秤。

材料：纯铝；铸铝 102 或 201；黏土砂；精炼剂（氯化锌）。

四、实验内容及步骤

（一）实验内容

测定不同成分的铝硅系或铝铜系二元合金在相同的工艺条件下（金属液过热度100℃）在热节点部位产生热裂时的临界力及温度范围。

（二）实验步骤

（1）铸型制作及调整：将仪器基座调好水平，把长条开口砂箱放在测热裂的位置，装入模样及浇口棒，在流动端头开口处用耐火棉填好后造型，扎出透气孔，在试样粗细交接的斜面处安放热电偶丝，拔模后从端头检查热电偶节点的位置是否合适，然后在右端放入静端金属堵头，锁紧横闩，放好浇口杯，准备浇注。用型砂堵严热电偶插入处及测杆插入处，防止跑火。

（2）仪器调试：接通热裂仪电源及记录仪的电源，预热 30min，分别将荷重传感器的输入端及热电偶冷端导线接入记录仪的输入端，将量程旋钮分别调到需要的位置上，检查仪表动作是否正常，再将各记录笔的零点调到所需的位置上（温度笔可调到温度对应的毫伏数上）。

（3）熔化合金：用电阻炉、坩埚将配制好的合金进行熔化，用热电偶测得温度达到过热 100℃时，加 0.15% ~ 0.2% 的氯化锌精炼，扒渣、保温 1 ~ 2min 出炉，然后进行浇注。

（4）浇注观察：浇注后要密切注意记录仪器是否正常，当受力曲线在随着温度不断提高的过程中出现应力松弛时，表示热裂产生。

（5）分析观察：

1）观察记录曲线，找出热裂时的温度和应力大小。

2）将试样取出，仔细观察热裂情况，分析实验结果。

3）切断电源，拆除接线仪表，清理工作场地。

五、实验报告要求

（1）根据记录曲线分别整理出凝固、冷却过程的应力-时间、温度-时间的关系曲线，获取形成第一裂纹的应力及温度范围。

（2）收集各组数据对不同成分合金形成热裂纹的应力及温度，对照相图进行分析讨论。

（3）分析实验误差的原因。

六、实验注意事项

（1）浇注时液流要连续、平稳。

（2）实验完毕后清理试样时要小心，否则可能导致试样折断面观测不到热裂纹的形态。

（3）实验完后清理场地，并将所有试样及剩余铸锭打上标记。

七、思考题

（1）合金产生热裂的原因是什么？

（2）合金热裂倾向测试方法有哪些，各有何优缺点？

（3）影响合金热裂倾向的主要因素有哪些？

第五节 铸件的缩孔和缩松倾向测定

一、实验目的

（1）掌握缩孔、缩松的测定方法。

（2）通过实验要求认识合金结晶间隔大小即合金成分与形成集中缩孔和缩松倾向的关系。

二、实验原理

在铸造过程中，合金的液态和凝固期间的体收缩是铸件产生缩孔和缩松的基本原因。在一定条件下，合金形成缩孔或缩松的倾向，主要与合金的化学成分及结晶温度范围有关。为消除缩孔，铸件应采用顺序凝固的原则，用冒口进行补缩，而为了消除缩松，则需要快速冷却，减少合金中的气体以及在压力下结晶等，所以铸造合金生成缩孔或缩松倾向及其大小，是铸造合金的主要铸造性能之一，也是铸件工艺设计的基本依据之一。

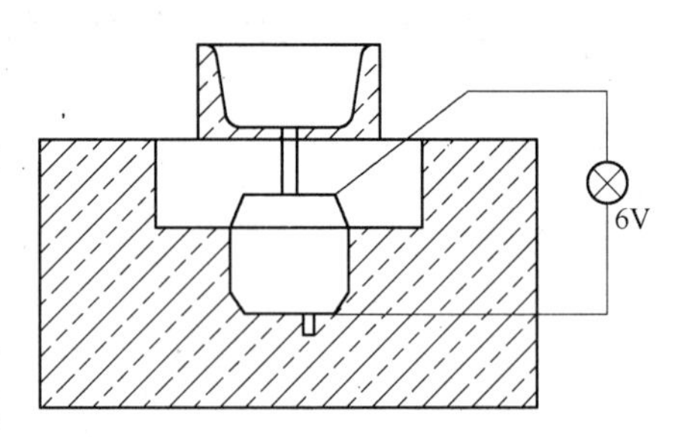

图 1-7 球形体收缩模具

缩孔率的测量一般是用球形试样进行的（见图1-7）。采用这种形状试样的目的是创造一个形成集中缩孔的条件。形成的缩孔以煤油或酒精滴定，这个缩孔的容积与水力称重法称出的试样轮廓体积之比即为集中缩孔率。

滴定法不能测量分散、微小的且与集中缩孔互不相通的缩孔、缩松、显微缩松，所以用相对密度法来测量缩孔缩松率，用缩孔缩松率（孔洞度）来代表体收缩率。体缩率ε(%)=(金属理论密度－试样密度)/金属理论密度×100%。采用大球形试样、小圆柱体致密块来测量孔洞度，因小致密块首先浇注，认为它的密度是理论密度。

三、实验设备及材料

设备：球形体收缩模具；砂箱；浇口杯；坩埚电炉；温控器；镍铬-镍硅热电偶；高温仪表；台秤；密度天平；坩埚；坩埚钳；浇口杯堵头；滴定管；滴定管架；1000mL 烧杯；钢锯；钢丝刷；锉刀；细铜丝（ϕ0.5～1mm）；细丝线；小变压器指示灯；秒表。

材料：纯铝；铸铝 102 或 201；精炼剂（氯化锌）；黏土砂；煤油；蒸馏水。

四、实验内容及步骤

（一）实验内容

（1）测定不同成分的铝合金在一定的工艺条件下（金属液浇注过热度 50℃，湿型浇注，浇注速度一定，压头一定，直浇道直径一定）的缩孔和缩松，每组做一种成分。

（2）观察不同成分的合金在一定工艺条件下集中缩孔与缩松的分布情况。

（二）实验步骤

（1）造型时指示灯的一根导线按图1-6所示，埋在砂中。取出模型后，放好砂芯，将指示灯的另一根导线与砂芯中引出的导线（打磨掉漆皮后）相连。

（2）配料，熔化，测温，当达到预定温度时加0.15%～0.2%（质量分数）的氯化锌精炼、扒渣后，保温2min，然后进行浇注。

（3）浇注前将预热好的浇口杯放在砂芯上，用预热过的堵头塞住直浇口，在浇口杯中进行测温，达到浇注温度后立即拔掉堵头，液体填充铸型，待指示灯亮时立刻移开浇口杯，切断金属液。

（4）铸件凝固冷却至室温后取出，用钢丝刷清理表面黏砂，锯下作为理想致密块的小圆柱试样，在空气中称球形大试样的质量 $W_{空}$，再测其在水中的质量 $W_{水}$，做好记录。

（5）用干布擦干球形试样缩孔中的水，待完全干燥后将试样放在滴定架下用煤油滴定出集中缩孔容积 $V_{集}$。则试样缩孔率 $\varepsilon_{试样}$ 为：

$$\varepsilon_{试样} = \frac{V_{集}}{\dfrac{W_{空} - W_{水}}{\rho_{水}} + V_{集}} \times 100\% \tag{1-1}$$

式中 $\dfrac{W_{空} - W_{水}}{\rho_{水}} + V_{集}$——试样轮廓体积；

$\rho_{水}$——水的密度。

同时利用 $\dfrac{W_{空}}{W_{空} - W_{水}} \Big/ \rho_{水}$ 求得试样密度。

（6）将锯下的小圆柱试样致密块打磨光，用细丝线系住再用密度仪先称其在空气中的质量，再测其在水中的质量。则金属的理论密度 $\rho_{理}$ 为：

$$\rho_{理} = \frac{W_{理空}}{\dfrac{W_{理空} - W_{理水}}{\rho_{水}}} \tag{1-2}$$

试样的孔洞度 $\varepsilon_{孔洞度}$ 为：

$$\varepsilon_{孔洞度} = \frac{\rho_{理} - \rho_{试}}{\rho_{理}} \times 100\% \tag{1-3}$$

（7）计算出小试样致密块密度及大试样的平均密度。

（8）将试样沿中心纵向锯开，磨光半边，进行宏观腐蚀（用200g/L氢氧化钠溶液进行腐蚀，然后用200g/L的硝酸溶液中和或用硝酸300mL、盐酸100mL、铜50g、水400mL的混合溶液进行腐蚀）。

五、实验报告要求

（1）计算集中缩孔率、缩松率及总的缩孔率。

（2）收集各组数据，将不同成分合金集中缩孔、缩松及总缩孔率对照铝硅系或铝铜系二元合金相图进行分析讨论，并分析讨论不同成分合金的集中缩孔及缩松分布情况。

（3）分析影响合金体收缩率的主要因素，并讨论实验测得的缩孔体积是否可以完全反映合金的体收缩值，说明原因。

（4）分析实验误差的原因。

将实验所得数据填入表1-3，其中所用计算公式有：

$$V_{缩} = V_{集} + V_{松}$$

$$V_{松} = (W_{空} - W_{水})(1 - \rho_{试}/\rho_{理})$$

$$总缩孔率 = V_{缩}/(W_{空} - W_{水} + V_{集}) \times 100\%$$

表1-3 实验数据

项 目	纯 铝	铸铝102	铸铝201
合金成分（质量分数）/%			
浇注温度/℃			
集中缩孔容积 $V_{集}/cm^3$			
试样在空气中的质量 $W_{空}/g$			
试样在水中的质量 $W_{水}/g$			
试样的密度 $\rho_{试}/g \cdot cm^{-3}$			
集中缩孔的相对容积/%			
致密块在空气中的质量 $W_{理空}/g$			
致密块在水中的质量 $W_{理水}/g$			
致密块的密度 $\rho_{密}/g \cdot cm^{-3}$			
缩松的体积/cm^3			
缩松的相对容积/%			
总缩孔率/%			
备 注			

六、实验注意事项

实验完毕后要清理场地，试样及剩余合金需全部打上标号。

七、思考题

（1）体收缩率和收缩孔洞率有何异同？

（2）什么是缩孔率和缩松率，测定缩孔率和缩松率的试样有何不同？

（3）铸铁试样出现白口组织时，对测试结果有什么影响？

第六节　铸造合金热应力的测定（铸造残余应力测定）

一、实验目的

（1）掌握铸造热应力的形成机理及其在冷凝过程中的变化规律。

（2）掌握测定合金框架铸件在冷凝过程中热应力随温度而变化的动态曲线的方法。

（3）通过对铸造合金热应力及残留应力的测定，了解和证实铸件中内应力及热应力产生的原因和影响因素，掌握铸造合金在一定的工艺条件下产生热应力及残留应力大小的倾向性，从而采取相应的措施消除或减少残留应力，以防止铸件产生变形及冷裂。

二、实验原理

铸造中的铸造应力，主要是热应力，它是由于铸件各部分冷却速度不同而造成同一时刻收缩量的不同，彼此互相制约，结果产生了应力。应力的存在是铸造生产中普遍存在的一种客观现象，是引起铸件变形和冷裂的基本原因。

本实验是采用拉压荷重传感器作为一次元件，通过记录仪来测定应力框试样在冷却过程中粗、细杆的热应力-时间、温度-时间的动态曲线。实验采用三杆式应力框测量法。试样如图 1-8 所示，粗细杆各连一个测力传感器，就可以对杆内从形成应力到室温的拉或压应力的变化实现动态测试。液态合金浇注后，它与试样和测杆铸接，通过弹性元件与固定端连在一起，构成一个封闭的应力框。由于铸件是由中间的粗杆和两边的细杆组成，在冷凝过程中它们冷却速度不同，使铸件粗细杆的收缩不同，因而产生热应力。传感器的应力信号及热电偶的温度信号都送到记录仪，即可将试样内的应力-时间曲线和温度-时间曲线自动记录下来。在冷却过程的后期，粗杆比细杆冷却快，这样粗细两杆温度不同，冷却过程中的绝对线收缩也就不同。但粗细两杆受两端横梁的制约，不能自由线收缩，应力逐渐增大，因而在三杆中残留了应力：粗杆残留拉应力和细杆残留压应力。

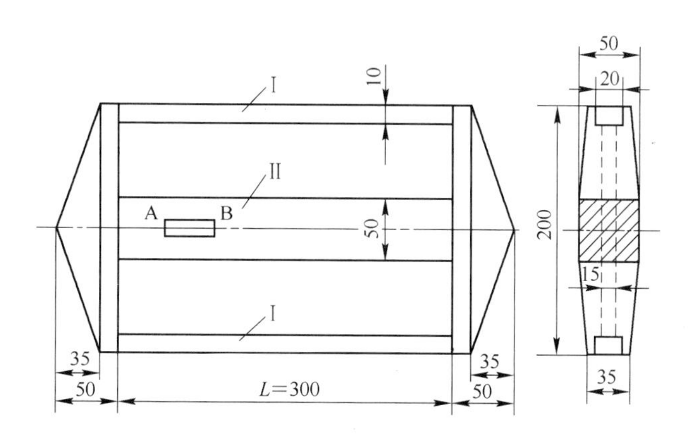

图 1-8　三杆式应力试样示意图

三、实验设备及材料

设备：铸造合金动态应力测定仪；台式平衡记录仪；坩埚电炉；温控器；镍铬-镍硅

热电偶丝（ϕ0.3～0.5mm）；浸入式热电偶（镍铬-镍硅）；高温计；坩埚；坩埚钳。

材料：黏土砂；纯铝；铸铝102或201；精炼剂（氯化锌）。

四、实验内容及步骤

（一）实验内容

测定不同成分铝硅系或铝铜系二元合金在相同的工艺条件下（过热度50℃，湿型浇注）在冷却过程中粗、细杆热应力-时间、温度-时间及热应力-温度曲线。

（二）实验步骤

（1）造型（注意正确地安放热电偶丝），将造好型的砂箱安装在调好水平的应力测定仪上。分上下两箱，分型面要吻合，合箱后用石棉和型砂堵住型腔和伸入型腔的拉压力传感器之间的间隙，以防试样与传感器接合处“跑火”，上型扎出透气孔。

（2）接通各仪器的电源，预热30min，将传感器的输出端及热电偶冷端导线分别接入记录仪的输入端，选择“量程”，可将记录温度的笔、记录应力的笔调到适当位置上，然后将各记录笔的零位分别调到需要的位置上（记录温度的笔可调到与室温相对应的毫伏数上），浇注前将走纸速度旋钮调到60mm/min处。

（3）配料，熔化，测温，当达到预定温度时加0.15%～0.2%（质量分数）的氯化锌进行精炼、扒渣后，保温2min左右，然后进行浇注，浇注前必须接通冷却水。

（4）浇注后观察仪表记录热应力的变化过程，注意当载荷接近传感器量程时，及时卸载，避免损坏仪器。

（5）待热应力、温度稳定后，切断电源，开箱清理。

五、实验报告要求

（1）根据记录曲线分析整理出粗、细杆的应力-时间、应力-温度及温度-时间曲线。

（2）分析粗、细杆在凝固及冷却过程中拉、压应力的变化过程及原因。

（3）分析影响试样热应力值大小的因素。

六、实验注意事项

实验完毕后要清理场地，将试样及剩余铸锭打上标记。

七、思考题

（1）说明铸造热应力产生的原因及其在铸件中的分布特点。

（2）分析应力框法测定残留应力的优点和缺点。

（3）根据动态应力测试所得结果说明粗杆和细杆中应力的变化过程。

（4）如何减少和消除铸件中的铸造应力？

第二章 造型材料与铸造工艺

第一节　原砂性能测量与分析

一、实验目的

（1）掌握测定原砂含泥量和颗粒组成等实验方法及原砂颗粒组成的表示方法。
（2）熟悉仪器的结构和使用方法。

二、实验原理

（一）原砂含泥量的测定原理

原砂中所含直径小于 0.020mm 的颗粒的质量分数即为原砂的含泥量。含泥量对透气性、强度、耐火度以及耐用性影响都很大，它是新砂进厂时必须测定的质量指标。一般铸铁件和铸钢件常用的原砂含泥量小于 2%。

测定原砂的含泥量按 GB 2684—81 规定的方法进行，通常采用水洗沉淀法。其原理是利用悬浮在水中的砂粒和泥分的质点大小不同，在水中下沉速度不同将砂与泥分离。颗粒在水中下沉的速度可用式（2-1）计算：

$$v = gd^2(\rho_1 - \rho_2)/(18\eta) \tag{2-1}$$

式中　v——质点下沉速度，cm/s；
d——质点直径，cm；
ρ_1——下沉物的密度，g/cm^3；
ρ_2——水的密度，g/cm^3；
g——重力加速度，980cm/s^2。

如果直径为 0.020mm 的质点（即最小的砂粒）在 20℃ 水中，将以上数据代入式（2-1），得最小砂粒在 20℃ 水中下沉速度为：

$$v = 0.0426\text{cm/s} = 2.5\text{cm/min}$$

直径为 0.020mm 的质点、5min 下沉距离约为 $2.5 \times 5 = 12.5$cm。因此，将原砂与水充分搅拌，使砂和泥悬浮于水中，然后静置 5min，则所有的砂下降到距水面 12.5cm 以下，若 12.5cm 以上的水中悬浮物则都是泥分，可用虹吸管将它吸去，如图 2-1 所示。这时下部的砂中可能还混有一些泥分，再清洗几次直到上部水清为止。这样就可以将原砂中的泥分完全洗去，取出沉淀的砂粒烘干，称质量，按下式计算含泥量：

$$X = (G - G_1)/G \tag{2-2}$$

式中　X——含泥量,%；

G——原来试料质量，g；

G_1——水洗烘干后试料质量，g。

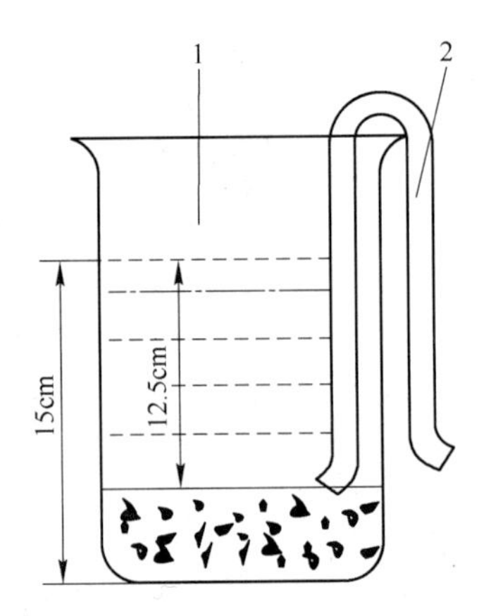

图 2-1　虹吸管的位置
1—洗砂杯；2—虹吸管

（二）原砂颗粒组成的测定原理

原砂的粒度是指砂粒大小、不同颗粒大小的比例、砂粒的均匀程度。其测定按 GB 2684—81 的规定进行，采用筛选法。“铸造用标准筛”按 ZBJ 31004—88 的规定执行。标准筛规格见表 2-1。

表 2-1　标准筛规格

筛　号	目数/目	筛孔尺寸/mm	标准丝径/mm
1	6	3.35	0.90
2	12	1.70	0.45
3	24	0.85	0.30
4	28	0.60	0.25
5	45	0.425	0.15
6	55	0.300	0.14
7	75	0.212	0.13
8	100	0.150	0.10
9	150	0.100	0.07
10	200	0.075	0.055
11	260	0.053	0.040

原砂颗粒组成测定使用的设备主要是 SSZ 震摆式筛砂机。SSZ 震摆式筛砂机主要由摆动机构、震击机构、夹紧机构等三部分组成。电动机通过传动轴、蜗轮带动摆架上的主偏心轴旋转，从而带动其他两个副偏心轴回转，使装有整个筛组的摆动架得到半径等于偏心距的平面圆周摆动。由同一个电动机经过另一对蜗轮副，通过凸轮，顶杆装有筛组的摆动架周期地顶起，靠自重下落在机座的砧座上，使摆动架在得到平面圆周摆动的同时进行震击。

（三）观察砂粒形状及表面状态

根据我国现行的《铸造用硅砂标准》角形因素值评定砂粒形状标准为：

（1）圆形砂——颗粒为圆形，表面光洁无棱角，如图 2-2(a)所示，用符号“○”表示。

（2）钝角形砂——颗粒呈多角形，且多为钝角，如图 2-2(b)所示，用符号“□”

表示。

（3）尖角形砂——颗粒呈尖角形，且多为锐角，如图 2-2(c)所示，用符号“△”表示。

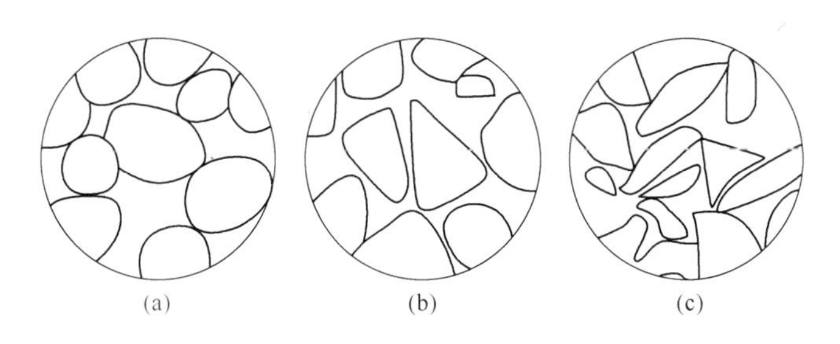

图 2-2　原砂粒形图
（a）圆形砂；（b）钝角形砂；（c）尖角形砂

三、实验设备及材料

（一）测定原砂含泥量所需要的设备及材料

设备：蜗轮洗砂机；电热鼓风干燥箱；天平；洗砂杯；虹吸管；100mL 和 25mL 量筒；漏斗和漏斗架；洗瓶；玻璃棒；软毛刷；滤纸。

材料：烘干的原砂（NBS 砂），10g/L 的 NaOH 溶液。

（二）测定原砂颗粒组成所需要的设备及材料

设备：筛砂机（SSZ 震摆式或 SSD 电磁微震式）；天平；SBS 铸造用实验筛。

材料：洗去含泥量的原砂。

（三）观察砂粒形状及表面状态所需要的设备及材料

设备：双目立体显微镜一台。

材料：筛分后原砂的主要部分。

四、实验步骤

（一）测定原砂含泥量的实验步骤

测定含泥量有标准法和快速法（在没有洗砂机的情况下可采用快速法）两种，本实验采用标准法。实验步骤为：

（1）在天平上称取去除油脂并烘干的原砂(50 ±0. 01)g，倒入洗砂杯中。

（2）在洗砂杯中注入 475mL 去离子水和 25mL 质量浓度为 10g/L 的 NaOH 溶液。加 NaOH 的目的是使黏土与砂粒分离，避免黏土颗粒互相团聚或牢固地附在砂粒的表面上。

（3）将洗砂杯放在洗砂机上，升高托盘使搅拌轴完全伸入洗砂杯中，紧固螺丝柄，固定托盘。

（4）开动洗砂机，搅拌 15min。关闭电源，取下洗砂杯，并仔细冲洗沾在搅拌轴上的砂泥。

（5）加入清水至150mm高度，并用玻璃棒搅拌。

（6）静置10min，用虹吸管吸去上部的浑水。

（7）多次加入清水，吸出浑水，反复进行，直到洗砂杯中的水完全透明为止。但自第三次起每次只静置5min。

（8）吸出洗砂杯中澄清的水后，将剩下的砂和水倒入带有漏斗的滤纸中过滤，然后将砂连滤纸置于烘盘中，均匀铺平，放在烘干箱中烘干（在105～110℃下烘干至室温）。

（9）烘干后取出冷却，称量并记录。

（10）按式（2-2）计算含泥量。

（二）原砂颗粒组成测定的实验步骤

（1）检查标准筛是否完好，按筛号叠放好筛子，6目筛在最上层。

（2）将做过含泥量实验烘干的原砂放在标准筛的最上层，盖上固筛夹，开动电机，筛15min。

（3）关闭电源，逆时针旋转固筛夹上手柄，松开固筛夹并上提固定在滑套上，取下标准筛，依次将残存在各号筛和底盘内的砂粒倒在纸上并编号。注意：筛内嵌有砂粒时不可敲击标准筛，应从反面用毛刷轻轻刷下。

（4）分别用天平称量（精确到0.01g）每节筛上残留的砂粒质量，并计算出其占试样总质量的百分数，即得砂样的粒度分布值，并记录。注意：称完后应逐一把砂子用纸包好。

（5）每节筛子及底盘上的砂粒质量之和再加含泥量，其总质量应不超过50g，否则，实验应重新进行。

（三）原砂形状及表面状态评定的实验步骤

（1）将过筛原砂的主要部分（即连续三层砂子残留量最多的筛子上的原砂）混合均匀，取少量放在显微镜工作盘上。

（2）缓慢转动调焦手轮，直到看清为止，并将观察结果记录下来。只要其他形状的颗粒不超过1/3，则仍用一种形状表示，例如“□”，“○”，“△”，否则用两种形状表示，并将数量较多的排在前面，例如“□-△”，“△-○”。

五、实验报告要求

（一）测定原砂含泥量实验报告要求

称量烘干的砂子质量至少3次，并记录数据，按式（2-2）计算测量原砂的含泥量。

（二）原砂颗粒组成测定的实验报告要求

（1）记录每个筛子上砂子的质量，并计算出各筛子上砂子质量占总试样质量的百分数。

（2）利用AFS平均细度法表示原砂粒度。AFS平均细度可直接反映原砂的平均颗粒尺寸，根据 GB 9442—88，其计算方法是将各筛上砂子余留量的百分数乘以表 2-2 所列的相应系数，然后将各乘积数相加后除以各筛的余留量百分数总和，即得 AFS 平均细度，见式（2-3）。

$$\text{AFS 平均细度} = \text{乘积总和} / \text{各筛余留量百分数之和} \tag{2-3}$$

表 2-2　AFS 平均细度筛号系数及计算实例

美国标准筛号	50g 试样在各筛上的余留砂量		系　数	乘　积
	g	%		
6	无	0.0	3	0
12	无	0.0	5	0
20	无	0.0	10	0
30	无	0.0	20	0
40	0.20	0.4	30	12
50	0.65	1.3	40	52
70	1.20	2.4	50	120
100	2.25	4.5	70	315
140	8.55	17.1	100	1710
200	11.05	22.1	140	3094
270	10.90	22.8	200	4360
底盘	9.30	18.6	300	5580
总　和	44.10	88.2	88.2	15243

注：1. 该砂样的平均细度可表示为：AFS 平均细度 = 15243/88.2 = 173。
2. 试样质量 50g；AFS 泥分 5.9g。

（三）原砂形状及表面状态评定的实验报告要求

画出观察到的原砂的外观形状，并用相应的符号表示。

六、实验注意事项

（一）测定原砂含泥量实验注意事项

（1）实验过程中要轻拿轻放试样，细心进行。
（2）洗砂及烘干过程中切勿使砂粒丢失，以免影响测试精确性。

（二）原砂颗粒组成测定的实验注意事项

（1）实验前检查筛号是否齐全，筛中有无残余砂粒及其他杂物。
（2）实验用砂试样必须烘干，防止堵塞筛眼。
（3）必须严格保护筛网，当砂粒嵌在网眼时，应用毛刷细心刷下，严禁用手指或其他工具敲击。

（三）原砂形状及表面状态评定的实验注意事项

（1）切勿用手指擦镜片。
（2）观察完毕应关闭电源。
（3）电源为6V电压，不准乱接其他电源使用。

七、思考题

（1）筛分后原砂的主要部分指哪些？
（2）标准筛的目数如何定义？
（3）原砂的外观形状如何描述？

第二节　黏土性能测量与分析

一、实验目的

（1）掌握普通黏土和膨润土的简易鉴别法。
（2）掌握普通黏土和膨润土酸碱性、膨润值、吸蓝量的测定方法。
（3）掌握普通黏土和膨润土强度的测定方法。
（4）了解普通黏土和膨润土强度对所配制的型砂的性能的影响。
（5）掌握膨润土的活化处理方法和确定活化剂的适宜用量。

二、实验原理

黏土是铸造生产中用量最大的一种黏结剂。它是一种天然土状的细颗粒材料，一般为白色或灰白色。黏土被水润湿后具有黏性和塑性，烘干后有一定的干强度。它的耐火度较高，复用性好，资源丰富，价格低廉，在铸造生产中获得广泛应用。铸造生产中所用黏土分为铸造用黏土和铸造用膨润土两类。铸造用黏土主要由高岭石组矿物质（$Al_2O_3 \cdot 2SiO_2 \cdot 2H_2O$）所组成，具有较小的膨胀、收缩性能和较高的耐火度，主要用于需要烘干的黏土砂型和砂型的黏结剂。铸造用膨润土主要由蒙脱石组矿物质（$Al_2O_3 \cdot 4SiO_2 \cdot H_2O \cdot nH_2O$）组成，具有比高岭石更高的湿强度，抗夹砂能力较好，主要用于黏土湿型砂的黏结剂。

（一）测定膨润土 pH 值

铸造用膨润土的 pH 值表示该膨润土呈酸性还是呈碱性。钙基膨润土有呈酸性的，也有呈碱性的，一般来说，呈碱性的钙基膨润土活化处理时，碳酸钠的加入量比呈酸性的少。

（二）测定黏土或膨润土的膨润值（膨胀倍数）

膨润土遇水有明显的膨胀性能，与盐酸溶液混匀后，膨胀后所占有的体积，称为膨胀倍数或膨润值，以 mL/g(样)表示。它与膨润土的属型和蒙脱石的含量密切相关。同一属型的膨润土，含蒙脱石越多，膨胀倍数就越高。所以，膨胀倍数也是鉴定膨润土矿石属型和估价膨润土质量的技术指标之一。

一般取膨润土 3.0g（优质钠土取 1g），加入 5mL 摩尔浓度为 1mol/L 的盐酸溶液置于容积为 100mL 的量筒中，加蒸馏水至 100mL 刻度处，使其充分分散，静止 24h，测出膨润土的沉淀体积，此沉淀值称为膨润值。

（三）测定黏土或膨润土的吸蓝量

黏土或膨润土分散于水溶液中具有吸附色素（例如苯胺染料、甲基紫、亚甲基蓝等）的能力，其吸附量称为吸蓝量。用吸蓝量可以检验黏土或膨润土的纯净程度及型砂中活性膨润土含量。其中，以亚甲基蓝的吸附量较大，亚甲基蓝的分子式为 $C_{16}H_{18}ClN_3S \cdot 3H_2O$，相对分子质量为373.9。

不同种类的黏土或膨润土吸附色素的能力有很大区别，每100g干蒙脱石黏土矿物约能吸附亚甲基蓝44g，而高岭石类黏土矿物的吸附量较小，每100g吸附量一般小于10g。

黏土吸蓝量的测定方法有比色法和染色滴定法两种。染色滴定法不用特殊的设备和仪器，操作简单，准确程度符合生产要求，因此生产中应用较广。本实验采用染色滴定法。

根据ZBJ 31009—90标准，吸蓝量测定以100g试样吸附的亚甲基蓝的克数表示。吸蓝量具体计算公式为：

$$M = NV/G \times 100\% \tag{2-4}$$

式中 M——100g试料的吸蓝量，g；

N——亚甲基蓝液中的浓度；

V——亚甲基蓝液滴定量，mL；

G——试料质量，g。

（四）测定黏土或膨润土的强度

强度是指用型、芯砂制成的标准试样在外力作用下破坏时单位面积上承受力的大小，以MPa为单位。黏土和膨润土的强度包含湿压强度和干压强度。

（五）膨润土的活化处理及活化剂适宜用量的确定

由于蒙脱石颗粒表面和晶格内Si^{4+}和Al^{3+}阳离子易被低价阳离子置换而使单位结构层带负电，因此蒙脱石颗粒能吸附阳离子。自然界中，蒙脱石吸附的阳离子主要是Ca^{2+}和Na^{+}。根据蒙脱石吸附阳离子种类的不同，膨润土可分为两种：主要吸附Ca^{2+}的称为钙基膨润土，而主要吸附Na^{+}的称为钠基膨润土。钠基膨润土的湿态黏结性能强于钙基膨润土，而且膨胀性质也比钙基膨润土好。但是，钠基膨润土的产量有限，价格较贵，因此应用受到限制。为了提高型砂的抗夹砂能力，扩大湿型砂的应用范围，可对钙基膨润土进行活化处理。

根据膨润土能吸附阳离子，而且吸附的阳离子可以和电解质溶液中的阳离子发生交换的原理，可以人为地添加活化剂，使钙基膨润土转化为钠基膨润土，这种方法称为活化处理。要使钙基膨润土转化为钠基膨润土，可以在钙基膨润土的水溶液里加放钠盐。在生产中，一般是加入一定数量的Na_2CO_3。Na_2CO_3称为活化剂。如何控制钙基膨润土活化处理程度，即究竟加多少Na_2CO_3能取得最好效果，是活化处理过程中的关键问题。目前，国内外大多采用在含有一定数量的钙基膨润土的型砂中加入不同数量的Na_2CO_3，以膨润土型砂湿压强度达到最大值时所需的Na_2CO_3加入量作为该膨润土最适宜的活化处理量。

三、实验设备及材料

（一）测定膨润土pH值的实验设备及材料

设备：天平；150mL烧杯。

材料：膨润土；水；pH试纸。

（二）测定黏土或膨润土膨润值（膨胀倍数）的实验设备及材料

设备：天平；100mL 带塞量筒（直径约 25mm）。
材料：膨润土；水；摩尔浓度为 1mol/L 的 HCl 溶液。

（三）测定黏土或膨润土吸蓝量的实验设备及材料

设备：滴定管；滴定管架；250mL 三角烧杯；天平；电炉及炉盘；滤纸。
材料：膨润土；普通黏土；10g/L 的焦磷酸钠溶液（$Na_4P_2O_7 \cdot 10H_2O$）；2g/L 的亚甲基蓝溶液（化学试剂）；水。

（四）测定膨润土工艺试样强度（湿压强度和干强度）的实验设备及材料

设备：台秤；SAC 锤击制样机；SQY 液压强度机或 SWZ 智能型数显万能强度实验机 1 台；100mL 量筒；电烘箱；干燥器。
材料：标准砂（MBS 砂）；膨润土；水。

（五）膨润土活化处理及活化剂适宜用量确定的实验设备及材料

设备：天平；SAC 锤击制样机；SQY 液压强度机或 SWZ 智能型数显万能强度实验机 1 台；100mL 量筒；电烘箱；干燥器。
材料：砂子；膨润土；碳酸钠；水。

四、实验步骤

（一）测定膨润土 pH 值的实验步骤

（1）在天平上称取 10g 试料放于烧杯内。
（2）加入 100mL 蒸馏水，用玻璃棒搅拌 5min。
（3）用 pH 试纸鉴定其 pH 值。

（二）测定黏土或膨润土膨润值（膨胀倍数）的实验步骤

（1）称取(1 ±0.001)g 膨润土，试样放于加入 30 ~40mL 水的 100mL 带塞量筒内，再加水至 75mL 刻度处。
（2）盖紧塞子摇晃 3min，使试样充分散开与水混匀，在光亮处观察，无明显颗粒团块即可。
（3）打开塞子，加入 25mL 摩尔浓度为 1mol/L 的盐酸溶液，再塞上塞子，摇晃 1min。
（4）将量筒放置于不受振动的台面上，静置 24h，使之沉淀，读出沉淀物界面的刻度值，即为膨胀倍数或膨润值，以 mL/g(样)表示。记录结果。

（三）测定黏土或膨润土吸蓝量的实验步骤

（1）称取烘干的黏土或膨润土试样 0.2g（精确到 0.001g）放入三角烧杯中。
（2）加入 50mL 蒸馏水，使其预先润湿，再加入 10g/L 的焦磷酸钠溶液 20mL 并摇匀。

（3）把烧杯放在电炉的炉盘上，煮沸5min，然后取下在空气中冷却到室温。

（4）用滴定管滴入质量浓度为2g/L的亚甲基蓝溶液，滴定时，对普通黏土，第一次可加入5mL，对膨润土，第一次可加入30mL。用手摇烧杯30s，然后用玻璃棒蘸一点液体滴在滤纸上（滤纸上液滴直径最好为15～20mm），观察滤纸中央棕蓝色点的周围有没有出现蓝绿色的晕环，若未出现，继续滴加亚甲基蓝溶液，如此反复操作，直到深色圆点外出现蓝绿色晕环为止（见图2-3(b)），适量时晕环的宽度约1mm。出现蓝绿色晕环后，再将烧杯摇2min，再在滤纸上点一滴液体，若四周又无蓝绿色晕环，说明未到终点，应再滴入亚甲基蓝，直到出现晕环为止。这时表明已达到终点，记下亚甲基蓝的滴定量。如图2-3所示，图2-3(a)未到终点，图2-3(b)已到终点。

（5）按式（2-4）计算吸蓝量。

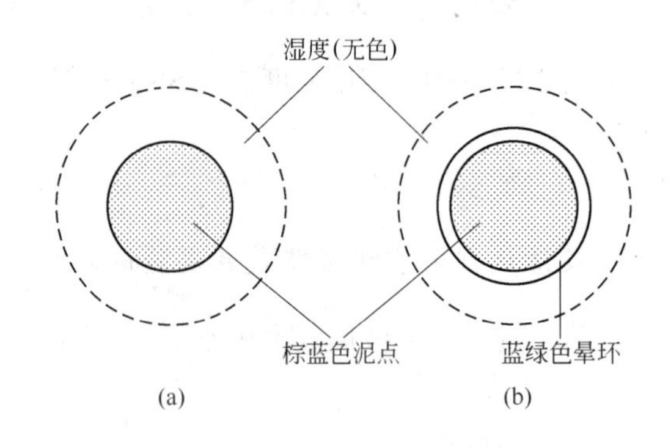

图2-3 终点检查示意图

（四）测定黏土或膨润土工艺试样强度（湿压强度和干强度）的实验步骤

（1）按表2-3配方准备原材料，按规定的混制工艺进行，将混好的砂卸入盛砂斗以备用。

表2-3 黏土砂的配制工艺

黏土名称	配方组成/g		
	标准砂（NBS）	膨润土（P）	水（H_2O）
膨润土	1900	100	40

注：1. 混制工艺：将标准砂和膨润土在混砂机中先干混2min，再加入水湿混8min，即可出砂。
2. 砂子、膨润土和水的质量比为95：5：4。

（2）根据GB 2684—81标准方法，称取上述试料150～170g装入试样筒内。

（3）将试样筒装在SAC锤击制样机上定位，然后轻轻地使舂头复位，转动制样机凸轮手柄，舂实试样，重复三次后观察是否合适，如不合适，重新制作，直至试样标准为止。

（4）取下样筒，在顶样器上顶出试样，放在SQY液压强度机夹具上。

（5）匀速转动强度机手轮，使压力逐渐作用于试样上（负载的增加速度应慢些，一般为0.2MPa/min），直至试样破坏为止，从压力表上读出相应值并记录。注意：每种试样的湿强度值都应由三个试样的强度值平均计算而得。如果三个试样中任何一个试样强度值与平均值相差超过10%，实验应重新进行。

(6) 干强度实验是按照湿强度实验的制样方法制得标准圆柱形试样，放置在预先加热到(180±5)℃的电烘箱中，保温1h后烘干，然后放在干燥器中冷却至室温待用。实验时，将制好的试样放置在SQY液压强度试验机上测定，测定方法与测定湿压强度相同，只是负载的增加速度可达1.0MPa/min。注意：测定干强度要测5个试样，然后去掉最大值和最小值，将剩下的3个数值取其平均值，作为干压强度值。如果3个试样中任何一个试样强度值与平均值相差超过10%，实验就应重新进行。

(五) 膨润土的活化处理及活化剂适宜用量确定的实验步骤

(1) 设计不同成分的黏土砂，填入表2-4中，并按配方准备原材料，进行混合。

(2) 称取上述试料150~170g装入试样筒内。

(3) 将试样筒装在制样机上定位，然后轻轻地使舂头复位，转动制样机凸轮手柄，舂实试样，重复三次后观察是否合适，如不合适重新制作，直至试样标准为止。

(4) 取下样筒，在顶样器上顶出试样，放在强度机夹具上。

(5) 转动强度机手轮，使压力逐渐作用于试样上，直至试样破坏为止，从表头读出相应值，并记录。

表2-4　黏土砂的配制工艺

序　号	标准砂/g	膨润土/g	Na_2CO_3/g	水/mL	湿压强度值/MPa
1					
2					
3					
4					
5					
6					
7					
8					
9					
10					

注：1. 混制工艺：将标准砂和膨润土在混砂机中先干混2min，再加入Na_2CO_3和水湿混8min，即可出砂。
2. 每组至少做三种配方并交流。

五、实验报告要求

(一) 测定膨润土pH值的实验报告要求

(1) 记录测出的膨润土pH值；

(2) 判断所测得的膨润土属于碱性还是酸性；

(3) 分析膨润土的酸碱性对黏土后续使用的影响。

（二）测定黏土或膨润土的膨润值（膨胀倍数）的实验报告要求

（1）记录所测黏土或膨润土的膨润值；

（2）分析黏土或膨润土的膨润值大小对其配制的型砂使用性能的影响。

（三）测定黏土或膨润土吸蓝量的实验报告要求

根据测定的各数值按式（2-4）计算吸蓝量。

（1）加入焦磷酸钠能使钙基膨润土转变为钠基膨润土，也使黏土颗粒充分扩散，从而提高吸蓝量；

（2）焦磷酸钠加入量对活化膨润土是适用的；

（3）快、中速定量滤纸比较理想；

（4）亚甲基蓝溶液储放于深棕色玻璃瓶中。

（四）测定黏土或膨润土工艺试样强度（湿压强度和干强度）的实验报告要求

（1）记录黏土或膨润土的湿压强度和干强度值；

（2）分析黏土或膨润土作为黏结剂，其湿压强度和干强度值的高低对其制成的型砂性能的影响。

（五）膨润土活化处理及活化剂适宜用量确定的实验报告要求

（1）记录配料值及测得的混好的黏土砂的湿压强度值；

（2）比较配制的各组样料制成的试样的湿压强度值，选出最适宜的活化剂用量。

六、思考题

（1）用手感经验法如何鉴别黏土？

（2）活化剂的合适加入量一般约为膨润土的百分之多少？

第三节　黏土湿型砂的制备与性能测定

一、实验目的

（1）掌握黏土湿型砂的制备及标准圆柱试样的制作方法。
（2）掌握黏土湿型砂主要性能的测定方法。
（3）了解含水量对黏土砂主要性能的影响规律。
（4）了解发气性测定系统的组成并掌握发气性的测定方法。

二、实验原理

（一）黏土湿型砂的制备

黏土砂是将原砂、黏土及其他附加物和水按一定的比例经混砂机混制而成的混合料。黏土型砂主要分湿型砂和干型砂两类。湿型砂是以膨润土作黏结剂的一种型砂，此砂基本特点在于不需烘干，无需硬化，而且溃散性较好，便于落砂。实验用黏土湿型砂材料配比见表2-5。

表2-5　实验用湿型砂材料配比

分　组	1号	2号	3号	4号
原砂/g	100	100	100	100
膨润土/g	5	5	5	5
水/mL	2	4	6	8

注：每碾只混3000g。

这些材料需要经过混砂机的混碾后才能使用。混砂过程的作用有二：一是使砂、黏土、水分及其他附加物混合均匀；二是搓揉各种材料，使黏土膜均匀包覆在砂粒周围。

（二）标准试样的制备

标准试样规格见表2-6。

表2-6　标准试样规格

试样名称	形状与尺寸	实验性能	每个试样砂重/g
圆柱形	50±1 $\phi50\pm1$	湿透气 湿抗压 干透气 干抗压	170

续表 2-6

试样名称	形状与尺寸	实验性能	每个试样砂重/g
“8”字形	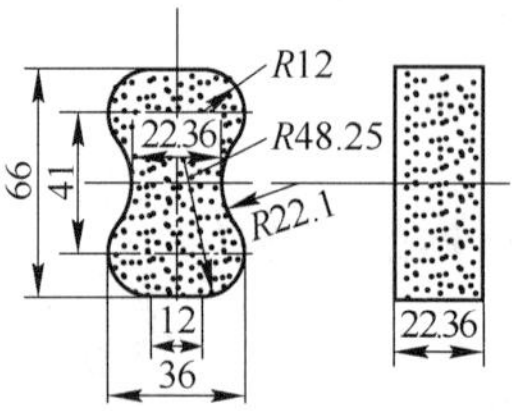 R12 22.36 R48.25 66 41 R22.1 12 36 22.36	干抗拉	95
抗弯试样	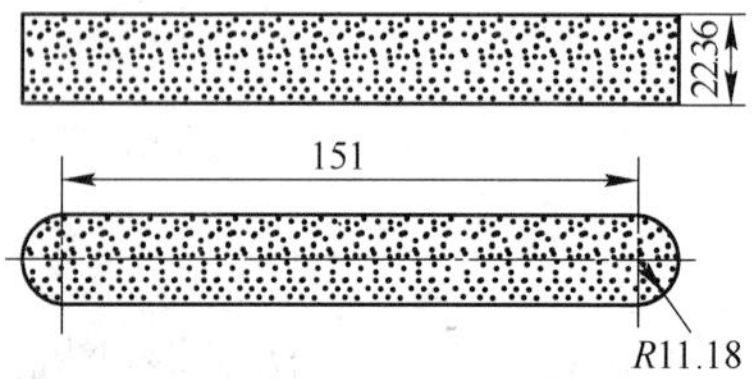 22.36 151 R11.18	干抗弯	150

（三）测定型砂的湿度（含水量）

GB 2984—81 标准方法规定：黏土湿型砂的含水量是指其在 105～110℃烘干能去除的水分含量。以烘干后失去的质量与原试样质量的百分比表示，见式（2-5）。型砂含水量的测定分标准法和快速法两种。一般实验可采用快速法进行，仲裁实验和研究性的实验应该选用标准法。测定原砂含水量的方法与型砂相同。

$$X = (G - G_1)/G \times 100\% \tag{2-5}$$

式中 X——含水量,%；

G——原来砂样质量，g；

G_1——烘干后砂样质量，g。

（四）测定型砂的透气性

根据 GB 2984—81 标准，黏土砂的透气性是指紧实的砂样允许气体通过的能力。测定透气性是利用一定数量的空气在一定压力下通过圆柱形试样进行的。

透气性测定仪原理简述如下。

STZ 型直读式透气性测定仪用来测定型、芯砂在干态及湿态时透气性的数值，型、芯砂紧实的砂样允许气体通过本身的能力称为透气性。透气性大小用透气率表示。它表示单位时间内在单位压力下通过单位面积和单位长度试样的气体量。透气率的单位为 $cm^4/(g \cdot min)$，但一般都不写出，作为无单位值，其值精确至整数。透气率的测定有标准法和快速法两种（JB 43—63）。标准法测定透气率的结果精确稳定，但较麻烦、费时间，因此，生产条件下采用快速法测定透气率。本实验采用快速测定法。为了比较不同造型材料的透气性，采用冲样机制备的直径(50±1)mm 的标准试样，将它放在 STZ 型直读式透气性测定仪上进行实验，测定仪原理图如图 2-4 所示。

快速法测定时，首先提起直读式透气性的气钟，安装试样筒，使其与测定仪上的试样

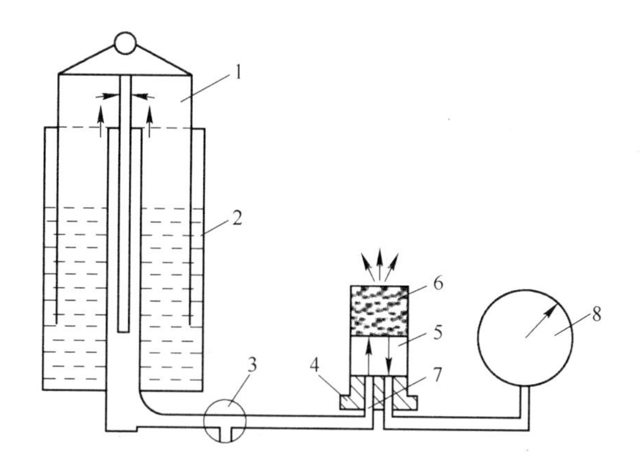

图 2-4 STZ 型直读式透气性测定仪原理图
1—气钟；2—水筒；3—三通阀；4—试样座；5—试样筒；
6—标准砂样；7—阻流孔；8—微压表

座密合，然后旋转三通阀至通气位置，放下气钟，靠气钟的自动下落可产生 100mm H_2O（约 1000Pa）的恒压气源。气体通过试样座上两个阻流孔流向砂样，当透气率小于 50 时用 ϕ0.5mm 小孔，当透气率大于 50 时用 ϕ1.5mm 大孔。

阻流小孔也和标准砂样一样对空气的通过起着阻障作用。进行测定时，从微压表上读得的压力值代表达到标准砂样前气体压力大小，其大小与通气孔及砂样对空气通过的阻力有关，而通气孔尺寸为定值，微压表上水柱高的数值就只随空气通过砂样的阻力而变化，即只随透气率变化。试样透气性好，压力就低；反之，试样透气性差，压力就高。依照与标准法做对照实验得出压力与透气性的换算表。用快速法测定时，就可以从微压表上直接读出透气值，而不必等 2000cm^3 空气全部通过试样。

（五）测定型砂的强度

型砂的湿压强度是指型砂抵抗外力破坏的能力，包括湿强度和干强度，单位为 MPa。

（六）测定型砂的韧性

型砂的韧性是指型砂在造型、起模时吸收塑性变形，不易损坏的能力，一般以破碎指数来表示。破碎指数越高，表明韧性越好，流动性越差。通常压实造型型砂的破碎指数应为 60% ~68%；震压造型型砂的破碎指数应为 68% ~75%。

（七）测定型砂的紧实率

根据 GB 2984—81 标准，黏土砂的紧实率是指湿态的型砂在一定紧实力的作用下其体积变化的百分比，用试样紧实前后高度变化的百分数表示，见式（2-6）。

$$\text{紧实率} = (H_0 - H_1)/H_0 \times 100\% \qquad (2\text{-}6)$$

式中 H_0——试样紧实前的高度，mm；

H_1——试样紧实后的高度，mm。

比较干的型砂在未紧实前，颗粒间堆积比较紧密，即松态密度高，紧实后，体积减小不多；比较湿的黏土型砂，未紧实前松态密度小，紧实后，体积减小很多。因此，可以根据型砂试样筒内紧实前后的体积变化来检测型砂的干湿状态。

（八）测定型砂的发气量

在某些情况下，造型的材料和型（芯）砂的发气性会影响铸件产生气孔或形成夹砂。因此，铸造生产中应注意对造型材料发气性的控制，其测定是采用图2-5所示的装置。原理是：型（芯）砂放入瓷舟后，再将瓷舟放入850～1000℃的管式电炉内燃烧，燃烧后所产生的气体进入示量管，在气体压力的作用下，示量管的液面被压下，因此，示量管中体积减小的数值就是发气量的数值。总发气量是指试料到发气终止时所产生的气体体积总量，以mL/g为单位。发气速度是指试料在一定温度下单位时间内产生气体的体积。

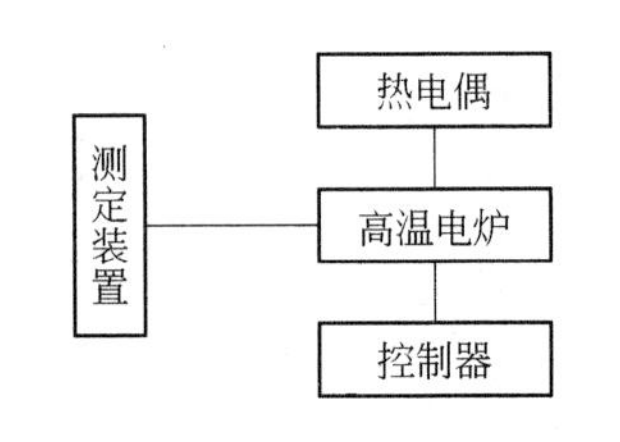

图2-5 测定装置示意图

三、实验设备及材料

（一）黏土湿型砂制备的实验设备及材料

设备：SHN碾轮混砂机。
材料：原砂；膨润土；水。

（二）标准试样制备的实验设备及材料

设备：冲样机。
材料：混制好的黏土湿型砂。

（三）测定型砂湿度（含水量）的实验设备及材料

设备：天平；红外线烘干器；量筒；软刷；砂斗。
材料：混制好的黏土湿型砂。

（四）测定型砂透气率的实验设备及材料

设备：STZ型直读式透气性测定仪。
材料：圆柱标准试样。

（五）测定型砂强度的实验设备及材料

设备：液压万能强度试验机；电烘箱。
材料：圆柱标准试样。

（六）测定型砂韧性的实验设备及材料

设备：破碎指数测定仪；天平。

材料：标准圆柱试样。

（七）测定型砂紧实率的实验设备及材料

设备：锤击式制样机；圆柱制样筒；孔径6mm的筛子。
材料：混制好的黏土湿型砂。

（八）测定型砂发气量的实验设备及材料

设备：智能发气性测定仪。
材料：混制好的黏土湿型砂。

四、实验步骤

（一）黏土砂配制的实验步骤

（1）按一定配比称出原材料，首先接通混砂机电源，碾轮转动以后，按照砂+黏土+附加物+水的顺序加入各种材料，一般加砂及粉状材料先干混2min，再加水及液体材料湿混8min左右出砂。

（2）开启混砂机卸料门，使混制好的材料落入盛砂盘内，用湿布盖好备用。

（3）关闭混砂机电源，清扫混砂机内外。

（二）标准试样制作的实验步骤

（1）取出一定量的混合黏土湿型砂，装入试样筒中推平。

（2）扳动速升柄，抬高舂头，将试样筒放在舂砂头下面与锤杆中心对中，缓缓放下速升柄，均匀摇动凸轮手柄，速击三次。

（3）扳起速升柄舂砂头，将试样筒取出。

（三）测型砂湿度（快速法）的实验步骤

（1）各组按表2-7配方进行混砂，以备用。称已混好的砂50g（精确到0.1g），倒入烘盘中，均匀铺平，然后在红外线烘干器上烘干（约10min），接着冷却到室温。

（2）用天平称砂样重，按式（2-5）计算含水量。

表2-7 黏土砂配方

序 号	砂/g	膨润土/g	水/mL
1	1900	100	60
2	1900	100	80
3	1900	100	100
4	1900	100	120
5	1900	100	140
6	1900	100	160

注：1. 混制工艺：将标准砂和膨润土在混砂机中先干混2min，再加入水湿混8min，即可出砂。
2. 水分的加入量为3%~8%（质量分数）。
3. 每组做指定的两种配方。

(四) 测定型砂透气率（快速法）的实验步骤

(1) 将装有试样的试样筒放到透气性测定仪上进行测定。

(2) 将试样筒安装在直读式透气性测定仪的试样座上压紧，使两者密合。

(3) 按下测试键，从仪表显示盘中直接读出透气性的数值。

(4) 每种试样的透气性必须测定三次，其结果应取平均值，但其中任何一个实验结果与平均值相差超出10%时，实验应重新进行。

(五) 测定型砂强度（湿压强度和干压强度）的实验步骤

(1) 测定湿压强度时将制备的标准圆柱试样顶出。

(2) 将抗压试样置于预先装在强度试验机上的抗压夹具上，然后转动手轮，逐渐加载于试样上（负载的增加速度应慢一些，一般为0.2MPa/min），直到试样破裂。其强度值可直接从压力表上读出。

(3) 测湿压强度时，至少测得三个值，记录结果，然后取平均值，相对误差需小于10%。

(4) 测定型砂干强度实验是将制成的标准圆柱形试样放入预先加热到(180 ± 5)℃的电烘箱中保温1h烘干，冷却至室温，再放置在强度试验机上测定干压强度，测定方法与测定湿压强度相同，只是负载的增加速度可达1.0MPa/min。

(六) 测定型砂韧性的实验步骤

(1) 将 ϕ50mm × 50mm 标准试样放在铁砧上。

(2) 用钢球（ϕ50mm，重50g）自距铁砧表面1m处自由落下，直接打到试样上。

(3) 试样破碎后，大块型砂留在筛上，碎的型砂通过筛网落入底盘内，然后称量筛上大块砂样的质量，按式（2-7）计算破碎指数并记录。

$$破碎指数 = 筛上砂样的质量 / 试样总质量 \times 100\% \tag{2-7}$$

(七) 测定型砂紧实率的实验步骤

(1) 将混好的型砂通过3mm的筛网松散地填入直径50mm、有效高度120mm的试样筒中，如图2-6(a)所示。

(2) 将试样筒上端用刮板刮平，如图2-6(b)所示。

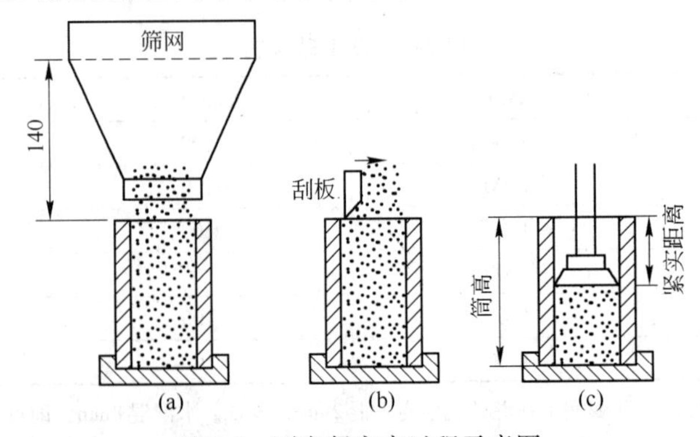

图2-6 测定紧实率过程示意图

(a) 填砂；(b) 刮砂；(c) 紧实

（3）在锤击制样机上锤击3次，试样体积被压缩的程度作为其紧实率，其数值可直接从刻线牌上读出，如图2-6(c)所示，或用式（2-6）计算。

（八）测定型砂发气量的实验步骤

（1）开启总电源开关，电源指示灯亮，在调节器上设定炉内所需控制温度设定值，然后按下加热炉控制开关，指示灯亮，调节器上控制输出指示灯闪烁，电流表电流值变化指示电炉升温，温度控制回路自动以每分钟20~50℃开始加热炉体到所需控制温度设定值后恒温。注意：由于硅碳炉升温速度较快，冷炉膛不宜直接升至高温，而需在150~200℃预热15min以上。

（2）恒温15min后重新调整温控表预定值（方法同(1)），将温度设定在850℃（可根据实验的需要自定温度设定值），让加热炉继续升温至最终设定值，再恒温15min即可实验使用。

（3）仪器的调整：

1）按上述方法将仪器电炉升温到850℃并恒温。

2）密封性检查。将时间继电器设定为5min，按下定时开关，然后用带有橡胶管、金属接头和橡胶塞的注射器密封石英管口，按下排空电磁阀开关，对应指示灯亮，再抽动注射器泵柄，向石英管中缓慢地注入气体，使记录仪显示30mL左右，即刻关闭排空电磁阀开关。如果5min内下降在3%内，即为密封性合格；如果变化值大，就要检查管路系统各接头处是否漏气。注意：不能在未打开排空电磁阀开关的时候抽动注射器泵柄，以免发生负压损坏器件。

（4）实验前，用精确度为1/1000的天平称试样1g，均匀放入不锈钢舟内。

（5）实验时，按下时间控制开关，计量指示灯亮，然后用试样钳把盛有试样的不锈钢舟快速送入发气量测定仪的到石英管红热部分，并迅速用塞子将管子封闭，同时，发气量测定仪的记录部分开始工作，记下被测试样的发气量。待到预定时间，仪器蜂鸣器报警，弹起时间控制开关，即可将不锈钢舟取出。在测试过程中，当发气量大于50mL时，仪器会自动打开排空气电磁阀放气，防止过载。

（6）完成全部实验后关闭所有开关，仪器即关机。

（7）每组试样可测5个，然后将所测数据舍去最大值和最小值，其余数的平均值为测定结果。

（8）测定各种芯砂发气性时间为3~5min，测定型砂中有效煤粉量的时间为7min。型砂中的有效煤粉量（%）可根据式（2-8）计算：

$$\text{型砂中的有效煤粉量}=(1\text{g 型砂发气量}-\text{除煤粉外其他附加物发气量})/0.01\text{g 煤粉发气量} \tag{2-8}$$

（9）在正式测定前，需按上述方法做不计量试样发气性测试3次，让仪器管路系统中充满的气体与要测定的试样所发气体性质一致。

五、实验报告要求

（一）黏土砂湿型砂制备的实验报告要求

（1）写出实验目的、使用设备的名称、型号。

（2）写出黏土砂湿型砂配制的过程。

（二）标准试样制备的实验报告要求

绘制标准试样的形状，并说明测定型砂不同性能（抗拉、抗弯、抗剪及抗压强度）时分别用什么形状。

（三）测定型砂湿度（含水量）的实验报告要求

记录砂样质量，并按式（2-5）计算含水量。

（四）测定型砂透气性的实验报告要求

记录测得的透气性数值。

（五）测定型砂强度的实验报告要求

（1）记录型砂的湿压强度及干压强度值。
（2）分析影响型砂湿压强度及干压强度的因素。

（六）测定型砂韧性的实验报告要求

（1）记录筛上砂样质量，并按照式（2-7）计算破碎指数。
（2）分析影响型砂韧性的因素。

（七）测定型砂紧实率的实验报告要求

（1）记录锤击后试样筒中型砂的高度，并按照式（2-6）计算型砂的紧实率。
（2）分析测定型砂紧实率的目的。

（八）测定型砂发气量的实验报告要求

（1）记录不同时间测得的型砂发气量。
（2）将测得的发气量值与时间值绘制成“发气量-时间”的关系曲线，以表示型砂的总发气量，并计算所测型砂的发气速度。

六、思考题

（1）分析实验中给定的混砂工艺对型砂性能的影响。
（2）分析混碾时间过长或过短对型砂性能的影响。
（3）分析影响型砂发气量和发气速度的因素。
（4）考虑实验结果是否包括试样水分的发气量，为什么试料应预先烘干至恒重？
（5）说明智能发气性测定仪的组成部分。

第四节　黏土干型砂的制备与性能测定

一、实验目的

（1）掌握黏土干型砂的配制方法。
（2）掌握黏土干型砂的测定方法。
（3）了解黏土干型砂的配比和混砂工艺。
（4）了解实验设备的特点及操作方法。

二、实验原理

随着现代造型方式及砂处理设备的发展，黏土干型砂得到了很大的发展。干型砂是以黏土或膨润土作黏结剂的一种烘干的型砂，分为干型砂和表面干型砂两种。干型砂需要经过烘干，型砂的湿强度可以稍低一点，含水量可以稍高一些，以达到较高的干强度。干砂型主要靠涂料保证铸件表面质量，对原砂化学成分和耐火度要求并不很高。因为需要烘干，所以砂型表面可以涂刷水基涂料，可以采用粒度较粗的原砂，以使型砂有较高的透气性，且不容易产生冲砂、粘砂、气孔等缺陷。

干型砂主要用于浇注中型、大型铸件。型砂和砂型的质量都比较容易控制，但铸件尺寸精度较差，砂型需要专门的烘干设备，生产周期较长。

作为型砂黏结剂用的膨润土，要求具有较高的湿压强度和热湿拉强度。型砂中不加煤粉等抗粘砂附加物。

三、实验设备

SAC 锤击式制样机；液压强度试验机；带盖塑料桶一个；烘干箱。

四、实验内容及步骤

（一）实验内容

（1）黏土干型砂抗压强度的测定。
（2）黏土干型砂抗拉强度的测定。

（二）实验步骤

（1）黏土干型砂配制。称取旧砂2000g、新砂800g、活性膨润土300g、木屑100g、水300g。混制工艺为：新砂和旧砂加膨润土和木屑→混 1min →加水→混 2min →搅匀并用带盖塑料桶盖严，保存备用。

（2）根据实验内容制备相应试样。试样形状和数量见表2-8。

表2-8　试样形状和数量

实　验	试 样 形 状	试样数量/个
测抗压强度	圆柱形	3
测抗拉强度	“8”字形	3

1）制样前的准备。对制样机下列项目进行检查与调整：

① 工作台的水平度；

② 样盒、预填框、导向板、拉刀安装是否灵活正确；

③ 对震动立轴、凸轮轴、传动凸轮、手轮轴运动件进行润滑；

④ 对样模进行清刷，脱模困难时涂刷脱模剂。

2）制样操作。

① 将底板样盒、预填框、拉刀依次定位放于震动平台上；

② 由预填框上面向样盒内填砂，填满后用木条刮平；

③ 热稳定试样制作时需摇动手轮，使震击部分震击一次，再由预填框上向样盒内填砂、刮平，如此反复三次；

④ 将导向板放在预填框上并定好位；

⑤ 将重块放入导向板孔内；

⑥ 顺时针方向摇动手轮连续震动三次；

⑦ 从导向板孔内取出重块；

⑧ 拉出拉刀；

⑨ 将预填框平稳取出样盒并刮掉多余的填砂；

⑩ 用底板托起样盒并放于一块备好的平板上静置，等待脱模；

⑪ 试样放入烘箱中烘干后进行强度实验。

（3）常温抗压强度的测定。

1）将制得的标准试样顶出，测定抗压强度时，将制备好的抗压试样置于预先装置在强度试验机上的抗压夹具上，然后转动手轮，逐渐加载于试样上，直至试样破裂，其强度值可直接从压力表中读出。

2）在强度机上测抗压强度，取三个试样的算术平均值作为该黏土干型砂的常温抗压强度值，要求相对误差小于10%。

（4）常温抗拉强度的测定。

1）取出试样，再将试样放入型砂强度试验机的抗拉夹具内，进行抗拉强度的测定。

2）记下仪器读数，并按照公式 $p = F/S$（其中，p 为强度，MPa；F 为压力表中指示的压力，kN；S 为试样断裂面的截面积，cm^2）计算其抗拉强度值，取三个试样的算术平均值即为该黏土干型砂的常温抗拉强度值，并记下当时的室温和相对湿度。

五、实验报告要求

（1）写出本次实验目的、使用设备的名称及型号。

（2）写出黏土干型砂配制的过程。

（3）写出自己的实习体会、感想与建议。

六、实验注意事项

（1）实验前对实验指导书及教材有关内容进行预习，以便对实验内容有一个全面了解。

（2）操作中严格按照规程进行，注意安全。

（3）型砂混好后，应进行调匀和松砂，使水分更趋一致，松散团块。

七、思考题

（1）黏土干型砂与湿型砂有哪些区别？

（2）黏土干型砂分几种，各有什么特点？

第五节 水玻璃砂的制备与性能测定

一、实验目的

（1）掌握水玻璃砂的硬化方法。
（2）掌握水玻璃砂性能的测定方法。
（3）了解 CO_2 硬化水玻璃砂的配比和混砂工艺。
（4）了解实验设备的特点及操作方法。

二、实验原理

由于水玻璃砂的成本低，污染少，特别是其高温韧性对减少薄壁铸钢件裂纹缺陷十分有利，因此，水玻璃砂在铸钢件生产中应用较为普遍。我国70%以上铸钢件是采用 CO_2 硬化水玻璃砂工艺生产的，特别是大型和特大型铸钢件生产，有机酯水玻璃砂有着较好的应用前景。

水玻璃的主要参数是模数和密度。铸造生产中主要采用模数 M 为2.1～2.6、密度为1.44～1.50g/cm³ 的水玻璃。

水玻璃砂的硬化方法可分为热硬法、气硬法和自硬法三大类。普通 CO_2 气硬法是水玻璃黏结剂领域里应用最早的一种快速造型工艺，由于设备简单，操作方便，使用灵活，无毒无味，成本低廉，因此，得到了广泛的应用。

水玻璃砂吹入 CO_2 气体硬化时，水玻璃的表层因吸收 CO_2 并在 CO_2 的作用下生成硅酸凝聚成硅酸凝胶，模数升高，同时，CO_2 作为一种干燥剂具有脱水作用，使硅酸凝胶或水玻璃脱水而硬化，砂型表层迅速建立一定的初强度。已固化的表层水玻璃阻碍了 CO_2 往深层渗透，内层水玻璃只能靠 CO_2 脱水而继续增加强度。

三、实验设备

SAC 锤击式制样机；液压强度试验机；烘干箱；带盖塑料桶一只。

四、实验内容及步骤

（一）实验内容

（1）湿压强度的测定。
（2）干拉强度的测定。

（二）实验步骤

（1）水玻璃砂的配制。称取原砂3000g，水玻璃模数 $M=2.4$，材料配比见表2-9。

表2-9 材料配比

材　料	原　砂	水玻璃	膨润土	水
质量比/%	100	8	2	—

混制工艺（按加料先后顺序）为：原砂 + 膨润土→干混 2min →水玻璃→湿混 4min →出砂装入带盖塑料桶盖严，保存备用。

（2）制作试样。试样形状和数量见表 2-10。

表 2-10　试样形状和数量

实　验	试 样 形 状	试样数量/个
测湿压强度	圆柱形	3
测干拉强度	“8” 字形	3

按表 2-9 配方配制水玻璃砂。

1）冲制抗压标准试样 3 个。

① 将制得的标准试样顶出，测定抗压强度时，将制备好的抗压试样置于预先装置在强度试验机上的抗压夹具上，然后转动手轮，逐渐加载于试样上，直至试样破裂，其强度值可直接从压力表中读出。

② 在强度机上测湿压强度，取三个试样的算术平均值作为该水玻璃砂的常温湿压强度值，要求相对误差小于 10%。

2）冲制抗拉标准试样 3 个。

① 取出试样，再将试样放入型砂强度试验机的抗拉夹具内，进行抗拉强度的测定。

② 记下仪器读数，并按照公式 $p = F/S$（其中，p 为强度，MPa；F 为压力表中指示的压力，kN；S 为试样断裂面的截面积，cm^2）计算其抗拉强度值，取三个试样的算术平均值即为该水玻璃砂的常温抗拉强度值。

（3）硬化工艺。

1）CO_2 硬化法，气体压力约 0.2 ~ 0.15kg/cm^2，对准试样吹约 0.2min（即 12 ~ 15s）。

2）烘干试样，即把试样放入烘箱内烘干，使水玻璃砂失去水分。当烘箱内的温度升高到 220℃左右时，将试样放到烘箱内筛板上，温度稳定在 200℃时，保温 20min。

3）试样烘干之后，待其冷却至室温，再使用前述的仪器测定其强度、透气性等性能。

4）实验结束后，应认真清洗设备及用过的工具。

五、实验报告要求

（1）写出本次实验目的、使用设备的名称及型号。

（2）写出水玻璃砂配制的过程。

（3）写出自己的实习体会、感想与建议。

六、实验注意事项

（1）实验前对实验指导书及教材有关内容进行预习，以便对实验内容有一个全面了解。

（2）操作中严格按照规程进行，注意安全。

（3）型砂混好后，应进行调匀和松砂，使水分更趋一致，松散团块。

七、思考题

（1）水玻璃砂常用的硬化方法有哪些，其硬化机理是什么？

（2）水玻璃砂的性能指标有哪些，用于铸造生产时如何选择和调整？

第六节 植物油砂的制备与性能测定

一、实验目的

（1）掌握植物油砂的配制方法。
（2）掌握植物油砂的测定方法。
（3）了解植物油砂的配比和混砂工艺。
（4）了解实验设备的特点及操作方法。

二、实验原理

随着现代造型方式及砂处理设备的发展，植物油砂得到了很大的发展。铸造生产中常用植物油砂来制作形状复杂、断面细薄的不加工内腔的要求强度高和溃散性好的砂芯。

用于造型或制芯的植物油分为干性油（如亚麻油、桐油等）、半干性油（如葵花子油、棉子油、大豆油、菜子油等）及不干性油（如橄榄油、花生油等），其主要成分是三甘油酯，由脂肪酸和丙三醇组成，脂肪酸又分为饱和脂肪酸和不饱和脂肪酸。含不饱和脂肪酸的植物油称为干性油，它在一定温度下容易发生氧化、聚合反应，由液态油膜变为溶胶继而转变为凝胶，直至形成坚韧的固体黏结膜，使砂芯产生较高的干态黏结强度。

植物油黏结剂的硬化为氧化、聚合的过程，脂肪酸的分子在双键处通过“氧桥”不断聚合、长大，最后形成体型结构的高分子化合物。

油砂中植物油黏结剂的加入量为原砂质量的1% ~3%，可使砂芯具有较高的干强度和表面强度。浇注后，在高温金属液作用下，油会分解和燃烧，因而有好的退让性和出砂性，并且油黏结剂在分解和燃烧时产生还原性气体和光亮炭，使铸件表面光洁度得到提高。

三、实验设备

SAC 锤击式制样机；液压强度试验机；带盖塑料桶一个；烘干箱。

四、实验内容及步骤

（一）实验内容

（1）植物油砂抗压强度的测定。
（2）植物油砂抗拉强度的测定。

（二）实验步骤

（1）植物油砂配制。称取干砂3000g、膨润土60g、桐油150g、水300g。混制工艺为：干砂 + 膨润土→干混 2min →加水→湿混 2min →加桐油→湿混 2min 出砂，搅匀并用带盖塑料桶盖严，保存备用。

（2）根据实验内容制备相应试样。试样形状和数量参见表2-8。

1）制样前的准备，包括对制样机下列项目进行检查与调整：

① 工作台的水平度；

② 样盒、预填框、导向板、拉刀安装是否灵活正确；

③ 对震动立轴、凸轮轴、传动凸轮、手轮轴运动件进行润滑；

④ 对样模进行清刷，脱模困难时涂刷脱模剂。

2）制样操作。

① 将底板样盒、预填框、拉刀依次定位放于震动平台上；

② 由预填框上面向样盒内填砂，填满后用木条刮平；

③ 热稳定试样制作时需摇动手轮，使震击部分震击一次，再由预填框上向样盒内填砂、刮平，如此反复三次；

④ 将导向板放在预填框上并定好位；

⑤ 将重块放入导向板孔内；

⑥ 顺时针方向摇动手轮连续震动三次；

⑦ 从导向板孔内取出重块；

⑧ 拉出拉刀；

⑨ 将预填框平稳取出样盒并刮掉多余的填砂；

⑩ 用底板托起样盒并放于一块备好的平板上静置，等待脱模；

⑪ 试样放入烘箱中烘干后进行强度实验。

（3）常温抗压强度的测定。

1）将制得的标准试样顶出，测定抗压强度时，将制备好的抗压试样置于预先装置在强度试验机上的抗压夹具上，然后转动手轮，逐渐加载于试样上，直至试样破裂，其强度值可直接从压力表中读出。

2）在强度机上测抗压强度，取三个试样的算术平均值作为该植物油砂的常温抗压强度值，要求相对误差小于10%。

（4）常温抗拉强度的测定。

1）取出试样，再将试样放入型砂强度试验机的抗拉夹具内，进行抗拉强度的测定。

2）记下仪器读数，并按照公式 $p = F/S$（其中，p 为强度，MPa；F 为压力表中指示的压力，kN；S 为试样断裂面的截面积，cm^2）计算其抗拉强度值，取三个试样的算术平均值即为该植物油砂的常温抗拉强度值，并记下当时的室温和相对湿度。

五、实验报告要求

（1）写出本次实验目的、使用设备的名称及型号。

（2）写出植物油砂配制的过程。

（3）写出自己的实习体会、感想与建议。

六、实验注意事项

（1）实验前对实验指导书及教材有关内容进行预习，以便对实验内容有一个全面了解。

（2）操作中严格按照规程进行，注意安全。
（3）型砂混好后，应进行调匀和松砂，使水分更趋一致，松散团块。

七、思考题

（1）油砂有哪些种类，各有何特点？
（2）如何控制桐油砂的工艺性能？

第七节　树脂砂的制备与性能测定

一、实验目的

（1）掌握树脂砂的配制方法。
（2）掌握树脂砂性能的测定方法。
（3）了解树脂砂的配比和混砂工艺。
（4）了解实验设备的特点及操作方法。

二、实验原理

合成树脂砂，简称树脂砂，为大量生产薄壁、光洁、加工余量小的复杂铸件创造了条件，树脂砂已成为大量生产优质铸件的基本条件之一，甚至作为首先工艺方法。

树脂砂的原砂一般采用硅砂，对硅砂有如下要求：（1）SiO_2 含量高；（2）酸耗值不超过5mL；（3）含泥量越少越好；（4）粒度适中，通常以70筛号为中心，主要部分集中在上下3或4个筛号上的原砂；（5）小于140筛号的细粉应尽量少；（6）原砂应干燥；（7）粒形越接近圆形越好；（8）灼烧碱量不超过0.5%。

呋喃树脂的密度一般为1.15～1.25g/cm^3。树脂黏度不应大于100mPa·s。固化剂加入量为树脂质量的25%～50%。树脂在加热或在酸性硬化剂的作用下，呋喃环中一个双键可以打开，发生加聚反应，最后形成不熔、不溶的三维大分子有机化合体。原砂、固化剂、树脂经过混砂机搅拌后，每一粒砂粒好似镶嵌于或包容在一个大相对分子质量的有机体中，砂粒之间被树脂桥粘接起来，从而形成在生产过程中需要的结构强度。

三、实验设备

SAC锤击式制样机；液压强度试验机；带盖塑料桶一个。

四、实验内容及步骤

（一）实验内容

（1）树脂砂抗压强度的测定。
（2）树脂砂抗拉强度的测定。

（二）实验步骤

（1）树脂砂的配制。称取原砂3000g、呋喃树脂75g、固化剂15g。混制工艺为：原砂+固化剂→混1min→加树脂→混2min→混料搅匀并用带盖塑料桶盖严，保存备用。

（2）根据实验内容制备相应试样。试样形状和数量参见表2-8。

1）制样前的准备，包括对制样机下列项目进行检查与调整。

① 工作台的水平度；

② 样盒、预填框、导向板、拉刀安装是否灵活正确；

③ 对震动立轴、凸轮轴、传动凸轮、手轮轴运动件进行润滑；

④ 对样模进行清刷，脱模困难时涂刷脱模剂。

2）制样操作。

① 将底板样盒、预填框、拉刀依次定位放于震动平台上；

② 由预填框上面向样盒内填砂，填满后用木条刮平；

③ 热稳定试样制作时需摇动手轮，使震击部分震击一次，再由预填框上向样盒内填砂、刮平，为此反复三次；

④ 将导向板放在预填框上并定好位；

⑤ 将重块放入导向板孔内；

⑥ 顺时针方向摇动手轮连续震动三次；

⑦ 从导向板孔内取出重块；

⑧ 拉出拉刀；

⑨ 将预填框平稳取出样盒并刮掉多余的填砂；

⑩ 用底板托起样盒并放于一块备好的平板上静置，等待脱模；

⑪ 试样静置 24h 后进行强度实验。抗压强度测定用圆柱形试样，抗拉强度测定用“8”字形试样。

（3）常温抗压强度的测定。

1）将制备好的抗压试样置于预先装置在强度试验机上的抗压夹具上，然后转动手轮，逐渐加载于试样上，直至试样破裂，其强度值可直接从压力表中读出。

2）在强度机上测抗压强度，取三个试样的算术平均值作为该树脂砂的常温抗压强度值，要求相对误差小于 10%。

（4）常温抗拉强度的测定。

1）取出试样，再将试样放入型砂强度试验机的抗拉夹具内，进行抗拉强度的测定。

2）记下仪器读数，并按照公式 $p = F/S$（其中，p 为强度，MPa；F 为压力表中指示的压力，kN；S 为试样断裂面的截面积，cm^2）计算其抗拉强度值，取三个试样的算术平均值即为该树脂砂的常温抗拉强度值，并记下当时的室温和相对湿度。

五、实验报告要求

（1）写出本次实验目的、使用设备的名称及型号。

（2）写出树脂砂配制的过程。

（3）写出自己的实习体会、感想与建议。

六、实验注意事项

（1）实验前对实验指导书及教材有关内容进行预习，以便对实验内容有一个全面了解。

（2）操作中严格按照规程进行，注意安全。

（3）型砂混好后，应进行调匀和松砂，使水分更趋一致，松散团块。

七、思考题

（1）树脂砂有哪些特点？

（2）选用树脂时应注意哪些问题？

（3）呋喃树脂的种类及其特性如何？

第八节 铸件充型过程水力学模拟

铸型型腔的液态金属填充过程是通过浇注系统来完成的，即浇注是液态合金充填铸型的过程，浇注系统就是液态合金流入铸型型腔的通道。一般来说，浇注系统由浇口杯、直浇道、横浇道和内浇道四个单元组成。这些单元的结构是否合理、尺寸是否合适、内浇道与铸件连接的位置是否适当，与包括铸件完整性和有无铸造缺陷等铸件质量的关系非常密切。正确合理地设计浇注系统，必须了解和运用液态合金在浇注系统各单元中的运动状态和规律。浇注系统一般不长，流经时间短，拐弯多，且断面积和流速有变化，因而液态合金在浇注系统中多呈紊流状态。此外，浇注的液态合金有一定的过热度，虽然合金液和铸型型壁之间有强烈的热交换过程，但在浇道壁上的结晶凝固并不显著（或不会形成结晶硬壳），浇道断面缩小的影响和由于温度降低而使黏度增加、流动性降低的影响可忽略不计。所以液态合金在浇注系统中的流动便和一般液体的流动规律一致。流体力学的理论（例如能量守恒定律、伯努利方程、托里拆利定理、连续流动定律、帕斯卡定律、层流与紊流、斯托克斯定律等）在一定程度上能够应用于浇注系统，它是浇注系统设计的理论基础，同时可运用相似性原理来进行浇注系统设计。

为便于观察和测定某些数据，对液态合金在浇注系统各组元中的运动状态和规律的研究常借助模型实验法。利用模型实验可以观察充填过程中浇口杯内出现的水平涡流及吸气现象、垂直涡流及挡渣效果；研究直浇道中的吸气现象及防止措施；观察横浇道的挡渣过程及其末端延长段阻止初期渣及冷污铁水的效果；并可测定横浇道各断面的压力分布、浇注系统的局部阻力系数和流量系数。

一、实验目的

（1）了解浇口杯中水平旋涡、垂直旋涡的形成及影响因素。

（2）了解渣和气体进入直浇道的过程。

（3）了解直浇道模型中的真空吸气现象以及防止方法。

（4）了解根据相似原理设计模型的基本规则。

二、实验原理

为了便于观察和测定各种数据，用有机玻璃等透明材料制造浇注系统模型，用水作金属的模拟物。要使模型中水的运动特性和高温液态金属在砂型中的运动特性相似，应满足相似原理的要求。为了使两者的运动相似（或动力相似），必须使模型与砂型浇注系统两者之间几何相似，且水在模型中流动时与液态金属在砂型中流动时的雷诺数相等。即：

$$Re_{(n)} = Re_{(m)} \tag{2-9}$$

式中 $Re_{(n)}$——液态金属在砂型中流动时的雷诺数；

$Re_{(m)}$——水在模型中流动时的雷诺数。

$$Re = \frac{vd}{\nu}$$

对于非圆形管道：

$$R = \frac{F}{P}$$

$$Re = \frac{4vR}{\nu}$$

因此，式（2-9）可表示为：

$$\frac{4v_{(n)}R_{(n)}}{\nu_{(n)}} = \frac{4v_{(m)}R_{(m)}}{\nu_{(m)}} \tag{2-10}$$

即

$$\frac{v_{(n)}R_{(n)}}{\nu_{(n)}} = \frac{v_{(m)}R_{(m)}}{\nu_{(m)}} \tag{2-11}$$

式中　d——流道直径，m；

v——液流的平均流速，cm/s；

R——浇注系统的水利学半径，cm；

F——过水面积，m^2；

P——润湿周长，m；

ν——流体的运动黏度，m^2/s。

由此可以看出，可以用有机玻璃等透明材料制作浇注系统模型来模拟实际生产的铸件浇注系统。

三、实验内容

（1）观察浇口杯中水平旋涡、垂直旋涡的形成过程以及影响因素。

（2）进行渣和气体进入直浇道的过程观察。

（3）观察直浇道模型中的真空吸气现象以及防止方法。

（4）进行末端延长段对阻止初期渣及冷污铁水的效果的观察。

（5）观察液体及渣团、气体流经几种典型浇注系统的运动规律。

（6）根据相似原理进行浇注系统设计与改进。

四、实验方法

（一）浇口杯中水平和垂直旋涡及吸气现象

取1号模型（见图2-7(a)）进行浇注实验。分别用以下三种情况浇注，观察不同浇注情况下水平旋涡、垂直旋涡的形成及挡渣、吸气现象（浇注时放入少许渣团模拟物）。

（1）浇注高度小，流股细，使浇口杯内液面保持较低的情况；

（2）浇注高度大，流股粗，使浇口杯内液面保持较高的情况；

（3）浇注高度小，流股较粗且沿侧壁浇注，并使浇口杯内液面保持较高的情况。

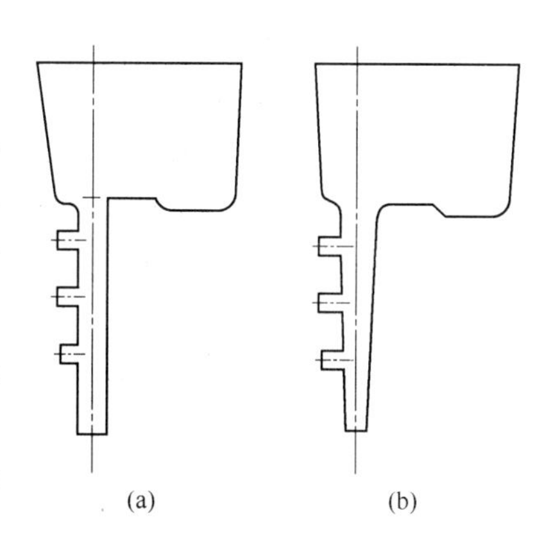

图2-7　浇口杯中流动状态实验的模型
（a）1号模型；（b）2号模型

（二）直浇道模型（不透气壁）中的吸气现象及防止

1. 用 1 号模型（见图 2-7(a)）进行浇注实验

1 号模型为两组元，除浇口杯外，还有直浇道，直浇道上下断面积相等。由水力学原理可知，直浇道内各断面上将出现负压，维持浇口杯内液面接近充满状态，注意观察模型直浇道上三个小孔的吸气现象，并注意上、中、下三个小孔的吸气程度。以手指逐渐堵塞直浇道下出口，使出口面积逐步缩小，阻力增大，注意观察三个小孔吸气现象的变化。要求分析三个小孔由吸气逐步转化为正压出流的原因。

最后，用 U 形压力计分别测出上、中、下三个小孔的负压值并记入表 2-11 中。

表 2-11 1 号模型直浇道内不同位置的负压值

不同位置	负压值/mmHg
上 孔	
中 孔	
下 孔	

注：1mmHg = 133.3224Pa。

2. 用 2 号模型（见图 2-7(b)）进行浇注实验

2 号模型也是两组元：浇口杯和直浇道。但 2 号模型的直浇道带有上大下小的锥度（1/50），2 号模型的实验条件及观察内容与 1 号模型相同。

（三）横浇道的挡渣效果

（1）用 3 号模型（见图 2-8(a)）进行浇注实验。3 号模型的特点是：当只使用 1 个内浇道时，为横/内控制式浇注系统，内浇道设在横浇道下侧面，浇道断面积比为：

$$F_{直} : F_{横} : F_{内} = 2.54\text{cm}^2 : 5.12\text{cm}^2 : 1.92\text{cm}^2 = 1 : 2 : 0.76$$

当用橡皮泥堵塞 2 号内浇口、使用 1 号内浇口时，末端延长段长度为 230mm；当堵塞

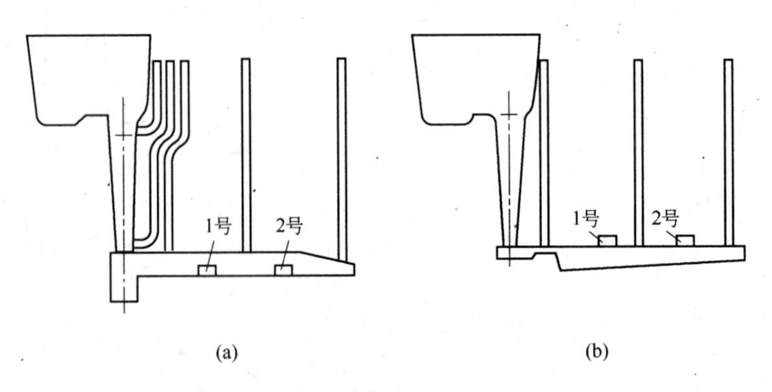

图 2-8 具有横浇道挡渣的浇注系统实验模型

（a）横/内控制式浇注系统；（b）直/横控制式浇注系统

1号内浇口、使用2号内浇口时，末端延长段长度为110mm，在直浇口底部放入少许渣团模拟物（聚苯乙烯珠粒，密度为0.1～0.2g/cm^3），然后按上述两种情况进行浇注，分别观察各自的横浇道挡渣效果。

（2）用4号模型（见图2-8(b)）进行浇注实验。4号模型的特点是直/横控制式浇注系统，内浇道设在横浇道上方。当只用一个内浇道时，浇道断面积比为：

$$F_{直}:F_{横}:F_{横(中)}:F_{内}=2.54cm^2:2.4cm^2:9.6cm^2:4.8cm^2=1.06:1:4:2$$

当只用1号内浇道时，末端区的长度为210mm；当使用2号内浇道时，末端区长度为90mm。用4号模型的实验方法与3号模型相同。

用3号模型或4号模型进行实验时，注意观察每次浇注初期当第一股液流到达横浇道末端时的流动状态和渣团的运动情况（包括渣团返回情况）。当流量稳定时，量取横浇道上每个压力计水柱高度。

（四）典型强化挡渣浇注系统的充型特点

图2-9(a)～(d)所示为5号～8号模型，分别为水平阻流式、垂直阻流式、滤网式和离心集渣包式浇注系统。浇注系统各组元的断面积及只用一个内浇道的浇道断面积比、横浇道末端延长段的距离等参数分别如下。

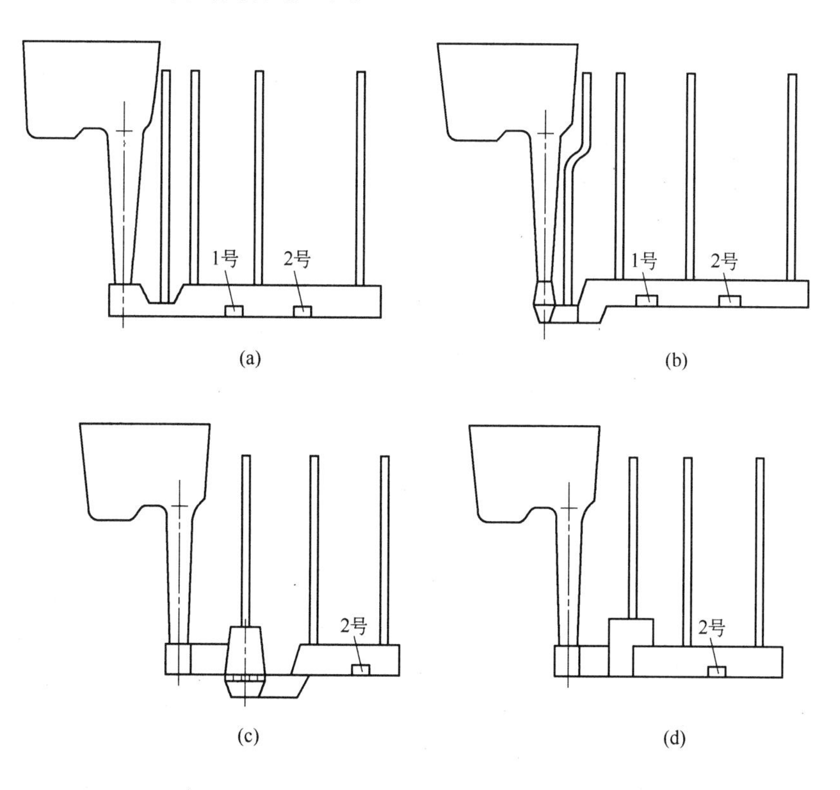

图2-9　典型强化挡渣浇注系统实验用有机玻璃模型
（a）5号模型（水平阻流式）；（b）6号模型（垂直阻流式）；
（c）7号模型（滤网式）；（d）8号模型（离心集渣包式）

5 号模型（见图 2-9(a)）：

$$F_{直}:F_{阻}:F_{横}:F_{内}=2.54\text{cm}^2:1.6\text{cm}^2:5.12\text{cm}^2:1.92\text{cm}^2=1.6:1:3.2:1.2$$

用1 号内浇道时，横浇道末端延长段长度为22.8cm；用2 号内浇道时，横浇道末端延长段长度为10.8cm。

6 号模型（见图 2-9(b)）：

$$F_{直}:F_{阻}:F_{横}:F_{内}=2.54\text{cm}^2:1.6\text{cm}^2:5.12\text{cm}^2:1.92\text{cm}^2=1.6:1:3.2:1.2$$

用1 号内浇道时，横浇道末端延长段长度为19.0cm；用2 号内浇道时，横浇道末端延长段长度为7.0cm。

7 号模型（见图 2-9(c)）：

$$F_{直}:F_{网孔}:F_{横}:F_{内}=2.54\text{cm}^2:2.37\text{cm}^2:5.12\text{cm}^2:2.55\text{cm}^2=1.07:1:2.16:1.08$$

用2 号内浇道，横浇道末端延长段长度为8.0cm。

8 号模型（见图 2-9(d)）：

$$F_{直}:F_{横}:F_{内}=2.56\text{cm}^2:5.12\text{cm}^2:2.56\text{cm}^2=1:2:1$$

用2 号内浇道，横浇道末端延长段长度为8.0cm。

进行浇注实验时，将渣团模拟物放入浇口杯内，观察浇注系统中的流动状态及各横浇道的挡渣效果，在图上示意地画出“渣团”的停留位置（实验中内浇道断面积可用橡皮泥调整，以适应所需断面积比）。

五、实验报告要求

（1）详细记录实验过程。

（2）记录并分析各种浇注系统的流动阻力大小（以压头损失来表示）。

（3）对各种浇注系统的挡渣效果进行评价。

六、思考题

（1）根据实验结果说明产生水平旋涡的原因及防止方法。

（2）有机玻璃直浇道中的吸气现象在砂型中是否存在，为什么?

（3）当浇注产生旋涡时，对铸造过程将会产生什么危害?

第三章　铸造合金熔炼

本章旨在通过实验加深学生对“铸造合金学”及“合金熔炼原理及工艺”知识的理解及掌握，锻炼学生综合运用知识的能力，培养学生分析问题和解决问题的能力。

第一节　铝合金熔炼及组织观察

一、实验目的

（1）掌握铝合金的熔炼特点、炉料配制及熔炼工艺。
（2）了解精炼、变质处理的原理及工艺。
（3）了解变质处理对铝硅合金组织及性能的影响。
（4）了解实验设备的特点及操作方法。

二、实验原理

铝合金包括铝硅类、铝铜类和铝镁类合金。其中，铝硅类合金使用最多、最成熟。铝硅二元合金根据硅元素的质量分数不同可分为亚共晶（$w(\mathrm{Si})<12.6\%$）、共晶（$w(\mathrm{Si})=12.6\%$）和过共晶合金（$w(\mathrm{Si})>12.6\%$）。特别是共晶成分的铝硅合金，具有良好的铸造性能，流动性、致密性好，收缩小，耐蚀性好，不易开裂。但此类合金若不进行变质处理，硅呈片状分布，由于它粗而脆，致使合金的强度及伸长率都很低，而通过变质处理后，其中大片状的硅消失，成为 α-Al 固溶体和细致的铝硅共晶组织。硬度、伸长率均大大提高，因此在生产中广泛应用。

为改变共晶硅或初晶硅的形态，铝合金可以用含 Na、Sr、Sb 的盐类或中间合金及稀土（RE）进行变质。变质机理一般观点认为，在铝硅合金凝固时加入以上元素，这些加入的元素或者吸附在共晶硅片上的固有台阶上，或者富集在共晶液凝固结晶前沿，阻碍共晶硅沿惯有方向生长成大片状，使得硅依靠孪晶侧向分枝反复调整生长方向，达到与α(Al)固溶体协调生长，最终形成纤维状共晶硅。

三、实验设备及材料

设备：坩埚电阻炉，如图 3-1 所示；热电偶温度控制仪；电热鼓风干燥箱；圆柱形金属模；石墨坩埚；坩埚钳；石墨搅拌棒；钟罩；砂轮机；金相试样组合式抛光机；金相显微镜；智能多元元素分析仪。

材料：铝锭；铝硅中间合金；坩埚涂料（水玻璃涂料或氧化锆涂料）；精炼剂（六氯乙烷或氯化锌）；变质剂；金相砂纸；腐蚀剂。

图 3-1 井式坩埚电阻炉

四、实验内容及步骤

铝硅二元合金的代表是 ZL102，其成分为典型的共晶成分，即硅的质量分数为 10% ~ 14%，其余为铝，金相组织为 α-Al 固溶体 +（α + β）共晶体。

（1）铝硅合金的熔化及精炼工艺。

1）将坩埚内壁清理干净后，放入电阻坩埚炉内，加热至 150℃左右在坩埚内壁涂刷涂料并烘干，同时将所用的工具如坩埚钳、搅拌棒及钟罩等刷涂料并烘干。

2）将称好的炉料（铝锭及铝硅中间合金）放入坩埚中加热熔化。

3）当温度升到 720 ~ 740℃时进行精炼，将事先烘烤过的氯化锌（0.2%）或者六氯乙烷包装好放入预热过的钟罩内，然后将钟罩放入合金液面以下，缓缓移动，反应完毕后，将钟罩取出。

4）精炼完后静置 2min，撇渣，在 740℃左右进行浇注，浇注一组试棒（变质处理前）。

（2）变质处理。

1）称量所得试棒的质量，算出坩埚中剩余合金的质量，然后计算变质剂质量。

2）变质剂可用钠盐，其成分（质量分数）为 62.5% NaCl、12.5% KCl 和 25% NaF，其加入量一般为棒料质量的 2% ~3%。此变质剂易吸潮，用前应在 150 ~ 200℃下长期烘干。变质剂也可用 Al-Sr 或者 Al-RE 中间合金。

3）温度为 720 ~ 740℃时进行处理，先撇去液面的氧化渣，再将变质剂均匀撒在其表面，保持 12min 左右，然后用预热的搅拌棒搅拌 1min 左右，搅拌深度为 150 ~ 200mm，变质完后，将液面的渣扒净。

4）720 ~ 740℃时进行浇注，浇一组试棒。

5）将剩余金属倒入铸锭模中。

6）坩埚内壁趁热清理干净。

7）在试棒上打上标记。

（3）进行金相组织观察。

1）自试棒上切下两个试片（变质前后各一片），将试片磨好抛光进行腐蚀。

2）在放大150~250倍下进行观察，做好原始记录。

五、实验报告要求

（1）简述铝合金熔化及精炼过程。

（2）描绘变质前后的显微组织（见图3-2），并分析其与性能的关系。

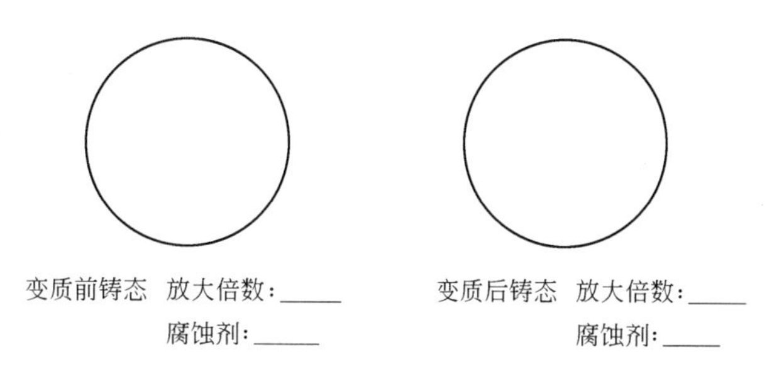

图3-2　变质前后的显微组织

六、实验注意事项

（1）实验前对实验指导书及教材有关内容进行预习，以便对实验内容有一个全面了解。

（2）操作中严格按照规程进行，注意安全，熔化中所用工具需刷有涂料并预热后才能放入金属液中，以免引起金属液飞溅或带入夹杂。

（3）锭模使用前也需刷涂料及预热。

（4）浇注前拉断电源，浇注完后清理场地，并分别在铸锭及试样上打上标记。

七、思考题

（1）若用Sr或者RE（稀土）变质二元铝硅合金，其加入量应为多少？

（2）精炼温度过高或过低对合金有什么影响？

（3）铝合金熔炼时为何要用石墨坩埚而不用铁坩埚？

（4）熔炼时坩埚、熔化过程中用到的工具及浇注模具为何要刷涂料？

第二节 镁合金熔炼及组织观察

一、实验目的

（1）掌握镁合金的熔炼特点、炉料配制及计算、熔炼过程及熔炼工艺。
（2）了解镁合金精炼、变质的原理及工艺。
（3）了解变质处理对镁合金组织及性能的影响。
（4）了解实验设备的特点及操作方法。

二、实验原理

镁铝系合金是应用最为广泛的一类合金，压铸镁合金主要是镁铝系合金。为改善合金的性能，如韧性、耐高温性、耐腐蚀性，以镁铝系为基础添加一系列合金元素形成了 AZ（Mg-Al-Zn）、AM（Mg-Al-Mn）、AS（Mg-Al-Si）、AE（Mg-Al-RE）系列合金。

铸造镁铝系合金中铝是作为主要合金化元素加入的。当铝的质量分数小于10%时，随着铝的质量分数增加，镁铝合金的液相线及固相线温度均降低，从而可降低镁合金的熔炼和浇注温度，有利于减少镁合金液的氧化和燃烧。但凝固温度范围加大易使铸件产生缩松缺陷。随着铝的质量分数增加，铝在镁中的固溶强化及时效强化作用使镁铝合金的抗拉强度提高，伸长率则随着铝的质量分数增加先是提高然后下降。而铝的质量分数提高，有利于提高镁铝合金的耐腐蚀性能。

重力浇注成的 AZ91 镁合金，组织粗大，性能有时无法满足使用要求，需要变质处理以细化晶粒，提高性能。对于不含 Al、Mn 元素的镁合金，Zr 是一种非常有效的晶粒细化剂。而对于镁铝系合金，目前尚未开发出一种在生产中通用的晶粒细化剂，一般主要是在镁合金熔体中加入少量的碳粉或碳化物（$MgCO_3$、SiC、Al_4C_3、TiC）变质剂。其中，铝与碳可发生反应生成 Al_4C_3 颗粒，此颗粒是高熔点强化相，晶体结构为密排六方且晶格常数与 α-Mg 相近，其与 α-Mg 晶格常数错配度小于9%。根据金属结晶原理，Al_4C_3 可作为非均质形核的衬底，通过异质形核促进镁铝合金的晶粒细化。但是碳化物细化剂的加入容易引入更多的气体与夹杂。最近也在镁铝系合金中加入难溶于 α-Mg 固溶体的 Si、Ca、Sr、Ba 等金属和稀土（RE）元素，通过元素富集在合金结晶凝固前沿阻碍晶粒长大，或形成化合物钉扎晶界，以细化晶粒，达到变质效果。

三、实验设备及材料

设备：坩埚电阻炉，如图 3-1 所示；热电偶温度控制仪；电热鼓风干燥箱；圆柱形金属模；铁坩埚；坩埚钳；铁制搅拌棒；钟罩；砂轮机；金相试样组合式抛光机；金相显微镜；智能多元元素分析仪。

材料：1 号镁锭、0 号铝锭、0 号锌锭；Al-Mn、Al-Be 中间合金；覆盖剂；精炼剂；变质剂；涂料；金相砂纸；腐蚀剂。

四、实验内容及步骤

实验用镁铝合金 AZ91 成分（质量分数）为 8.5% ~10.0% Al、0.8% ~1.5% Zn、0.1% ~0.5% Mn，其余为 Mg。

（1）AZ91 合金的配料、涂料涂刷及熔剂准备。

1）配料时，按照 AZ91 合金成分配比进行计算，称量。对炉料先进行除油和吹砂，除去表面上的腐蚀物及熔剂、砂粒、氧化皮等，以防止其与镁熔液反应，并防止硅、铁、氢、氧化夹杂等进入熔液中。

2）涂料的涂刷。在实验的过程中必不可少的要用到涂料，涂料的作用主要是保护铸型和便于出模。镁合金的涂料配制方法有很多种，但不论哪一种，滑石粉的成分是必不可少的，变化的只是黏结剂。黏结剂有的用水玻璃，有的用亚硫酸纸浆废液等。本次实验采用水、硼酸、水玻璃和滑石粉来配制涂料。涂料成分（质量分数）为：10%滑石粉、5%硼酸、2.4%水玻璃，余量为水。先在容器中加入硼酸，用少量热水将硼酸溶化，再分别加入水玻璃、滑石粉，最后加入冷水搅拌，使之混合均匀。将坩埚、铸型、搅拌工具等加热到 300℃，然后用毛刷均匀地将涂料涂到熔化工具上，再充分烘烤，去掉水分待用。

3）熔剂准备。为防止镁熔液的氧化燃烧，采用在熔剂保护下熔炼。镁合金熔剂有两种作用：① 覆盖作用，熔融的熔剂借助表面张力的作用，在镁熔液表面形成一连续、完整的覆盖层，隔绝空气，阻止 Mg 与 O_2 及 Mg 与 H_2O 反应，防止镁的氧化，也能扑灭镁的燃烧。② 精炼作用，熔融的熔剂对非金属夹杂物具有良好的润湿、吸附能力，可利用熔剂与金属的密度差把金属夹杂物随同熔剂自熔液中排除。镁合金熔剂主要是由 $MgCl_2$、KCl、CaF_2 和 $BaCl_2$ 等氯盐、氟盐的混合物组成。镁铝合金一般采用 RJ-2 熔剂作为熔剂。RJ-2 主要成分（质量分数）为：38% ~46% $MgCl_2$、32% ~40% KCl、3% ~5% CaF_2、5.5% ~8.5% $BaCl_2$、杂质（$NaCl + CaCl_2$）含量小于 8%、1.5%不熔物、1.5% MgO 及 3% H_2O。

（2）AZ91 合金熔炼和精炼。

1）将坩埚预热到暗红色（400 ~500℃），在坩埚内壁及底部均匀地撒上一层粉状 RJ-2 熔剂。

2）炉料预热至 250℃以上，依次加入镁锭、铝锭、Al-Be 中间合金，并在炉料上撒一层 RJ-2 熔剂，装料时熔剂的用量约占炉料质量的 1% ~2%。升温至 700 ~720℃熔炼，在装料及熔炼的过程中，一旦发现熔液露出并燃烧，应立即用 RJ-2 熔剂覆盖。

3）待合金液完全熔化后，加入锌锭及 Al-Mn 中间合金，待锌锭及 Al-Mn 中间合金完全熔化后，扒渣，精炼。

4）精炼剂为 RJ-2，用量为炉料质量的 2.0%。精炼时将 RJ-2 均匀地撒在坩埚内，搅拌熔液 1 ~2min，使熔液自上而下地翻滚，不得飞溅，并不断在熔液波峰上撒以精炼剂，精炼结束后，去渣，重撒 RJ-2。

5）将熔液升温至 730℃，保温静置 20min，然后降温至 700℃出炉，浇入已刷好涂料并预热到 200℃的金属型中。

（3）AZ91 镁合金的变质。在 710 ~740℃进行变质处理，用钟罩将占炉料质量 0.3% ~0.4%的 $MgCO_3$ 分批压入镁液，钟罩压入镁液深度一半处，缓慢水平移动至镁液中不再冒泡时为止。变质后进行第二次精炼（710～740℃），然后浇注试样。

五、实验报告要求

（1）实验过程记录（见表3-1）。

表3-1 实验过程记录表

项 目	开 始	结 束	备 注
送电时间			
炉子设定温度			
到温时间			
覆盖时间			
熔化时间			
加入合金元素1时间			
加入合金元素2时间			
加入合金元素3时间			
均匀合金元素用时间			
精炼时间			
保温时间			
变质时间			
保温时间			
浇注时间			

（2）观察合金变质前后的金相组织，并描绘出组织图（见图3-2）。
（3）测出合金成分，并与标准成分对比，分析元素烧损情况。

六、实验注意事项

（1）实验前对实验指导书及教材有关内容进行预习，以便对实验内容有一个全面了解。

（2）操作中严格按照规程进行，注意安全，熔化中所用工具需刷有涂料并预热后才能放入金属液中，以免引起金属液飞溅。

（3）锭模使用前也需刷涂料及预热。

（4）浇注工序直接影响镁合金铸件的质量，在通常的浇注条件下，镁合金铸件的氧化夹杂及熔剂夹杂往往来自浇注过程。因此，浇注时应采取下列措施：

1）充填铸型的条件下，尽可能采用较低的浇注温度（一般在700℃以下），以降低熔液的氧化速度。

2）浇注时浇包嘴应尽可能接近浇口杯，熔液流动力求平稳，以防止涡流及飞溅，浇注不可断流，浇口杯始终保持有2/3以上熔液。

（5）浇注前拉断电源，浇注完后清理场地，并分别在铸锭及试样上打上标记。

七、思考题

（1）若用碱土金属或稀土金属变质AZ91镁合金，组织和性能如何变化？

（2）镁合金熔炼时为何要用覆盖剂？

（3）镁合金熔炼时除了用覆盖剂，还可以用哪些保护措施？

（4）镁合金熔炼时为何要刷涂料？

第三节 铜合金熔炼及组织观察

一、实验目的

（1）掌握铜合金的类型及熔炼特点、炉料配制及计算。

（2）掌握不同类型的铜合金的熔炼过程及熔炼工艺。

（3）了解实验设备的特点及操作方法。

二、实验原理

铸造用纯铜及铜合金是有色金属中重要的一类，在实际生产中运用较广。常用铜合金按照成分不同主要分为两大类，即铸造黄铜和铸造青铜。无论是砂型铸造还是熔模铸造，熔炼都是铸造生产中至关重要的一个环节。

三、实验设备及材料

设备：真空感应熔炼炉或高温箱式坩埚电阻炉；电热鼓风干燥箱；热电偶温度控制仪；石墨坩埚；坩埚钳；搅拌棒；圆柱模具；金相显微镜；砂轮机；抛光机。

材料：纯铜；铝铜中间合金；锌、铅、锡；硼砂；碎玻璃；木炭；砂纸。

四、实验内容及步骤

（一）纯铜熔炼工艺

（1）先将坩埚预热至暗红色，在坩埚底加一层厚度约为30～50cm的干燥木炭或覆盖剂（63%硼砂+37%碎玻璃），再依次加入边角余料、废铜块和棒料，最后加纯铜。

（2）补加的合金元素可放在炉台上预热，严禁将冷料加入液态金属中。整个熔化过程中应经常活动炉料，以防搭桥。

（3）升温，使合金全部熔化。合金全熔后，温度达到1200～1220℃时，加入占合金液质量0.3%～0.4%的磷铜中间合金脱氧，磷与氧化亚铜发生下列反应：

$$5Cu_2O + 2P \xlongequal{} P_2O_5 + 10Cu$$

$$Cu_2O + P_2O_5 \xlongequal{} 2CuPO_3$$

生成的P_2O_5气体从合金中逸出，$CuPO_3$浮于液面，可扒渣去除，达到脱氧的目的。另外，在脱氧的过程中需不断搅拌。

（4）最后扒渣出炉，合金液的浇注温度一般为1100～1200℃。

（二）黄铜的熔炼

以锌为主要合金元素的铜基合金为黄铜，分为普通黄铜和特殊黄铜两类。普通黄铜是铜和锌组成的二元合金，主要用于压力加工。在普通黄铜的基础上加入其他合金元素（如硅、铝、锰、铅、铁和镍等），便成为特殊黄铜。铸造黄铜大多是特殊黄铜，常用黄铜合金熔炼配料成分见表3-2。

表3-2 常用黄铜合金熔炼配料成分（质量分数） （%）

牌　号	Cu	Pb	Al	Zn
ZCuZn38	61			余　量
ZCuZn40Pb2	59	1.3		余　量
ZCuZn31Al2	66.5		2.4	余　量

1. 熔炼前的准备

(1) 金属炉料的准备。

回炉料必须是同牌号的废铸件、浇冒及重熔铸锭，且需要具有明确的化学成分。入炉前要清除表面污物，预热后装炉。纯铜也需去除污物，并在500～550℃预热去除水分后才能装炉。纯金属元素入炉前可在炉边预热。金属炉料的最大块度不应超过坩埚直径的1/3，长度不应超过坩埚深度的4/5。

(2) 坩埚和熔炼设备及工具的准备。

坩埚使用前应无裂纹和影响安全的其他损伤。新坩埚必须经过低温缓慢加热处理，以防产生裂纹；旧坩埚应将内表面的熔渣清理干净。

石墨做成的搅拌棒必须彻底清理掉残余涂料和锈迹，并涂敷一层耐火材料或刷涂料后烘干待用。

锭模在使用前必须彻底清理干净，刷涂料后预热至100～150℃待用。

(3) 覆盖剂及熔剂的准备。

木炭应装入密封的烘箱内，在不低于800℃烘烤4h，待用时要防止吸潮。覆盖剂可由63%的硼砂+37%的碎玻璃组成，也可用干燥木炭作覆盖剂，但均要求干燥并去除其中的杂物。

2. 合金熔炼工艺过程

(1) 先将坩埚预热至暗红色，并在其底部加入20～40cm厚的木炭。

(2) 加入纯铜并迅速升温熔化后，按熔点高的先加入、熔点低的后加入的顺序加入中间合金，最后再加回炉料，同时应补加木炭，以保证合金液面不暴露在空气中。

(3) 熔炼黄铜一般也需要进行脱氧，待铜全部熔化后，温度达1150～1200℃时加入磷铜中间合金（以磷占铜液质量的0.04%～0.06%计算）进行脱氧。脱氧与不脱氧的实践对比发现，脱氧后的铸件表面质量要优于不脱氧的铸件。

(4) 按各合金牌号成分要求分别补加合金元素。在1100～1120℃加入铝铜中间合金；在1100～1150℃停电分批加入纯锌、纯铝并搅拌。熔化铅黄铜时应先加锌再加铅。锌元素的加入温度应控制，加锌后若温度降低可以中间送电，当合金温度高于1200℃时，不允许加锌。

(5) 出炉扒渣，调整合金液至工艺要求温度后，迅速出炉浇注。合金液的浇注温度是影响铸件性能的重要因素。一般黄铜合金液的出炉温度见表3-3。

表3-3 黄铜合金液的出炉温度

黄铜合金液	ZCuZn38	ZCuZn40Pb2	ZCuZn31Al2
温度/℃	1100～1130	1080～1100	1120～1140

（三）青铜的熔炼

铸造青铜按成分可分为锡青铜和不含锡青铜，不含锡青铜有铝青铜、铅青铜和硅青铜等。锡青铜是以锡为主要合金元素的铜基合金，具有良好的耐磨性、耐蚀性，较好的强度和塑性，使用最多、最成熟。以下以锡青铜为例介绍青铜的熔炼。

（1）合金的配料见表3-4。

表3-4 常用青铜合金熔炼配料成分（质量分数） （%）

牌 号	Sn	P	Pb	Cu
ZCuSn10P1	10.5	1.12		余 量
ZCuSn10Pb1	9		9	余 量

（2）熔炼前准备工作。青铜熔炼前的准备工作与黄铜熔炼的准备工作相同。

（3）锡青铜的熔炼工艺过程。

1）先将坩埚预热至暗红色，并在其底部加入20~40cm厚的木炭。

2）加入纯铜，迅速升温熔化后再加入回炉料，同时补加木炭，以保证合金液面不暴露在空气中。

3）回炉料熔化后，加入磷铜中间合金（一般加入量占炉料质量的0.5%）。

4）依次加入锡、铅（按配料成分），前一种炉料完全熔化后，再加入下一种，并不断搅拌合金液。

5）调整合金液温度在1100~1150℃。

6）出炉前扒渣，再加磷铜中间合金（一般加入量占炉料质量的0.1%）进行脱氧，均匀搅拌，并在合金液表面上撒一层稻草灰，调整合金液至工艺要求温度（一般为1130~1180℃）后，迅速出炉浇注。

五、实验报告要求

（1）简述黄铜及锡青铜熔炼工艺。

（2）记录和描绘所观察的典型的铸造黄铜和锡青铜试样的显微组织，并注明合金牌号试样状态、放大倍数、组织及腐蚀剂，如图3-3所示。

（3）根据观察的铸造铜合金显微组织，分析铜合金性能和使用特点。

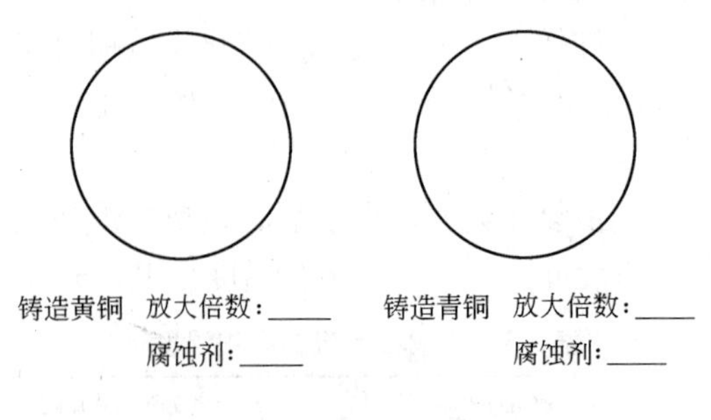

图3-3 铸造黄铜和青铜试样的显微组织

六、实验注意事项

（1）操作者应穿戴好防护用品，工作场地应保持整洁，不允许有积水和杂物。

（2）开炉前应检查所用设备是否完好，如有不安全因素应及时排除。

（3）应仔细检查并确认炉料中无易爆及危险物后，方能进行预热。

（4）熔炼浇注工具，如搅拌棒、铁勺、除渣工具等，未经预热不得与合金液接触。

（5）浇注时剩余的合金液要倒入经过预热的锭模中，不允许直接浇在地面上或倒回炉中。

（6）熔炼时，应在允许的情况下，尽量提高炉料的预热温度，操作应紧凑，动作要迅速，以最短的时间完成熔化工作，以防合金液吸气。

（7）熔炼时一定要搅拌，以使合金成分均匀，防止不同密度的合金形成成分偏析。

七、思考题

（1）铜合金熔炼过程中为何要用磷脱氧，磷以什么方式加入，是否能以纯磷的方式加入，为什么？

（2）在铜合金熔炼过程中为什么要用覆盖剂，其中的木炭是如何起作用的？

第四节 铸铁组织观察

一、实验目的

（1）了解各种类型的铸铁及其区别，能熟练地根据各种铸铁的断口辨认铸铁的类型。

（2）熟练地掌握铸铁的组织特点，观察石墨形态及其分布，识别铸铁的基体组织。

（3）了解这些铸铁的组织与性能的关系及应用。

（4）观察球铁经过不同热处理后的显微组织，进一步理解球铁热处理的作用。

（5）观察可锻铸铁退火各阶段的显微组织，分析退火时间对可锻铸铁石墨析出过程的影响，并分析它对力学性能的影响。

二、实验原理

（一）铸铁铸态组织观察的实验原理

碳的质量分数在2%以上的铁碳合金称为铸铁。工业用铸铁一般碳的质量分数为2%～4%。碳在铸铁中多以石墨形态存在，有时也以渗碳体形态存在。

铸铁根据结晶过程中石墨化程度不同，可分为白口铸铁、灰口铸铁和麻口铸铁。白口铸铁具有莱氏体组织而没有石墨，即碳全部以渗碳体（Fe_3C）形式存在，断口呈亮白色。由于有大量硬而脆的Fe_3C，白口铸铁硬度高，脆性大，很难加工。因此，白口铸铁在工业应用方面很少直接使用，只用于少数要求耐磨而不受冲击的制件，如拔丝模、球磨机中使用的铁球等，大多用做炼钢和可锻铸铁的坯料。灰口铸铁中没有莱氏体，碳主要以自由状态片状石墨存在，断口呈灰色。它具有良好的铸造性能，切削加工性好，减磨性、耐磨性好，它的熔化配料简单、成本低，广泛用于制造结构复杂的铸件和耐磨件。麻口铸铁的组织介于白口铸铁和灰口铸铁之间，由于其组织中含有大量莱氏体，因此它脆性较大，在工业中应用也较少。

使用最广泛的灰口铸铁显微组织由金属基体和石墨片组成。由于石墨的强度和塑性几乎等于零，因此可以把这种铸铁看成是布满裂纹和空洞的钢，所以其抗拉强度与塑性远比钢低，且石墨数量越多，尺寸越大或分布越不均匀，则对基体的割裂作用越大，铸铁的性能也越差。

根据石墨化第三阶段发展程度不同，灰口铸铁有三种不同的基体组织：珠光体、铁素体、珠光体加铁素体。铁素体基体的韧性最好，珠光体基体的铸铁抗拉强度最高。

决定铸铁性能的组织因素除了基体外，还有石墨的形态。按照石墨的形状特点，铸铁大致可分为以下几种：

（1）灰口铸铁。一般灰口铸铁中石墨呈粗大片状，根据铸铁过冷度不同，亚共晶灰口铸铁中的石墨分布形态不同，具体可分为A、B、C、D、E、F型石墨，如图3-4所示。一般灰口铸铁基体组织有珠光体、铁素体、珠光体加铁素体三种，其宏观断口为灰色。

（2）孕育铸铁。孕育铸铁是一种高强度灰口铸铁，在铸铁浇注前往铁水里加入孕育剂

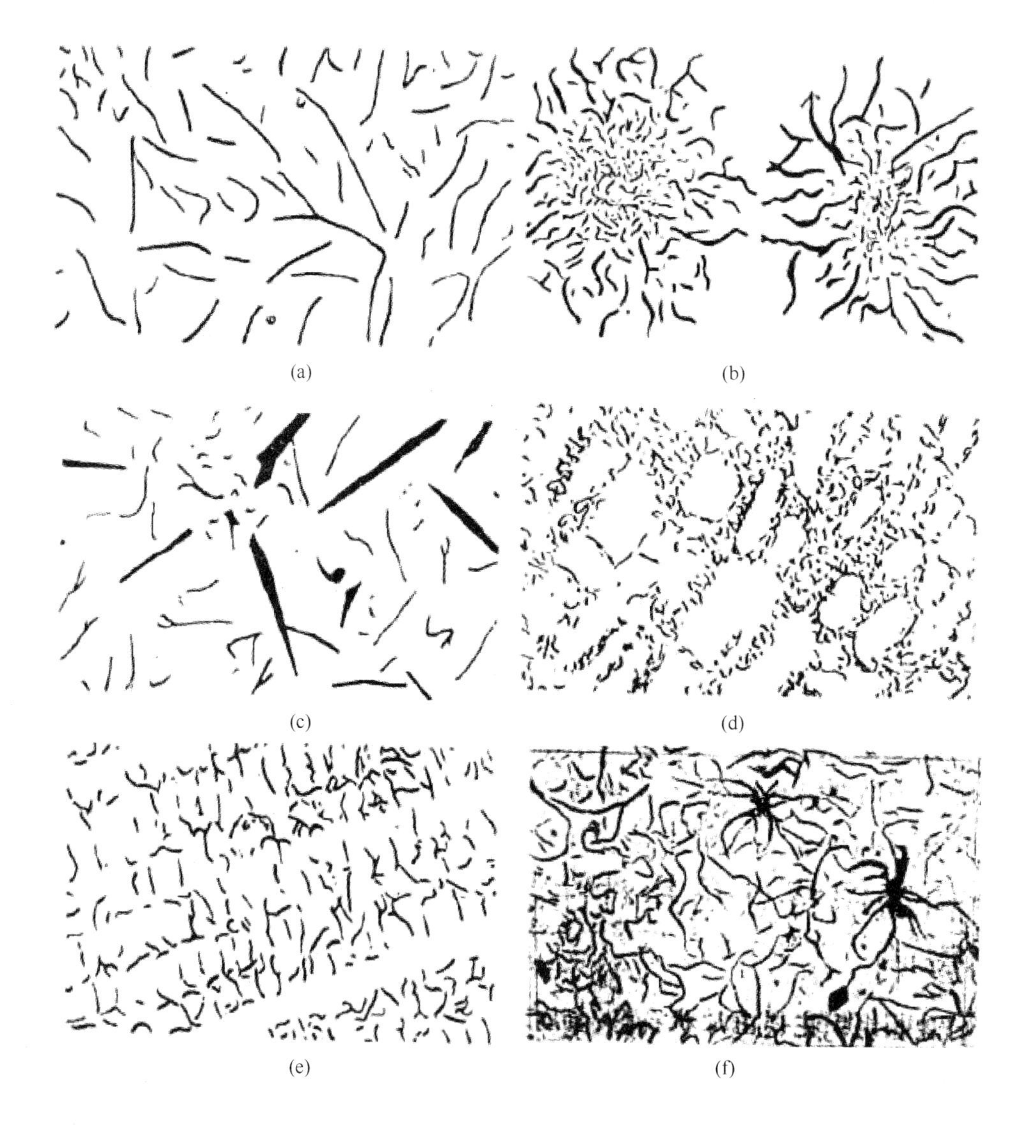

图 3-4 灰铸铁的片状石墨形态图(100×)
(a) A 型石墨(片状);(b) B 型石墨(菊花状);(c) C 型石墨(块片状);
(d) D 型石墨(枝晶点状);(e) E 型石墨(枝晶片状);(f) F 型石墨(星状)

(硅铁或硅钙铁),增多石墨结晶核心,使凝固后石墨变为细小片状,如图 3-5 所示,从而提高铸铁力学性能。其基体多为珠光体,其宏观断口为灰色。

(3) 球墨铸铁。球墨铸铁是一种优质铸铁,在铸铁浇注前往铁水里加入球化剂(稀土、镁和硅铁),使石墨凝固时呈球状析出,如图 3-6 所示。球状石墨大大削弱了对基体的割裂作用,使铸铁的性能显著提高。球墨铸铁的基体组织主要有珠光体和铁素体两种,其宏观断口为银灰色。

(4) 蠕墨铸铁。生产该种铸铁的工艺是在浇注前加入稀土硅铁,使石墨大部分结晶成蠕虫状。蠕虫状的石墨介于片状石墨和球状石墨之间,既有共晶团内石墨相互连接的片状结构,又有头部较圆、类似球墨的形状,如图 3-7 所示。它强度较灰口铸铁高,铸造性能

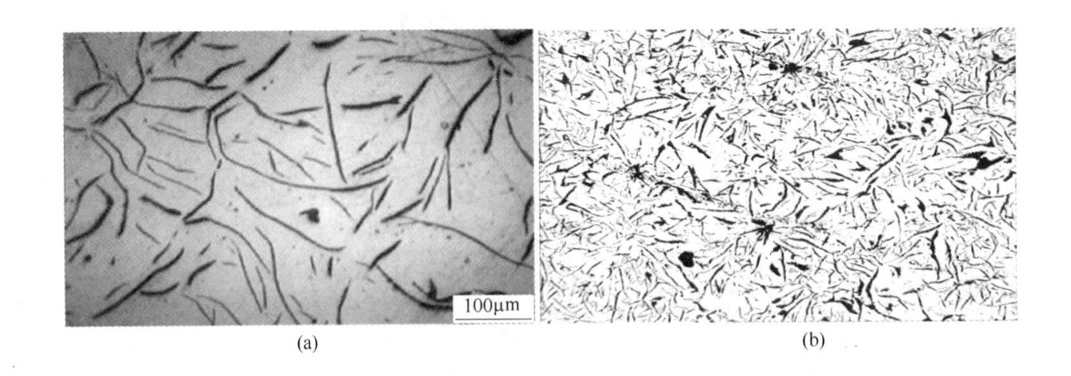

图 3-5 灰口铸铁孕育前后的显微组织(100×)
(a) 孕育前；(b) 孕育后

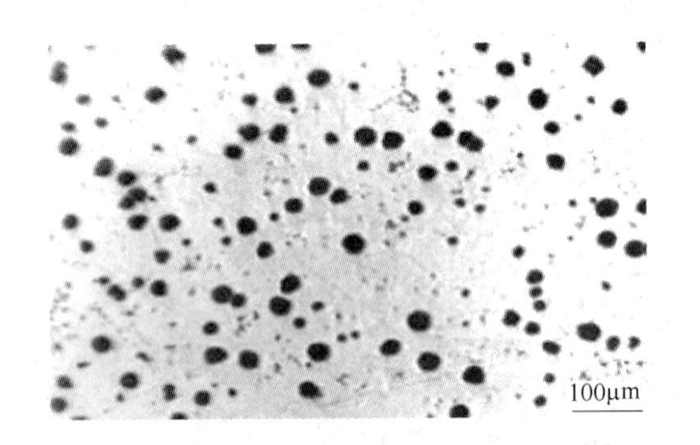

图 3-6 球墨铸铁的显微组织(100×)

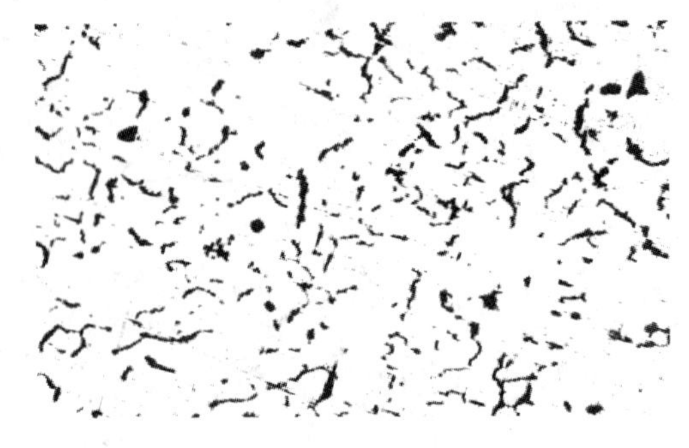

图 3-7 蠕墨铸铁的显微组织(100×)

较球墨铸铁好，铸造工艺简单，成品率高。

(5) 可锻铸铁。可锻铸铁又称展性铸铁，它是将白口铸铁坯件经长时间高温退火(石墨化处理) 得到的，其中的石墨呈团絮状，如图 3-8 所示。此种石墨显著减弱了对铸铁基体的割裂作用，因而使铸铁的力学性能比普通灰口铸铁有明显提高。可锻铸铁基体可分为铁素体和珠光体两种，其中铁素体基体的较多。

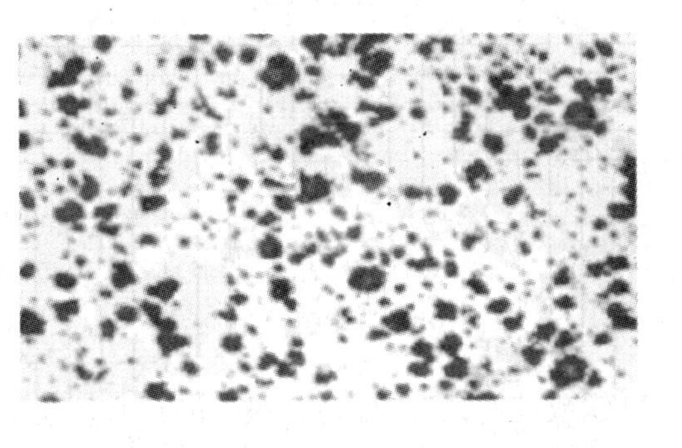

图 3-8 可锻铸铁的显微组织(100×)

不同类型的铸铁，其组织不同，断口不同，性能也不同。在生产中用断口或组织来判别铸铁的种类迅速而准确，特别是在球墨铸铁、蠕墨铸铁及孕育铸铁生产中，炉前经常是采用此方法，以便能及时判断球化（蠕化）处理及孕育的效果，掌握质量，做到心中有数。

灰口铸铁石墨形态描述说明：

图 3-4(a)所示为 A 型石墨，它呈均匀分布，无方向性。由于这种类型石墨相对来说对金属基体割裂作用较小，机械强度较高，因此用户多希望得到 A 型石墨。

图 3-4(b)所示为 B 型石墨，也称菊花状石墨，这种类型石墨发生在碳当量高且结晶核心较少的情况下，共晶团比较大，而结晶初期冷却速度比较大，所以中心石墨长不大，片较细小。

图 3-4(c)所示为 C 型石墨，它出现在过共晶铁水的铸件中，有粗大的片状初生石墨，可增加材料热导率、降低弹性模量，由于钢锭模子要求有高的导热性，因此在钢锭模中常出现这种石墨。由于 C 型石墨会降低铸铁的力学性能，因此具有 C 型石墨的铸件机械加工表面会出现麻点。

图 3-4(d)所示为 D 型石墨，石墨于奥氏体枝晶间析出，呈无方向的点状分布。当铸铁件在快速冷却时（如壁很薄），铁水有很大的过冷度，但由于硅的质量分数较高，使其免于出现白口，由于在共晶凝固前，有奥氏体先结晶析出，形成无石墨的奥氏体枝晶。这表明铸铁成分是亚共晶，大多数情况也的确如此，但是，共晶成分铸铁会出现 D 型石墨。当冷却速度大时，合金液过冷度增大，共晶温度线下移，铁碳相图上的液相线向右下方延伸，原共晶点也向右下方移动，原共晶成分成为亚共晶成分，出现奥氏体初晶及 D 型石墨。金属型铸件易出现 D 型石墨，它与相同硬度的 A 型石墨铸件相比，机械强度较高。D 型石墨铸件出现的问题是难以得到没有铁素体的铸件，由于密集的点状石墨之间距离很近，因此奥氏体在共析转变时析出的碳很容易聚集到点状石墨上去，Fe_3C 难以形成。

图 3-4(e)所示为 E 型石墨，发生在碳的质量分数很低的铸铁中，冷凝时，首先形成奥氏体初次晶，余下铁水在树枝晶间发生共晶反应，石墨片呈方向性分布。

图 3-4(f)所示为 F 型石墨，这是一种星形石墨和短片状石墨均匀混合的石墨分布形状，常出现在碳的质量分数高的薄壁铸件中，例如单体活塞环的显微组织中。加微量硼的含硼灰铸铁中也会出现 F 型石墨。

（二）球墨铸铁的热处理及显微组织观察的实验原理

球墨铸铁的石墨呈球状，对基体的削弱作用较小，因此改善球墨铸铁基体组织，可以很大程度地提高其力学性能。如球墨铸铁经过等温淬火后，得到下贝氏体基体组织，抗拉强度可达 1200MPa（$120kg/mm^2$）。由此可见，改变其基体组织是提高球墨铸铁力学性能的重要途径。

球墨铸铁加热或冷却时，组织转变的基本规律与钢基本相同。但球墨铸铁中除了基本组织外，还有石墨存在，它的硅的质量分数比钢也高得多，因而还具有它自身的特点。与钢不同，其共析转变发生在一个相当的温度范围，在此温度范围内，同时存在着奥氏体、铁素体和石墨的三相稳定平衡，在转变的各个不同温度下，铁素体和奥氏体有不同的平衡含量，因此，通过控制不同的加热温度和冷却速度就可以得到不同的组织和性能，可以满足各种不同的需要。

（三）可锻铸铁退火工艺及各退火阶段石墨形态观察的实验原理

可锻铸铁中团状石墨与其退火工艺密切相关，不同的退火时间，石墨的析出形态和数量不同。

三、实验设备及材料

设备：真空感应熔炼炉；电热鼓风干燥箱；热电偶测温仪；热处理炉；砂轮机；抛光机；金相显微镜；铸锭模（三角试样模、控制不同冷速的铸模）。

材料：生铁；球化剂；孕育剂；砂纸；腐蚀剂。

四、实验内容及步骤

（一）铸铁铸态组织观察的实验内容及步骤

（1）教师提前利用真空熔炼炉及热处理炉，准备好各种类型铸铁的三角试样。

1）熔炼。利用真空工频感应炉熔化合格的金属液，出炉温度约为1400～1500℃，扒渣以备球化用。

2）球化、孕育。采用稀土镁球化剂，加入量为1%左右（一般根据原铁水中硫的质量分数决定）。把块度为10～15mm的稀土镁球化剂堆放在预热至暗红色的铁水包底部一侧，稍加紧实，将铁水冲入铁水包底部另一侧，待铁水与稀土镁作用的翻腾过程基本结束后，用压入法压入5～10mm块度的硅铁孕育剂（加入量为0.5%左右），进行搅拌，然后迅速浇注试样。

（2）铸铁断口宏观分析。将各种铸铁的三角试样砸断，仔细观察辨认各种类型铸铁的断口特征，并将试片悬挂敲击，听其音响。

（3）金相试样的制备。从各种铸铁三角试样取小样，磨制、抛光、腐蚀，获得金相试样。

（4）在金相显微镜下观察下列试样：

1）灰铸铁中片状石墨的大小及类型；

2）灰铸铁的基体组织；

3）孕育铸铁组织；

4）球墨铸铁组织；

5）蠕墨铸铁组织；

6）可锻铸铁组织。

（二）球墨铸铁的热处理及显微组织观察的实验内容及步骤

（1）高温完全奥氏体化正火：将球墨铸铁试样加热至A_{c1}线以上30～50℃保温0.5～1.5h，出炉空冷，可得到全部珠光体组织或有少量牛眼状铁素体组织。

（2）中温部分奥氏体化正火：一般将球墨铸铁试样加热到800～880℃保温1～2h，出炉空冷，可得到在珠光体基体上分散分布着小块铁素体组织，这种组织有较好的综合力学性能。

（3）等温淬火：将球墨铸铁试样加热至A_{c1}线以上30～50℃保温0.5～1.5h，然后迅速淬入260～300℃盐浴炉中，保温1～1.5h，然后空冷，可得到下贝氏体组织。

（4）观察及分析比较球墨铸铁在下面各状态下的显微组织：

1）高温完全奥氏体化正火；

2）中温部分奥氏体化正火；

3）等温淬火。

（三）可锻铸铁退火工艺及各退火阶段石墨形态观察的实验内容及步骤

（1）根据图 3-9 所示的退火曲线观察退火各阶段试样的显微组织。

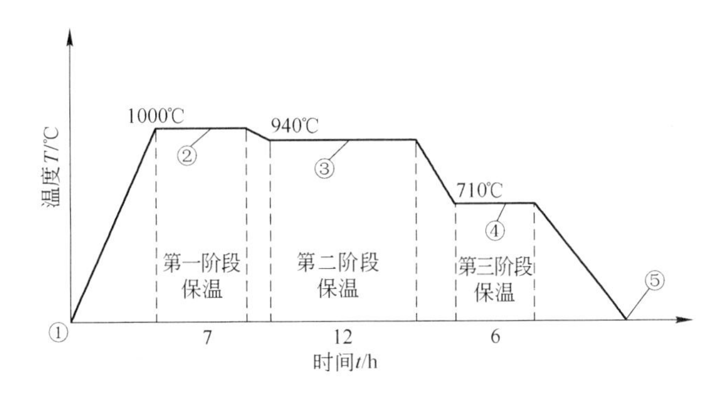

图 3-9　可锻铸铁退火曲线

五块试样分别为：

① 为未处理前（铸态）；

② 为第一阶段 1000℃保温 7h；

③ 为第二阶段 940℃保温 12h（珠光体可锻铸铁）；

④ 为第三阶段 710℃保温 6h；

⑤ 为出炉后（黑心铁素体可锻铸铁）。

（2）辨认珠光体可锻铸铁与黑心铁素体可锻铸铁的显微组织。

（3）观察可锻铸铁表面脱碳层。

五、实验报告要求

（一）铸铁铸态组织观察的实验报告要求

（1）叙述灰口铸铁、蠕墨铸铁、球墨铸铁（孕育前）及白口铸铁各试样的断口特征及其声音特点。

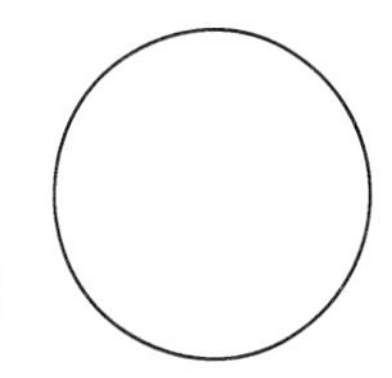

图 3-10　铸铁金相组织图

（2）记录并绘制出显微镜下观察到的各种类型铸铁金相组织图，并标明铸铁名称、组织、放大倍数及腐蚀剂，如图 3-10 所示。

（二）球墨铸铁的热处理及显微组织观察的实验报告要求

（1）记录球墨铸铁试样的化学成分、热处理工艺及其金相组织，见表 3-5。

表 3-5　球墨铸铁试样的热处理工艺与金相组织

热处理名称	热处理工艺规范	金相组织	备　注

（2）观察球墨铸铁热处理后的金相组织，并画出组织图。

（3）分析比较不同热处理工艺规范对球墨铸铁性能的影响。

（三）可锻铸铁退火工艺及各退火阶段石墨形态观察的实验报告要求

（1）记录并绘制可锻铸铁不同退火阶段各显微组织图及脱碳层情况。

（2）结合观察叙述珠光体可锻铸铁与铁素体可锻铸铁的组织及性能特点。

六、实验注意事项

（1）认真预习实验指导书及教材中有关内容，了解实验目的及要求，对铸铁宏观组织及断口分析、球墨铸铁热处理原理和工艺有一全面了解。

（2）严格按操作规程使用显微镜，爱护仪器设备。

（3）认真操作，注意安全，仔细观察，做好原始记录。

（4）爱护试样表面，不要磨损、刻划。

（5）实验完毕后应清理场地。

七、思考题

（1）片状、蠕虫状、团絮状石墨间有何区别（从其结构及显微镜下的特征加以比较）？

（2）各金相中的组织获得的条件是什么？

第五节　铸钢及高温合金组织观察

一、实验目的

（1）根据铁碳相图分析观察铸造碳钢在各种条件下的显微组织，通过实验达到能熟练地辨认各种组织。

（2）熟悉铸造高锰钢、不锈钢铸态及热处理后的显微组织。

（3）熟悉高温钛合金的显微组织。

二、实验原理

（一）铸钢显微组织

根据铁碳相图可知，铸造碳钢为亚共析钢，其组织一般为珠光体 + 铁素体。随着碳的质量分数增加，珠光体数量也相应增加。对于不同成分的亚共析钢，由于奥氏体晶粒大小及过冷度不同，共析铁素体的生长方式也不一样。当奥氏体晶粒细小且过冷度小时，铁素体在奥氏体晶界处成核长大，碳原子不断向奥氏体晶内扩散，铁素体逐渐长大增厚成块状（板状）。当晶粒粗大及过冷度大时，碳原子向奥氏体晶内扩散速度远小于铁素体生长速度，则铁素体向晶内长成针片状，在显微镜下观察为针条状铁素体，称为魏氏组织，它的出现使钢的力学性能明显下降，尤其是冲击值明显降低。

铸态碳钢退火后产生相的重新结晶，消除了魏氏组织，细化了晶粒，大大提高了其力学性能。显微镜下观察为块状铁素体 + 团状珠光体。

铸造合金高锰钢，由于锰元素扩大了奥氏体区，锰的质量分数为2% ~4%时，在正常铸造冷却速度下得到奥氏体加碳化物组织，经水韧处理后，碳化物溶解于奥氏体中，则为单相奥氏体组织。

铸造不锈钢1Cr18Ni9Ti，由于镍元素强烈扩大奥氏体区，镍的质量分数为9%时，在正常铸造冷却速度下得到奥氏体碳化物组织，经淬火处理后，碳化物溶于奥氏体中，得到单一奥氏体组织。

（二）高温钛合金显微组织

钛是20世纪发展起来的一种重要的金属材料，钛合金因具有比强度高、耐蚀性好、耐热性高等特点而被称为“太空钛合金”或“海洋钛合金”，在国防和民用工业中有广泛的应用前景。

TC4（Ti-6Al-4V）钛合金是1954年首先研制成功的两相钛合金。该合金具有比强度高、耐腐蚀性好、热稳定性好等优点，被广泛应用于航空航天等工业中。TC4钛合金是典型的（$\alpha + \beta$）型钛合金，含有6%（质量分数）的 α 相稳定元素铝及4%（质量分数）的 β 相稳定元素钒。TC4钛合金相变温度为940 ~ 1000℃，熔点为1600℃左右。通过固溶强化 α 相的强度可得到提高，其组织一般形成（$\alpha + \beta$）层片状组织，如图3-11所示。

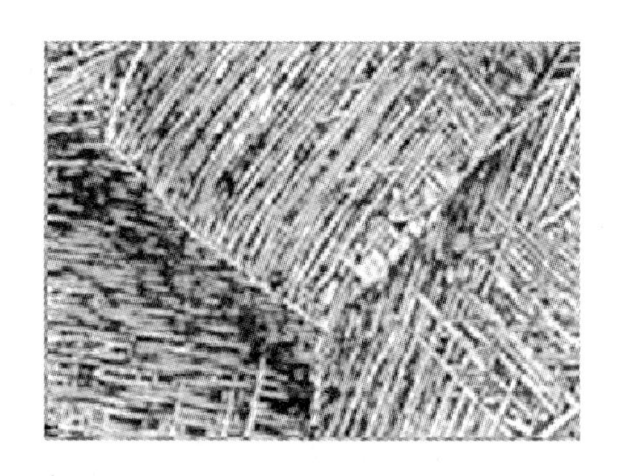

图 3-11　TC4 合金典型组织

三、实验设备及材料

设备：抛光机；金相显微镜。

材料：亚共析钢试样（一般组织试样、含有魏氏组织试样、退火后的亚共析钢试样）；铸态高锰钢试样；水韧处理后高锰钢试样；1Cr18Ni9Ti 铸造不锈钢试样；TC4 钛合金试样。

四、实验内容

（1）观察典型的铸造碳钢试样的铸态和退火态组织。
（2）观察 ZGMn13 及 ZG1Cr18Ni9Ti 的铸态及处理后的显微组织。
（3）观察高温合金 Ti-6Al-4V 钛合金的显微组织。

五、实验报告要求

记录并描绘所观察的各种试样的金相显微组织图，注明合金牌号、试样状态、放大倍数、组织及腐蚀剂。

六、实验注意事项

（1）严格按操作规程使用显微镜，爱护仪器设备。
（2）认真操作，注意安全，仔细观察，做好原始记录。
（3）爱护试样表面，不要磨损、刻划。
（4）实验完毕后应清理场地。

七、思考题

（1）分析化学成分、热处理对铸造碳钢显微组织的影响。
（2）分析高锰钢水韧处理后对性能的影响。
（3）分析钛合金两相含量对合金性能的影响。

第四章　测 试 技 术

第一节　应变片的粘贴与静态应变测量

一、实验目的

（一）应变片粘贴的实验目的

（1）掌握应变片的粘贴工艺及粘贴前后的检查工作。
（2）掌握影响粘贴质量的原因。
（3）掌握电阻应变片的选用原则和方法。

（二）静态应变测量的实验目的

（1）了解电阻应变片测量应变的原理。
（2）掌握静态电阻应变仪的使用方法及步骤。
（3）掌握不同布片、接桥方法，测量等强度梁上某点的应变值，以更好地掌握电桥特性。

二、实验原理

（一）应变片粘贴的实验原理

金属电阻应变片分为丝式、箔式两种。金属电阻应变片的基本原理基于电阻应变效应，即导体产生机械形变时它的电阻值发生变化。电阻应变片在构件表面上粘贴得是否牢固，对测量是否失真影响很大。在实验中一般用 4 张应变片组成一个电桥，4 张应变片粘贴在梁上时，采用拉伸面 2 张、压缩面 2 张的粘贴方法。

（二）静态应变测量的实验原理

静态电阻应变仪是利用金属材料的特性，将非电量的变化转化为电量变化的测量仪器。应变测量的转换元件是应变片。若用粘贴剂将应变片牢固地贴在试件上，按惠斯顿电桥原理设计成测量电桥，当被测试件受到外力作用后长度发生变化时，粘贴在试件上的应变片的电阻值也随着发生了变化，这样就把机械量变形转换成电阻值的变化。这个变化量经放大器放大后，通过 A/D 转化后，就可直接读出应变值，即完成非电量的测量。惠斯顿电桥如图 4-1(a)所示。

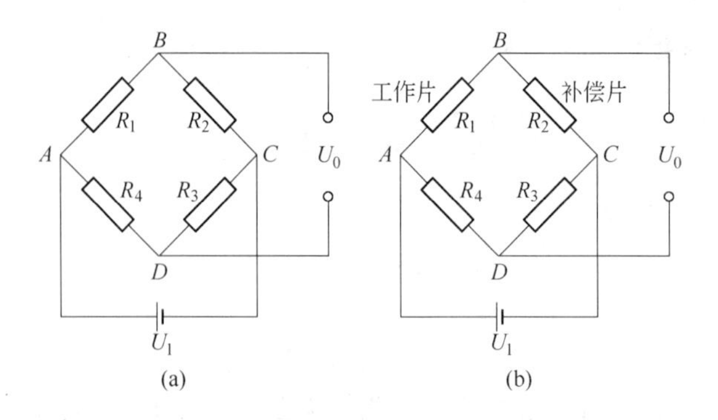

图 4-1 应变片的连接

（a）惠斯顿电桥；（b）半桥单臂温度补偿接法

四个桥上接规格相同电阻 R、灵敏系数 K 的电阻应变片。当构件变形后，各桥臂所感受的应变相应为 ε_1、ε_2、ε_3、ε_4，则 BD 端的输出电压为：

$$U_{BD} = \frac{U_{AC}}{4}\left(\frac{\Delta R_1}{R} - \frac{\Delta R_2}{R} - \frac{\Delta R_3}{R} + \frac{\Delta R_4}{R}\right)$$

$$= \frac{U_{AC}K}{4}(\varepsilon_1 - \varepsilon_2 - \varepsilon_3 + \varepsilon_4) = \frac{U_{AC}K}{4}\varepsilon_{\mathrm{d}} \tag{4-1}$$

式中 ε_1，ε_2，ε_3，ε_4——各桥臂应变片的实际值；

K——应变片的灵敏系数；

U——供桥电压。

由此可得电阻应变仪输出总应变与各桥臂应变片所感受的应变有如下关系：

$$\varepsilon_{\mathrm{d}} = \varepsilon_1 - \varepsilon_2 - \varepsilon_3 + \varepsilon_4 \tag{4-2}$$

这便是静态电阻应变仪测量原理。同时也表明了测量电桥的加减特性。利用电桥的加减特性，可以根据不同的测量需求实现单臂、半桥、全桥等测量。应当注意，式（4-2）中的 ε 是代数值，其符号由变形方向决定。通常拉应变为正，压应变为负。

应变片的电阻随温度的变化而变化，利用电桥的加减特性，可通过温度补偿片来消除这一影响。温度补偿是用一个应变片作为温度补偿片，将它粘贴在一块与被测构件材料相同但不受力的试件上，并与构件处于相同的温度条件下，粘贴在被测构件上的应变片称为工作片。将补偿片正确地连接在桥路中即可消除温度变化所产生的影响，如图 4-1(b)所示。在连接电桥时，使工作片与温度补偿片处于相邻的桥臂，因工作片和温度补偿片的温度始终相同，它们因温度变化所引起的电阻值的变化也相同，所以并不产生电桥的输出电压，从而使得温度效应的影响被消除。

三、实验设备及材料

（一）应变片粘贴的实验设备及材料

设备：等强度梁；接线块；万用表；放大镜；不锈钢镊子；钢板尺；锉刀。

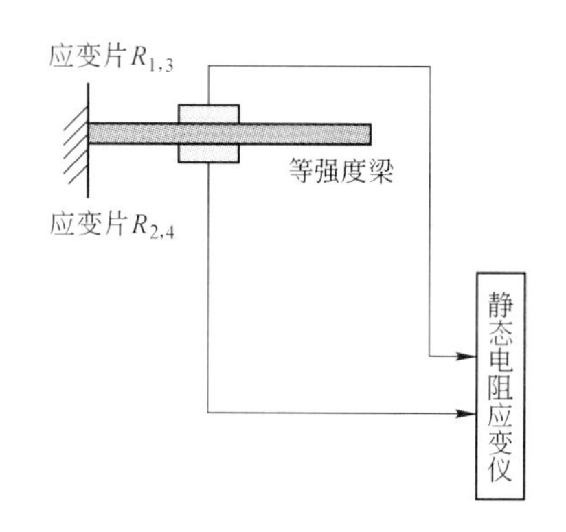

图 4-2　静态应变测量实验装置示意图

材料：砂布；分析纯乙醇或丙酮；脱脂棉球；滤纸；502 胶水；常温电阻应变片（120Ω）。

（二）静态应变测量的实验设备及材料

贴好应变片的等强度悬臂梁装置、补偿块（见图 4-2）；砝码；静态电阻应变仪。

四、实验内容及步骤

（一）应变片粘贴的实验内容及步骤

本实验是在等强度梁上粘贴应变片，为后续实验做准备，贴片质量的好坏直接影响到后续实验的成败，所以贴片的每一个环节都要认真仔细。

（1）试件准备。试件（等强度梁）及应变片分布如图 4-3 所示。等强度梁上面 R_3 为纵向应变片，R_1 为横向应变片，R_5 为纵向应变片；下面 R_4 为纵向应变片，R_2 为横向应变片。

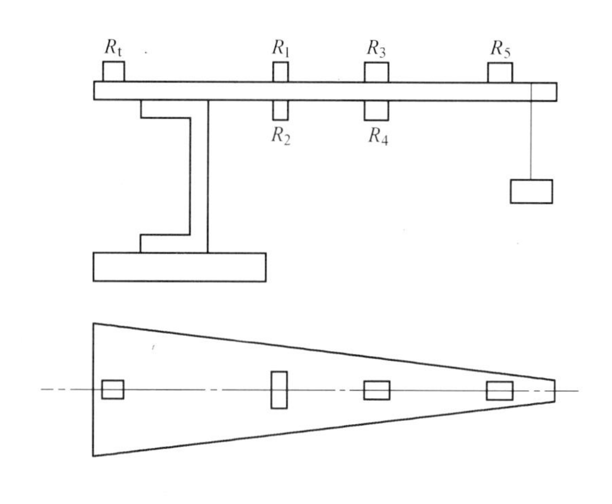

图 4-3　等强度梁

1）先用锉刀、砂布等工具将试件待贴位置进行打磨，仔细地除去原有的应变片、锈斑、氧化皮、污垢等，直到表面平整有光泽。最后再用砂布沿 45°角进行轻轻交叉打磨，交叉处粘贴应变片。

2）按图 4-3 所示布片位置用钢板尺画好十字交叉线，以便定位。

3）用脱脂棉球蘸无水乙醇或丙酮清洗待贴表面，以除去铁屑、油脂、灰尘等。表面清洗至棉球上没有污迹为止。

（2）应变片选检。首先应逐片检查应变片的外观，借助放大镜观察电阻栅极是否均匀、整齐、平直，片内有无气泡、霉斑、锈点等缺陷，不合格的应变片应剔除，再用万用表测量应变片的电阻值，选择电阻相差在 0. 1Ω 以内的应变片供粘贴用。

（3）粘贴。将选好的应变片背面均匀地涂上一层黏结剂（502 胶水），胶层厚度要适中，然后将应变片的背面粘贴于构件欲测部位的十字交叉线上，然后盖上一张滤纸，用手指朝一个方向滚压应变片，挤出气泡和过量的胶水，保证胶层尽可能薄而均匀（注意按压时不要将应变片移动），手指保持不动约 1min 后再放开，轻轻掀开滤纸，检查有无气泡、翘曲、脱胶现象。

（4）固化。贴片后最好自然干燥，必要时可以加热烘干。

（5）检查。包括外观检查和变应片电阻值是否有变化。

（6）固定导线。将应变片的两根导线引出线焊在接线端子上，再将导线由接线端子引出。

（7）放置 24h 后方可使用，对贴片试件进行测试。

（8）清理现场，物品归位。

（二）静态应变测量的实验内容及步骤

（1）认真预习相关内容，包括：电桥平衡及输出的要领和电桥输出电压公式；电桥的加减特性；线性温度补偿原理。

（2）根据应变仪面板 1/4 桥、半桥、全桥接桥方式图，按实验需要将应变片和补偿片接入电桥，连接应变片和应变仪。每组测点组成同一种电桥的接线方式，如图 4-4 所示。具体操作过程如下。

1）单臂测量。采用半桥接线法，测量等强度梁上 4 个应变片的应变值。将等强度梁上每一个应变片分别接在应变仪不同通道的接线柱 A、B 上，补偿块上的温度补偿应变片接在应变仪的接线柱 A、D 上，并使应变仪处于半桥测量状态。

2）半桥测量。采用半桥接线法。选择等强度梁上 2 个应变片，分别接在应变仪的接线柱 A、B 和 B、C 上，应变仪为半桥测量状态。

3）相对两臂测量。采用全桥接线法。选择等强度梁上 2 个应变片，分别接在应变仪的接线柱 A、B 和 C、D，应变仪为全桥测量状态。

4）全桥测量。采用全桥接线法。将等强度梁上的 4 个应变片有选择地接到应变仪的接线柱 A、B、C、D 之间，此时应变仪仍然处于全桥测量状态。

（3）组成某种桥路后对应变仪进行预调平衡，清零。

（4）加载测量。加载是在等强度梁的

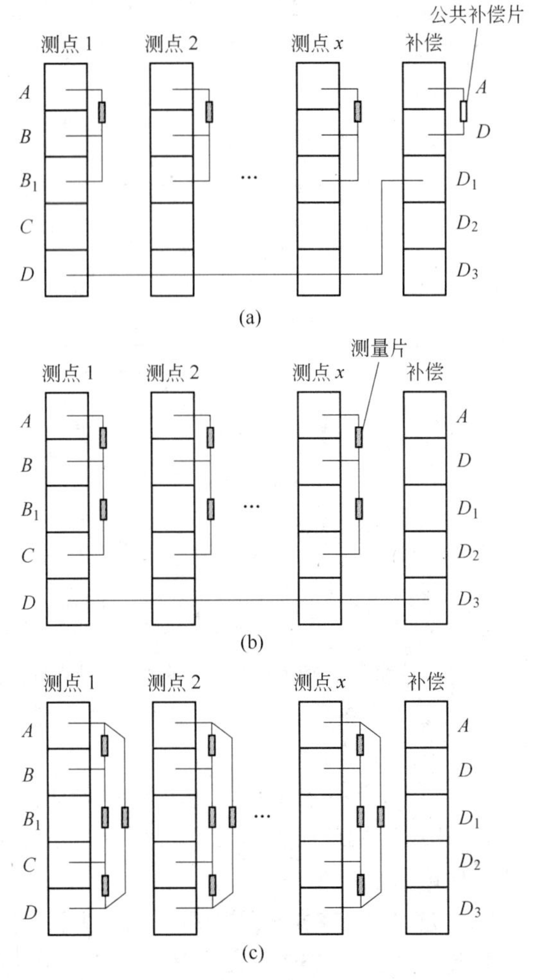

图 4-4 电桥的接线方式

（a）1/4 桥接线方法；（b）半桥接线方法；（c）全桥接线方法

自由端挂砝码实现的，从应变仪上读出应变数据并记录数据，重复3次，每次都要清零，取三次平均值为结果（见表4-1）。

表4-1　静态应变测量实验结果

序号	接桥方法	能否补偿	仪器读数值$\mu\varepsilon$				桥臂系数N	试件工作表面应变值$\mu\varepsilon$
			1次	2次	3次	平均		
1	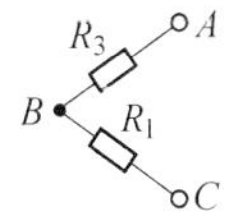 R_3 A B R_1 C						1	
2	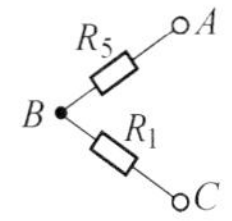 R_5 A B R_1 C						-0.3	
3	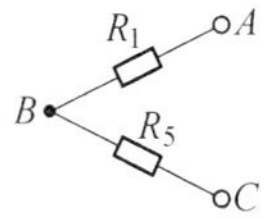 R_1 A B R_5 C						+1.3	
4	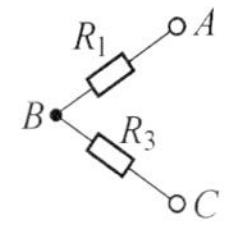 R_1 A B R_3 C						0	
5	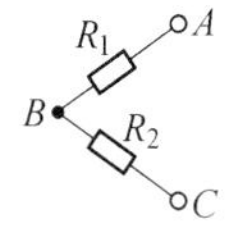 R_1 A B R_2 C						2	
6	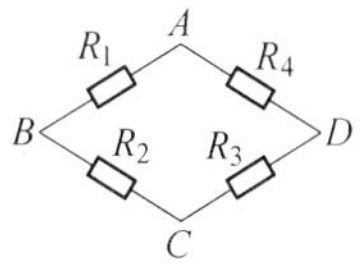 R_1 A R_4 B R_2 R_3 D C						2.6	

（5）实验完毕，卸掉砝码，关闭应变仪电源，将连接导线拆下，将静态应变仪、等强度梁妥善保存。

五、实验报告要求

（一）应变片粘贴的实验报告要求

（1）简述贴片检查的主要步骤。
（2）应变片粘贴技术的关键是什么，你是怎样粘贴的。

（二）静态应变测量的实验报告要求

（1）由实验结果总结电桥加减特性的重要结论。
（2）运用加减特性说明温度补偿法——线路补偿原理。

六、实验注意事项

（一）应变片粘贴的实验注意事项

（1）丙酮易挥发，用完后要立即盖好瓶盖，且不允许有明火。

（2）502 是强力胶，操作时要注意若 502 把手粘住，要用丙酮蘸棉球清洗。

（3）清洗好的构件或电阻应变片的表面不准用手指及其他脏物触及。

（4）清理、清洗、粘贴电阻应变片时，小心不要弄断引线或使敏感栅折断。

（二）静态应变测量的实验注意事项

（1）在使用本仪器前要仔细阅读使用说明书，避免连线和操作错误，给测量带来困难。

（2）平衡操作必须在试件无载荷作用时执行。当试件承载时，不能执行平衡清零操作，否则会丢失测试结果，导致本次测量无效。

（3）不要随便移动仪器，防止仪器剧烈振动和冲击。

（4）仪器用完后，把全部连接线拆除，并将仪器盖好，以防灰尘。

CM-1L 系列静态应变仪键盘按键功能及使用参见附录 1。

七、思考题

（1）影响粘贴质量的因素有哪些？

（2）从传递变形的角度来看，应变片只粘贴两端不粘贴中间是可以的，而实际中却不能采用，试说明不能这样粘贴的原因。

（3）正确地布片与接桥应从哪些方面来考虑？

（4）分析各种桥路接线方式中温度补偿的实现方式。

第二节　动态应变测量

一、实验目的

（1）熟悉动态应变的基本测量和分析方法，掌握测定振动梁的动应力方法。

（2）熟悉动态应变仪及数据采集仪的使用方法和操作要领。通过应变测试，进而深入理解和真正掌握非电量电测法，以便在实际中应用。

（3）实验前熟读动态应变的有关工作原理和工作特性，学会正确使用这些精密电子仪器，这是学习应变片电测技术的基本要点之一。

二、实验原理

随时间而变化的应变称为动态应变。在工程中经常看到一些构件在工作时的应变为动态应变。例如，汽车在行驶时底盘的大梁由于载荷变动而引起的应变即为动态应变。动态应变与静态应变测量基本原理相同，但由于动态应变随时间而发生变化，因此必须通过记录仪器进行实时记录或存储，然后进行信号处理。动态应变不但要测量其应变幅值，还要测量其随时间的变化规律，或者测量其变化频率。在电阻应变测量技术中，动态应变与静态应变的测量基本相同，只是测量系统有差异。

动应力测量实验装置如图4-5所示。它由带有振动器的等强度梁、应变片组成的传感器、动态应变测试系统、多通道采集卡（数据采集系统）以及计算机组成。在悬臂振动梁上安装一个带有偏心质量块的可调速小振动器，如欲测量其某截面在振动过程中的应变，可根据需要在梁截面的上下表面沿轴线分别贴上应变片，当启动振动器时，由于偏心质量块的旋转所产生的离心力作用，使梁发生振动，在梁的垂直方向上，受到一个按正弦规律变化的动载荷。此时梁上应变变化也按正弦规律发生变化，其频率与振动器转速相同，当振动器转速接近梁的固有频率时，可得较大的振幅与应变。

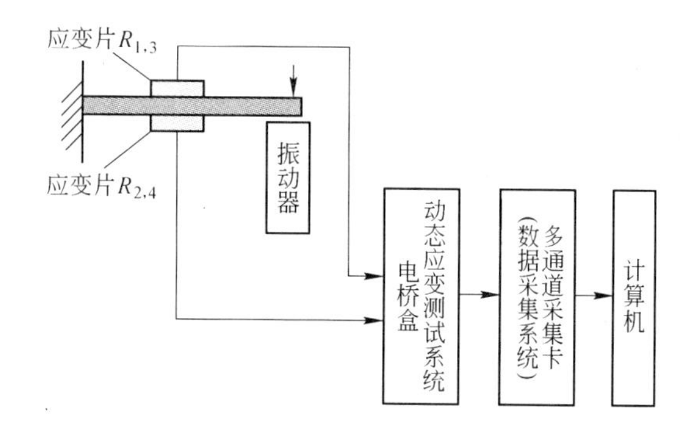

图4-5　动应力测量实验装置

本实验采用动态应变仪系统，被测应变由应变片转化电信号，通过测量电桥、数据采集、计算机及软件，最后在电脑上实时显示出动态应变随时间的变化曲线，动态应变波形图如图4-6所示。

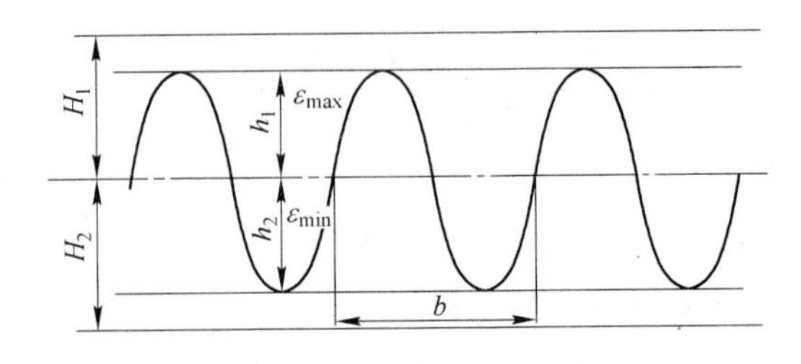

图4-6 动态应变波形图

图4-6中b为动态应变一个周期长度的时间（由记录曲线坐标读出），应变的频率（Hz）为：

$$f = \frac{1}{b} \tag{4-3}$$

在CS-1D动态应变记录波形图中可直接读出最大、最小应变ε_{max}和ε_{min}。

动态应力σ_d由下式计算：

$$\sigma_{dmax} = E\varepsilon_{dmax} \tag{4-4}$$

$$\sigma_{dmin} = E\varepsilon_{dmin} \tag{4-5}$$

如果采用其他动态电阻应变仪测量，最大、最小应变ε_{max}和ε_{min}分别为：

$$\varepsilon_{max} = \frac{\varepsilon_0}{H_1}h_1 \tag{4-6}$$

$$\varepsilon_{min} = \frac{\varepsilon_0}{H_2}h_2 \tag{4-7}$$

式中 H_1，H_2——分别为正负幅标，幅标是在应变实验记录之前通过动态应变仪给定一个已知的正负应变在示波器上显示的高度；

h_1，h_2——分别为应变记录曲线上最大、最小应变对应的记录高度。

三、实验设备

CS-1D型动态应变仪（其说明参见附录2）；桥盒；已粘好应变片的等强度梁及补偿块；调频控制器；信号采集器；PC电脑。

四、实验内容及步骤

（1）按仪器说明书正确连接仪器之间导线（此项内容必须在仪器断电状态下进行），将电桥盒的输出信号接头插入动态应变测试系统的某一通道，将计算机并行口和动态应变仪数据采集仪可靠连接。

（2）根据实验需要将等强度梁上已粘好的应变片和补偿片按图正确接入电桥。

（3）打开计算机电源，然后打开动态应变仪电源，运行采集软件进行预热、调平衡。

（4）参照软件帮助文件，设置桥路参数及满度值，选择合适的坐标单位，然后进行平衡清零。

（5）根据信号频率设置合适的采样速率。采样速率越高，测量精度越高，但所占用的空间越大。设置采样方式为连续记录。

（6）开启等强度梁上振动电动机进行振动，在控制软件中启动采样，此时计算机中记录了动态应变曲线。然后调节振动器转速，直至梁产生共振，通过计算机记录下最大应变值。

（7）停止振动器转动后，通过控制软件停止采样，保存、打印记录数据。

（8）数据处理。在记录曲线上读取最大、最小应变值，按相应的公式计算所测应力。

振动信号采集分析实验室软件系统使用说明参见附录3。

五、实验报告要求

（1）根据记录在报告上绘制出应变曲线，求出等强度梁在共振时的最大和最小应变值及其应变频率，并求出此时45号碳钢等强度梁的应力。已知弹性模量 $E=2.1\times10^5$MPa，泊松比 $\mu=0.28$。

（2）讨论动、静态应变测量的区别，写出动态应变测量的特点。

六、思考题

（1）影响动态应力精度的主要因素有哪些？

（2）试画出动态应力测试过程的原理及方框图，并说明信号在各组环节之间的交换形式。

第三节 热电偶和高温仪表的校验

一、实验目的

（1）了解热电偶温度计的测温原理。

（2）熟练地掌握电位差计的使用方法。

（3）了解热电偶和高温仪表的校正方法及校正原理，掌握所用仪器和装置的使用方法。

二、实验原理

热电偶是温度测量仪表中常用的测温元件。热电偶的工作原理是：由两种不同成分的导体两端接合成回路，当两接合点温度不同时，就会在回路内产生热电流，接上显示仪表，仪表上就显示出热电偶产生的热电动势对应的温度值。热电偶的热电动势将随着测量端温度升高而增长，热电动势的大小只和热电偶导体材质以及两端温差有关，与长度、直径无关。

热电偶的校验有两种方法。一种是定点法，就是使用国际温标规定的定点进行定点校验（利用纯物质的熔点或沸点进行校正），这种方法的精确度高，但设备复杂，只有对基准铂铑-铂热电偶分度时才用。另一种是比较法，它常用于校验工业用和实验室用热电偶，它是将待校热电偶与标准热电偶（电动势与温度的对应关系已知）的热端置于相同的温度处，进行一系列不同温度点的测定，同时读取毫伏数，借助于标准热电偶的电动势与温度的关系而获得待校热电偶温度计的一系列电动势-温度关系，制作成工作曲线。高温下，一般常用铂铑-铂为标准热电偶。

本实验就是用比较法进行的，采用管式电炉作被测对象，用温度控制器使电炉温度自动地稳定在设定值上。

三、实验设备

直流电位差计；平衡指示仪；稳压电源；管状电阻炉；温度控制仪；标准铂铑-铂热电偶；被校热电偶；标准电池；热电偶温度对照表；微电压发生器；被校仪表。

四、实验内容及步骤

（一）热电偶的校正

（1）电位差计使用前，首先将电位差计转换开关旋钮置于“断”的位置上，再将各种仪器线路按规定接好。注意：标准电池严禁短路、倒置、振动及用电压表测量其电动势。

（2）将标准的铂铑-铂热电偶与被校热电偶捆扎在一起，工作端尽量靠紧，然后将工作端置于炉子中心，炉子两端用耐火棉堵好。

（3）按下式计算出标准电池在室温为 t(℃)时的电动势：

$$E_t = E_{20} - 4.06 \times 10^{-5} \times (t - 20) - 9.5 \times 10^{-7} \times (t - 20)^2 \tag{4-8}$$

式中 E_{20}——温度为20℃时标准电池电动势；

E_t——温度为 t℃时标准电池电动势。

（4）按计算好的 E_t 值在电位差计上调整标准电池电动势相对应的温度补偿旋钮，使其指在 E_t 值，调好后不得任意拧动。

（5）调电位差计工作电流：将转换开关旋钮由“断”转至“标准”位置，先按下“粗”按钮，调节粗、中、细旋钮，使平衡指示仪指零，然后再按下“细”按钮，进一步调节，使平衡指示仪再指零，松开按钮，此时表明电位差计已被校准好，工作电流达到0.1mA。调平衡后，开关转至“断”。电位差计面板如图4-7所示。

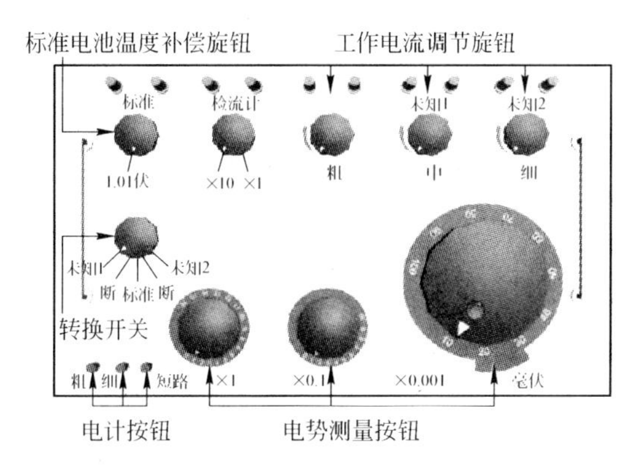

图4-7 电位差计面板

注意：

1）工作电流调节好后，不得任意转动调节电阻。

2）调节过程中发现平衡指示仪受到冲击时，应迅速按下“短路”按钮，以保护仪器不受损坏。

（6）升降炉温时应注意用温控器进行控制，对于镍铬-镍铬热电偶，根据需要检定点为100～1000℃。

（7）进行测量：

1）从温度与电动势对照表上查出校与被校热电偶在该检定点温度 t 的电动势值 $E(t, t_0)$。

2）用水银温度计测出冷端温度 t'，并检查出其对应的电动势 $E(t', t_0)$。

3）按下式分别计算出校与被校热电偶在该检定温度 t 实际产生的电动势 $E(t, t')$：

$$E(t, t') = E(t, t_0) + E(t', t_0) \tag{4-9}$$

4）在电位差计的测量旋钮上调出被校热电偶 $E(t, t')$值，然后将转换开关放在“未知1”位置上，检流计放在“×10”档上，先按下“粗”按钮，当平衡指示仪指示接近零时，再按下“细”按钮，使检流计指示稳定在零位上，此时即为被校热电偶在检定点的温度。测量结束后，将测量转换旋钮转至“断”。

5）按上述步骤4）测量标准热电偶的电动势。炉温保持不变，不同的是转换开关放在“未知2”位置上，检流计放在“×1”档上，调节测量旋钮，使平衡指示仪指零，然后读取读数。测量结束后，将测量转换旋钮转至“断”。

6）然后再依次进行升温读数记录（见表4-2）。在整个读数过程中炉温变化要稳定。

注意：

1）注意热电偶的极性。如果被校热电偶极性与相连的电位差计接线端子的极性相反，则测量电动势为负，应在接线端子上对换接线。如果温控热电偶极性接反，则温度指示调节仪的指针向负方向移动。

2）由于热电偶冷端温度应为0℃，因此，在测量中应加上温度误差。

3）在每次测量后，都要将转换开关旋钮转至“N”处，检查电位差计是否处于校准好的状态，即平衡指示仪指针指零。若偏离，应重新校对。

4）要在温控仪温度稳定在一点2～3min后，才能进行读数。

表4-2 热电偶校验记录数据

<table>
<tr><td colspan="2" rowspan="2">读数序号</td><td colspan="4">标准热电偶读数
型号、规格、编号</td><td colspan="4">被校热电偶读数
型号、规格、编号</td><td rowspan="2">偏差 Δt
/℃</td><td rowspan="2">修正值 $\Delta t'$
/℃</td></tr>
<tr><td>1</td><td>2</td><td>3</td><td>平均读数</td><td>1</td><td>2</td><td>3</td><td>平均读数</td></tr>
<tr><td rowspan="2">300℃</td><td>温度/℃</td><td></td><td></td><td></td><td></td><td></td><td></td><td></td><td></td><td rowspan="2"></td><td rowspan="2"></td></tr>
<tr><td>电动势/mV</td><td></td><td></td><td></td><td></td><td></td><td></td><td></td><td></td></tr>
<tr><td rowspan="2">500℃</td><td>温度/℃</td><td></td><td></td><td></td><td></td><td></td><td></td><td></td><td></td><td rowspan="2"></td><td rowspan="2"></td></tr>
<tr><td>电动势/mV</td><td></td><td></td><td></td><td></td><td></td><td></td><td></td><td></td></tr>
<tr><td rowspan="2">700℃</td><td>温度/℃</td><td></td><td></td><td></td><td></td><td></td><td></td><td></td><td></td><td rowspan="2"></td><td rowspan="2"></td></tr>
<tr><td>电动势/mV</td><td></td><td></td><td></td><td></td><td></td><td></td><td></td><td></td></tr>
<tr><td rowspan="2">900℃</td><td>温度/℃</td><td></td><td></td><td></td><td></td><td></td><td></td><td></td><td></td><td rowspan="2"></td><td rowspan="2"></td></tr>
<tr><td>电动势/mV</td><td></td><td></td><td></td><td></td><td></td><td></td><td></td><td></td></tr>
</table>

（二）高温仪表的校正

（1）校正前应初步检查被校仪表各部分是否完好，信号输入后指针和记录笔动作是否灵活，在整个量度范围内有无卡滞现象。

（2）以仪表刻度线上标有数字的标线为检定点，一般为100～1100℃。

（3）将各仪器线路按规定接好，然后按热电偶校正所述方法调节标准电位差计的工作电流，使其标准化（达到0.1mA）。

（4）高温仪表的校正：

1）将被校仪表接上电源线（注意火线、零线不能接反），通电预热30min，待仪表内温度恒定后开始检定。

2）将“未知1”与被校仪表同时与微电压发生器相连接，转动电压调节旋钮，调节电压大小，使指针稳定在所检定的温度上。

3）由温度与电动势对照表查出所检定的电动势值，转动电位差计的测量旋钮，调出该电动势数值，转换开关转至“未知”上，然后旋转微电压发生器旋钮使平衡指示仪指零，等待高温仪表打点记录后，转换开关转至“断”。

4）按上述方法依次进行升温测量，相应的温度、电动势值记录在表4-3中。

表4-3　高温仪表校验记录数据

被测仪表型号、规格、编号		标准电位差计型号、规格、编号		偏差 ΔE /mV	修正值 $\Delta t'$ /℃
温度/℃	电动势/mV	温度/℃	电动势/mV		

五、实验报告要求

（1）数据处理要求。将标准热电偶的电动势 $E(t,t_0)$ 从温度与电动势对照表上查出其相应的温度，按下式计算出该检定点的温度差 Δt 及修正值 $\Delta t'$：

$$\Delta t = t_{被校} - t_{标准} \tag{4-10}$$

$$\Delta t' = -\Delta t \tag{4-11}$$

（2）实验数据记录。将测试结果记录在表4-2和表4-3中。

（3）绘制电动势-温度校正曲线图，并在图上做出一个示例。

六、实验注意事项

（1）测量过程中标准电池绝对不能倒置、不能振动、不能倾斜等，严禁用电压表直接测量它的端电压，实验时接通时间不宜过长，更不能短路。

（2）接入测量仪表前，需先小心判别各处“+”、“-”端。

（3）在测量过程中，若发现检流计指针总是偏向一侧，找不到平衡点，这表明没有达到补偿。其原因可能是：工作电池的电压过低；线路接触不良或导线有断路；工作电池或被测电池、标准电池极性接反。

七、思考题

（1）如何判断热电偶电极的正负？

（2）如果标准热电偶和被测热电偶的读数差别较大，试分析原因。

（3）为什么在实际应用中要对热电偶进行温度补偿？

（4）若在标准工作电流过程中，检流计指针总是偏向一边，分析由哪些原因造成？

第二篇　综合设计型实验

第五章　消失模铸造成型实验

一、实验目的

（1）了解负压实型铸造过程。
（2）学习消失模铸造工艺设计方法及特点。

二、实验原理

消失模铸造法就是用泡沫塑料（EPS、STMMA 或 EPMMA 等）代替铸模（如木模等）进行造型，模样不取出，浇入金属液，泡沫塑料模燃烧、气化而消失；金属液取代了原来泡沫塑料所占据的空间位置，冷却凝固后获得所需铸件的铸造方法。消失模铸造的分类为：

消失模铸造：
- 实型铸造法：树脂砂或水玻璃砂等造型
- 负压实型铸造：干砂 + 负压（V 法）
- 磁型铸造：铁磁性材料造型
- 实型精密铸造：壳型（类似于精密铸造）
- 负压实型陶瓷型铸造：陶瓷（刚玉粉、锆砂等耐火材料）型

消失模铸造的主要特点是：
（1）简化工序，缩短生产周期，提高生产效率；
（2）内部缺陷大大减少，铸件组织致密；
（3）投资少，可实现大规模、大批量生产；
（4）适用于人工操作与自动化流水线生产运行控制；
（5）可以大大改善铸造生产线的工作环境与生产条件，降低劳动强度，减少能源消耗。

1958 年，美国的 H. F. Shroyer 发明了用可发性泡沫塑料模样制造金属铸件的专利技术（专利号 USP2830343）。模样是采用聚苯乙烯（EPS）板材加工制成，采用黏土砂造型，用来生产艺术品铸件。1961 年，德国的 Grunzweig 和 Harrtmann 公司购买了这一专利技术加以开发，并在 1962 年在工业上得到应用。采用无黏结剂干砂生产铸件的技术由德国的 H. Nellen 和美国的 T. R. Smith 于 1964 年申请了专利。由于无黏结剂的干砂在浇注过程中经常发生坍塌的现象，因此，1967 年德国的 A. Wittemoser 采用了以被磁化的铁丸代替硅

砂作为造型材料，用磁力场作为“黏结剂”，这就是“磁型铸造”。1971 年，日本的 Nagano 发明了 V 法（真空铸造法）。受此启发，今天的消失模铸造在很多地方也采用抽真空的办法来固定型砂。

消失模铸造的局限性：

（1）铸件材质，其适用性好到差的顺序大致是：灰铸铁—非铁合金—普通碳素钢—球墨铸铁—低碳钢和合金钢；

（2）铸件大小，主要考虑相应设备的使用范围（如振实台、砂箱）；

（3）铸件结构，铸件结构越复杂就越能体现消失模铸造工艺的优越性和经济效益，对于结构上有狭窄的内腔通道和夹层的情况，采用消失模工艺前需要预先进行实验才能投入生产。

现代工业生产中常用方法是用泡沫塑料 EPS 模型 + 干砂负压实型铸造法，简称 EPS 铸造。国外的称呼主要有：Lost Foam Process（USA）、Policast Process（Italy）等。

（一）消失模铸造基本工艺流程

消失模铸造基本工艺流程如图 5-1 所示。

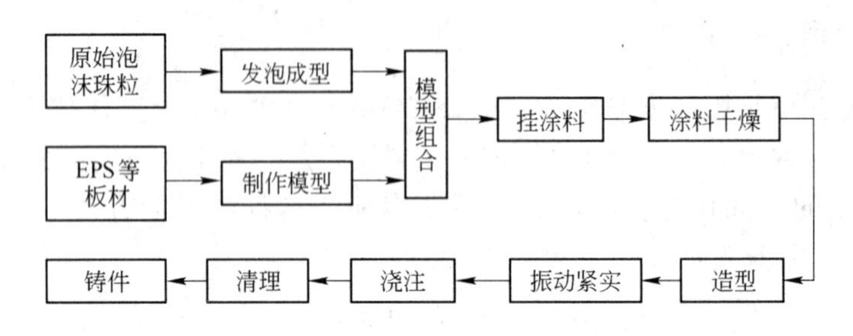

图 5-1 消失模铸造基本工艺流程

（二）负压实型铸造工艺设计

消失模铸造的浇注过程，是金属液充型，同时泡塑模具在流动的金属液前沿的热作用下发生软化、熔融到气化分解，产生的液态产物和气态产物沿金属与塑料泡沫界面透过涂料层进入型砂排放的过程。

泡沫的热解是吸热反应，对流动的金属前沿有激冷作用，形成了从铸件最后充填部位到浇道的正的温度梯度，有利于铸件按顺序凝固方式进行。由于负压作用，金属液先于分解产物全部排除前覆盖涂层，封闭了气体逸出通道，易造成铸件缺陷。

浇注系统同普通砂型铸造一样有顶注式、底注式和阶梯式：顶注式一般采用开放式系统，能顺利充满薄壁型腔，易于形成自上而下顺序凝固，补缩效果好，但是裹气现象严重；底注式一般采用封闭式系统，充型平稳，金属液上升方向与气体流向一致，利于排气浮渣，但不利于补缩；阶梯式兼具两者优点，但是结构复杂。

负压实型铸造中模型气化吸热，其浇注系统截面积比砂型铸造适当放大，铸钢件及铝合金件放大 10% ~20%，铸铁件放大 20% ~50%。

内浇口引入位置对引起铸件产生缺陷或塌箱非常敏感。一般要求是：

（1）内浇口离铸型底边不能太高，不能直接冲刷型壁；
（2）避免形成死角区，流程不能太长；
（3）内浇口应做成喇叭形，向着模型方向逐渐扩张；
（4）切忌采用铸造中传统的薄片浇口，宜采用变截面式内浇口。

（三）真空稳压系统

真空稳压系统为特制的“负压砂箱”制造稳定的负压场，使干砂在负压作用下定型，同时将泡沫模型气化过程产生的气体吸走，以保证浇注顺利进行。真空稳压系统组成如图5-2所示。

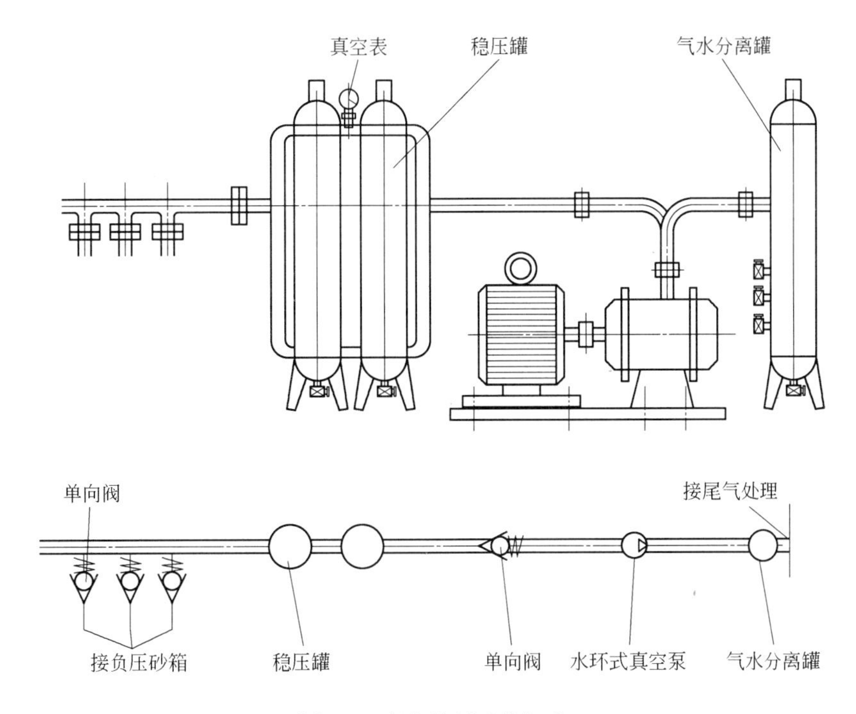

图5-2　真空稳压系统组成

（四）造型

带有过滤抽气系统的“负压砂箱”为双层箱壁结构，两层箱壁之间形成真空室，砂箱内壁上钻有透气孔，两层之间设有金属丝网，可防止细砂粒和粉尘进入真空室。更大的砂箱可在内部设置真空软管，并将软管连接到真空罐与真空泵之间。

向砂箱内充填无黏结剂和附加物的干石英砂，启动振动台，将砂箱内的型砂振实并刮平砂面，放置刷好涂料、干燥的模样，分层填料，每层料高100～300mm，振动一段时间后再填一层；型料不能直冲着模型，应冲着砂箱壁；长孔、盲孔等死角区应预先填料，一般先在其中预填含黏土的型砂并捣实后再放进砂箱。

在砂面上铺上塑料薄膜密封，打开抽气阀门，抽取型砂中的空气，使铸型内外形成压力差。由于压力差的作用，铸型成型后有较高的硬度，硬度计读数达到80～90，最高可达到90～95，如图5-3所示。此后铸型要继续抽真空，然后浇注。

浇注后待金属液逐渐冷却凝固后，逐步减小负压度，当型内压力接近或等于大气压时，型内外压差消失，砂型自行溃散，如图 5-4 所示。注意：保压时间要根据铸件厚度、大小来决定。

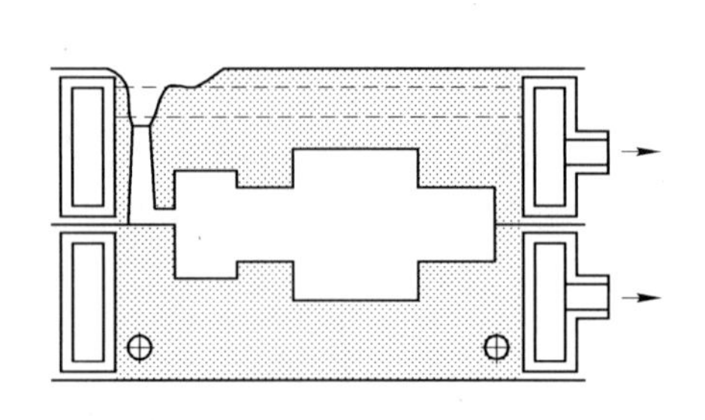

图 5-3 负压铸型示意图

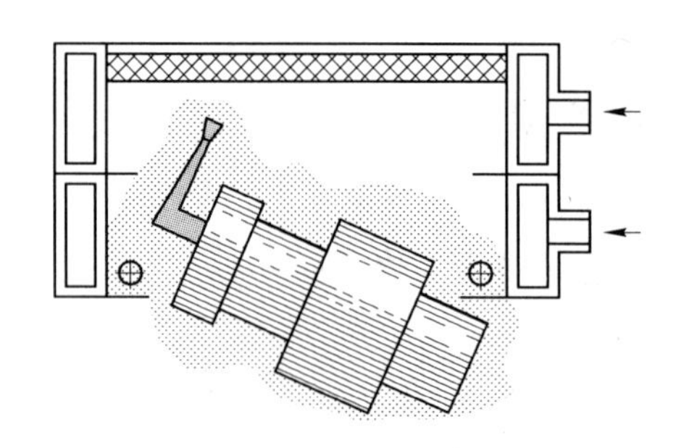

图 5-4 铸件落砂

铸件冷却后，去除真空管，无需振动直接将砂子同铸件一起落下。砂冷却后返回系统循环使用，将铸件取走进入清理工部。

三、实验设备及材料

设备：KF-SJ-450 型 EPS 泡沫预发机；模样成型机（有条件的采用）；EPS 切割机；负压砂箱；振实台；真空稳压系统；金属熔炼设备。

材料：EPS 板材；乳胶；涂料（成品或自制）；干砂；塑料薄膜等。

四、实验内容

（1）通过典型零件（如哑铃）或自选工艺品，用 EPS 泡沫板完成泡沫模型制作。

（2）完成铸件工艺设计，并用 EPS 制作浇注系统。

（3）完成金属熔炼及铸件浇注过程。

五、实验步骤

（一）泡塑珠粒的选用（有条件地进行）

消失模铸造专用的泡塑珠粒有 3 种：

（1）可发性聚苯乙烯树脂珠粒（简称 EPS）；

（2）可发性甲基丙烯酸甲酯与苯乙烯共聚树脂珠粒（简称 STMMA）；

（3）可发性聚甲基丙烯酸甲酯树脂珠粒（简称 EPMMA）。

常用可发性聚苯乙烯树脂珠粒（EPS），用于铸造有色金属、灰铁及一般钢铸。珠粒特点是：半透明珠粒，预发泡倍数 40 ~ 60，粒径为 0.18 ~ 0.80mm（6 种尺寸），一般选用的原始珠粒的粒径不超过铸件最小壁厚的 1/9 ~ 1/10。

（二）模型制作

模型制作有两种情况：一种由泡塑珠粒制作，另一种由 EPS 泡塑板材制作。

由泡塑珠粒制作模型的过程为：预发泡→熟化→发泡成型→冷却出模。

（1）预发泡。EPS 珠粒在加入模具前，要先进行预发泡，以使珠粒膨胀到一定尺寸。预发泡过程决定了模型的密度、尺寸稳定性及精度，是关键环节之一。适用于 EPS 珠粒预发泡的方法有 3 种：热水预发泡、蒸汽预发泡和真空预发泡。真空预发泡的珠粒发泡率高，珠粒干燥，应用较多。

（2）熟化。经预发泡的 EPS 珠粒放置在干燥、通风的料仓中一定时间，以便使珠粒泡孔内外界压力平衡，使珠粒具有弹性和再膨胀能力，除去珠粒表面的水分。熟化时间为 8～48h。

（3）发泡成型。将预发泡且熟化的 EPS 珠粒填充到金属模具的型腔内，加热，使珠粒再次膨胀，填满珠粒间的空隙，并使珠粒间相互融合，形成平滑表面，即模型。

（4）冷却出模。出模前必须进行冷却，使模型降温至软化温度以下，模型硬化定型后才能出模。出模后还应有模型干燥及尺寸稳定的时间。设备有蒸缸及自动成型的成型机两种。

由 EPS 泡塑板材制作模型时，对简单模型，可利用电阻丝切割装置，将泡塑板材切割成所需的模型；对复杂模型，首先用电阻丝切割装置，将模型分割成几个部分，然后进行黏结，使之成为整体模型。

（三）模型组合

将加工好（或外购）的泡塑模型与浇冒口模型组合在一起。

目前使用的黏结材料主要有：橡胶乳液、树脂溶剂、热熔胶及胶带纸。

（四）模型涂料涂挂

实型铸造泡塑模型表面必须涂一层一定厚度（0.5～1.5mm）的涂料，形成铸型内壳。其涂层的作用是为了提高 EPS 模型的强度和刚度，提高模型表面抗型砂冲刷能力，防止加砂过程中模型表面破损及振动造型和负压定型时模型的变形，确保铸件的尺寸精度。

将消失模铸造专用涂料在涂料搅拌机内加水搅拌，使其得到合适的黏度。搅拌后的涂料放入容器内，用浸、刷、淋和喷的方法将模型组涂覆。一般涂两遍，使涂层厚度为 0.5～1.5mm，根据铸件合金种类、结构形状及尺寸大小不同选定。涂层在 40～50℃下烘干或自然风干。

（五）振动造型

振动造型的工序包括：

（1）将带有抽气室的砂箱放在振动台上并卡紧，底部放入一定厚度的底砂（一般底砂层厚度为 50～100mm），振动紧实。震荡幅度为 0.4～0.75mm，频率为 300Hz，时间为 40～60s。经振动紧实的砂型用砂型硬度计测得表面硬度一般为 60～70，抽真空后可达 95。

型砂为无黏结剂、无添加物、不含水的干石英砂。黑色金属温度高，可选用较粗的砂，铝合金采用较细的砂子。

砂箱为单面开口，并且设有抽气室或抽气管、起吊或行走机构。

（2）放置 EPS 模型。振实后，其上根据工艺要求放置 EPS 模型组，并手工培砂固定。

（3）填砂。向砂箱内充填无黏结剂和附加物的干石英砂，启动振动台（x、y、z 三个方向)，时间一般为30～60s，将砂箱内的型砂振实并刮平砂面，放置刷好涂料、干燥的模型，分层填料，每层料高100～300mm，振动一段时间后再填一层；使型砂充满模型的各个部位，且使型砂的堆积密度增加。

（4）密封定型。砂箱表面用塑料薄膜密封，用真空泵将砂箱内抽成一定真空，靠大气压力与铸型内压力之差将砂粒"黏结"在一起，维持铸型浇注过程不崩散，这称为"负压定型"。

浇注时推荐的真空度范围见表5-1。

表5-1 浇注时推荐的真空度范围

铸件材质	砂箱内真空度/kPa	铸件材质	砂箱内真空度/kPa
铸铝、铸铜合金	40～53	铸铁、铸钢	53～66

金属液浇入型腔后砂箱内真空度会显著下降，这是由于高温金属将密封塑料膜烧穿，破坏了密封状态，而金属液还未封住直浇口，因而吸进了气体；同时，EPS泡沫气化排出。当砂箱建立起新的密封状态时，真空度又慢慢上升，直至浇注结束时，真空度基本恢复到初始真空度。

（六）浇注

EPS模型一般在80℃左右软化，在420～480℃时分解。分解产物有气体、液体及固体三部分。热分解温度不同，三者含量不同。

实型铸造浇注时，在液体金属的热作用下，EPS模型发生热解气化，产生大量气体，不断通过涂层型砂向外排放，在铸型、模型及金属间隙内形成一定气压，液体金属不断地占据EPS模型位置，向前推进，发生液体金属与EPS模型的置换过程。置换的最终结果是形成铸件。

浇注操作过程采用慢—快—慢，并保持连续浇注，应防止浇注过程断流。浇后铸型真空维持3～5min后停泵。浇注温度比砂型铸造的温度高30～50℃。

（七）冷却清理

冷却后，实型铸造落砂最为简单，将砂箱倾斜吊出铸件或直接从砂箱中吊出铸件均可，铸件与干砂自然分离。分离出的干砂处理后重复使用。

六、实验注意事项

（1）消失模铸造的浇注过程，就是金属液充型，同时泡塑模具气化消失的过程。浇道始终要充满钢液，若不充满，由于涂料层强度有限，极容易发生型砂塌陷以及进气现象，造成铸件缺陷。一般铸件应该采用底浇式封闭型浇注系统，这样有利于金属液平稳充型，模型不容易形成很大的空腔。

（2）为防止金属液高温辐射熔化同箱铸型内其他EPS模型，浇道适当离铸件模型远一点。内浇口的位置选择在整箱铸件最低位置。

（3）浇注时注意调节和控制负压真空度在一定范围内，浇注完毕后保持在一定负压状态下一段时间，负压停止、钢液冷凝后出箱。

（4）浇注钢液时要稳、准、快。瞬时充满浇口杯，并且快速不断流，以免造成塌砂现象或者铸件增多气孔的问题，导致铸件报废。

七、思考题

（1）消失模铸造能否适用于所有零件？

（2）消失模铸造与普通砂型铸造在工艺方面有哪些区别？

（3）开始浇注后，真空度为什么突然下降？

第六章 合金成分设计、熔炼、成型及组织检验

一、实验目的

(1) 熟悉铝合金的配料及其计算方法。
(2) 掌握铝合金的熔炼、精炼基本操作与方法。
(3) 掌握铝合金变质处理的基本原理与方法。
(4) 掌握铝合金晶粒细化的基本原理与方法。
(5) 掌握铝合金组织检验方法。

二、实验原理

铝合金的熔炼和铸造是铝合金生产过程中首要的、必不可少的组成部分。对于变形铝合金，熔铸不仅给后续压力加工生产提供所必要的铸锭，而且铸锭质量在很大程度上影响着加工过程的工艺性能和产品质量。铝合金熔铸的主要任务就是提供符合使用要求的优质铸锭。

(一) 合金元素在铝中的溶解

合金添加元素在熔融铝中的溶解是合金化的主要过程。元素的溶解与其性质有着密切的关系，它受添加元素的固态结构结合力的破坏和原子在铝液中的扩散速度所控制。元素在铝液中的溶解作用可用合金元素与铝的合金系相图来确定。通常与铝形成易熔共晶的元素容易溶解；与铝形成包晶转变的，由于熔点相差很大，这类元素难以溶解。如 Al-Mg、Al-Zn、Al-Cu、Al-Li 等为共晶系，其熔点也比较接近，合金元素较容易溶解，在熔炼过程中可以直接添加到铝熔体中。但 Al-Si、Al-Fe、Al-Be 等合金系虽然也存在共晶反应，但是由于合金元素与铝的熔点差别很大，溶解很慢，需要较大的过热才能完全溶解。Al-Ti、Al-Zr、Al-Nb 等合金系具有包晶型相图，这些合金系中的合金元素都属于难溶金属元素，在铝中溶解很困难。为了使其在铝液中尽快溶解，必须以中间合金的形式加入。

(二) 铝合金熔体的净化

1. 熔体净化的目的

在熔炼过程中，铝合金熔体中存在气体、各种夹杂物及其他金属杂质等，它们的存在往往使铸锭产生气孔、夹杂、疏松、裂纹等缺陷，对铸锭的加工性能及制品强度、塑性、耐蚀性、阳极氧化性和外观质量有显著影响。熔体净化就是利用物理化学原理和相应的工

艺措施，除去液态金属中的气体、夹杂和有害元素，以获得纯净金属熔体的工艺方法。根据合金的品种和用途不同，对熔体纯净度的要求有一定的差异，通常从氧的质量分数、非金属夹杂和钠的质量分数等几方面来控制。

2. 熔体精炼净化方法

熔体精炼净化的目的是去除熔体中的非金属夹杂物和气体。熔体净化方法包括传统的炉内精炼和后来发展的炉外净化。铝合金熔体净化方法按其作用原理可分为吸附净化和非吸附净化两种基本类型。

吸附净化是指通过铝合金熔体直接与吸附体（如各种气体、液体、固体精炼剂及过滤介质）相接触，使吸附剂与熔体中的气体和固体氧化夹杂物发生化学的、物理的或机械的作用，达到除气、除夹杂的目的。属于吸附净化的方法有吹气法、过滤法、熔剂法等。

非吸附净化是指不依靠向熔体中加吸附剂，而是通过某种物理作用（如真空、超声波、密度差等）改变金属-气体系统或金属-夹杂物系统的平衡状态，从而使气体和固体夹杂物从铝熔体中分离出来。属于非吸附净化的方法有静置处理、真空处理、超声波处理等。

一般实验室条件下使用较多的是吸附净化法，常使用的精炼剂是六氯乙烷（C_2Cl_6）。六氯乙烷为白色粉状结晶体，压制成块使用。为了防止六氯乙烷吸潮，应将它置于干燥器中备用。一般六氯乙烷的用量为铝合金熔体总质量的0.3%～0.6%。用钟罩将其压入铝合金熔体中后，产生如下反应：

$$C_2Cl_6 \xrightarrow{\triangle} C_2Cl_4 \uparrow + Cl_2 \uparrow$$

$$3Cl_2 + 2Al \longrightarrow 2AlCl_3 \uparrow$$

$$3C_2Cl_6 + 2Al \longrightarrow 3C_2Cl_4 \uparrow + 2AlCl_3 \uparrow$$

反应产物 Cl_2、C_2Cl_4、$AlCl_3$ 在上浮过程中都可起到精炼净化作用。

使用六氯乙烷进行精炼净化的缺点是：其预热分解出的氯是有毒气体，恶化劳动条件，腐蚀厂房和仪器设备。近些年来国内外正在推广无毒精炼剂，且已取得了良好的效果。

（三）铸造铝合金的变质

在铸造铝合金中，铝硅合金占据了大部分。虽然这种合金具有良好的铸造性能，但是其中硅相在自然生长条件下会长成块状或片状的脆性相，严重地割裂基体，降低了合金的强度和塑性，因此，需要将其改变成有利的形状。变质处理使铸造铝硅合金中的共晶硅相由粗大片状变成细小纤维状或层片状，从而改善合金性能。变质处理一般在精炼之后进行，变质剂的熔点应介于变质温度与浇注温度之间。变质处理时变质剂处于液态，有利于变质反应的完成。同时，浇注时过剩的变质剂或变质反应产物已变成黏稠的熔渣，便于扒渣，不至于形成熔剂夹杂。

金属钠（Na）对铝硅共晶合金的共晶组织有很好的变质作用，但是金属钠变质剂存在钠极易烧损、变质有效时间短、吸收率低并且其含量很难测量的缺点，所以经常采用钠盐变质剂。在钠盐变质剂中的 F^- 和 Cl^- 会腐蚀铁质坩埚及熔炼工具，使铝液渗铁，导致合金铁质污染，同时会在坩埚壁上形成一层牢固的浇注后很难清除的结合炉瘤以及挥发性卤盐，会腐蚀设备等。

近些年来已经发现，碱金属中的K、Na，碱土金属中的Ca、Sr，稀土元素La、Ce和混合稀土，氮族元素 Sb、Bi，氧族元素 S、Te 等，均具有变质作用。其中，以 Na、Sr 的变质效果最佳，使用它们可获得完全均匀的纤维中共晶硅。

目前，Sr 变质引起国内外研究者和生产者的普遍重视，逐渐取代了 Na 在变质剂中的地位，并已经在工业中获得了普遍应用。因为 Sr 变质不仅与 Na 变质有同等效果，而且同时还具有其他方面更为重要的优点：变质处理时氧化少，易于加入和控制，过变质问题不明显，Sr 的沸点达 1380℃，不易烧损和挥发，变质的有效作用时间长，处理方便，无蒸气析出，变质剂易于保存，变质处理后对铸件壁厚敏感性小。Sr 变质的缺点是：Sr 中存在 SrH，去除 H 不容易，并且容易产生铸型反应，常在铸件中形成针孔。

（四）晶粒细化

铝合金晶粒细化处理的主要目的是细化铝合金的基体 α-Al 晶粒。所以，晶粒细化处理是针对变形铝合金和亚共晶铸造铝合金而进行的。晶粒细化是通过控制晶粒的形核和长大来实现的。晶粒细化最基本的原理是促进形核、抑制长大。对晶粒细化剂的基本要求是：

（1）含有稳定的异质固相形核颗粒，不易溶解；

（2）异质形核颗粒与固相 α-Al 间存在良好的晶格匹配关系；

（3）异质形核颗粒应非常细小，并在铝熔体中呈高度弥散分布；

（4）加入的细化剂不能带入任何影响铝合金性能的有害元素或杂质。

晶粒细化剂的加入一般采用中间合金的方式。常用的晶粒细化剂有以下几种类型：二元 Al-Ti 合金、三元 Al-Ti-B 合金、Al-Ti-C 合金以及含稀土的中间合金。它们是工业上广泛应用的最经济、最有效的铝合金晶粒细化剂。这些合金加入到铝熔体中时，会与 Al 发生化学反应，生成 $TiAl_3$、TiB_2、TiC、B_4C 等金属间化合物。这些化合物相与 α-Al 相有良好的晶格匹配关系，如图 6-1 所示。这些化合物相在铝熔体中以高度弥散分布的细小异质

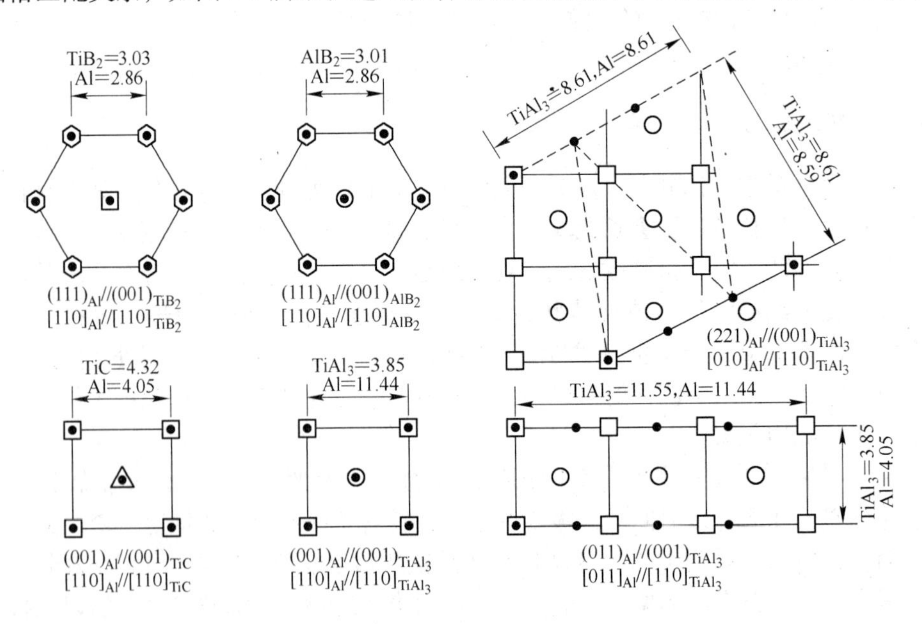

图 6-1 Al 与 TiB_2、AlB_2、TiC 和 $TiAl_3$ 点阵匹配

●—Al 点阵中 Al；○—化合物点阵中 Al；⬡—B；△—C；□—Ti

固相颗粒存在，可以作为α-Al形核的核心，从而增加反应界面和晶核数量，减小晶体生长的线速度，起到晶粒细化的作用。

晶粒细化剂的加入量与合金种类、化学成分、加入方法、熔炼温度以及浇注时间等有关。若加入量过大，则形成的异质形核颗粒会逐渐聚集，当其密度比铝熔体大时，会聚集在熔池底部，丧失晶粒细化能力，产生细化效果衰退现象。

晶粒细化剂加入到合金熔体后要经历孕育期和衰退期两个时期。在孕育期内，中间合金完成熔化过程，并使起细化作用的异质形核颗粒均匀分布且与合金熔体充分润湿，逐渐达到最佳的细化效果。此后，由于异质形核颗粒的溶解而使细化效果下降；同时，异质固相颗粒会逐渐聚集而沉积在熔池底部，出现细化效果衰退现象。当细化效果达到最佳值时进行浇注是最为理想的。随合金的熔化温度和加入的细化剂种类的不同，达到最佳细化效果所需的时间也有所不同，通常存在一个可接受的保温时间范围。

合金的浇注温度也会影响最终的细化效果。在较小的过热度下浇注可以获得良好的细化效果；随着过热度的增大，细化效果将下降。通常存在一个临界温度，低于这个临界温度时，温度变化对细化效果的影响并不明显，而高于此温度时，随着浇注温度升高，细化效果迅速下降。这个临界温度同合金的化学成分和细化剂的种类以及加入量有关。

（五）铝合金铸坯成型

铸坯成型是将金属液铸成尺寸、成分和质量符合要求的锭坯。一般而言，铸锭应满足下列要求：

（1）铸锭形状和尺寸必须符合压力加工的要求，以避免增加工艺废品和边角废料；

（2）坯料内外不应该有气孔、缩孔、夹渣、裂纹以及明显偏析等缺陷，表面光滑平整；

（3）坯锭的化学成分符合要求，结晶组织基本均匀。

铸锭成型方法目前广泛应用的有块式铁模铸锭法、直接水冷板连续铸锭法和连续铸轧法等。

三、实验设备及材料

（一）熔炼炉、坩埚以及熔铸工具

（1）铝合金熔炼可在电阻炉、感应炉、油炉、燃气炉中进行，易偏析的中间合金在感应炉熔炼为好，而易氧化的合金在电阻炉中熔化为宜，电阻炉有井式炉和箱式炉。

（2）铝合金熔炼一般采用铸铁坩埚、石墨黏土坩埚、石墨坩埚，也可以采用铸钢坩埚。

（3）新坩埚在使用前应清理干净及仔细检查有无穿透性缺陷，坩埚要烘干、烘透才能使用。

（4）浇注铁模及熔炼工具使用前必须除尽残余金属及氧化皮等污物，经过200～300℃预热并涂以防护涂料。涂料一般采用氧化锌和水或水玻璃调和。

（5）涂完涂料后的模具及熔炼工具使用前再经200～300℃预热烘干。

（6）实验设备仪器还有钟罩、金相试样预磨机和抛光机。

（二）实验材料

（1）配制合金的原材料见表6-1。

表6-1　配制合金的原材料

材料名称	材料牌号	用　途
铝　锭	Al99.7	配制铝合金
镁　锭	Mg99.80	配制铝合金
锌　锭	Zn-3以上	配制铝合金
电解铜	Cu-1	配制Al-Cu中间合金
金属铬	JCr-1	配制Al-Cr中间合金
电解金属锰	DJMn99.7	配制Al-Mn中间合金

（2）配制Al-Cu、Al-Cr、Al-Mn中间合金时，先将铝锭熔化并过热，然后再加入合金元素，实验中主要采用的中间合金见表6-2。

表6-2　实验中主要采用的中间合金

中间合金名称	组元成分范围/%	熔点/℃	特　性
Al-Cu中间合金锭	Cu 48～52	575～600	脆
Al-Mn中间合金锭	Mn 9～11	780～800	不　脆
Al-Cr中间合金锭	Cr 2～4	750～820	不　脆

（3）铸造Al-Si合金：Al-7Si或A356（Al-7Si-0.4Mg）。

（4）变质剂：Al-10Sr中间合金。

（5）晶粒细化剂：Al-5Ti-1B中间合金。

（6）金相组织观察：氢氟酸（HF）、王水、砂纸等。

（三）熔剂及配比

铝合金常用熔剂包括覆盖剂、精炼剂和打渣剂，主要由碱金属或碱土金属的氯盐和氟盐组成。本实验可以采用50% NaCl + 40% KCl + 6% Na_3AlF_6 + 4% CaF_2混合物覆盖，用六氯乙烷（C_2Cl_6）除气精炼。

（四）合金的熔炼

配料包括确定计算成分。炉料的计算是决定产品质量和成本的主要环节。配料的首要任务是根据熔炼合金成分、加工和使用性能确定其计算成分；其次是根据原材料情况和化学成分合理选择配料比；最后根据铸锭规格尺寸和熔炉容量，按照一定程序正确计算出每炉的全部料量。

配料计算：根据材料的加工和使用性能的要求，确定各种炉料品种及配比。

（1）熔炼合金时首先要按照该合金的化学成分进行配料计算，一般采用国家标准的算术平均值。

（2）对于易氧化、易挥发的元素，如Mg、Zn等，一般取国家标准的上限或偏上限计算成分。

（3）在保证材料性能的前提下，参考铸锭及加工工艺条件，应合理充分利用旧料。

（4）确定烧损率。合金易氧化、易挥发的元素在配料计算时要考虑烧损。

（5）为了防止铸锭开裂，Si 和 Fe 的质量分数有一定的比例关系，必须严格控制。

（6）根据坩埚大小和模具尺寸要求计算配料的质量。

根据实验的具体情况，配置两种高强高韧铝合金：

（1）2024 铝合金成分（质量分数）为 Cu 3.8% ~4.9%，Mg 1.2% ~1.8%，Mn 0.3% ~0.9%，余为 Al。

（2）7075 铝合金成分（质量分数）为 Zn 5.1% ~6.1%，Mg 2.1% ~2.9%，Cu 1.2% ~2.0%，Cr 0.18% ~0.28%，余为 Al。

在实验中，根据实验要求具体情况来配料，如熔铸 2024（Al-4.4Cu-1.5Mg-0.6Mn）铝合金，根据模具大小需要配置合金 1000g。配料计算如下。

Cu 的质量：$1000g \times 4.4\% = 44g$，Cu 的烧损量可忽略不计，采用 Al-50Cu 中间合金加入，那么需 Al-50Cu 中间合金：$44g \div 50\% = 88g$。

Mg 的质量：$1000g \times 1.5\% = 15g$，Mg 的烧损量可按 3% 计算，那么需 Mg：$15g \times (1 + 3\%) = 15.6g$。

Mn 的质量：$1000g \times 0.6\% = 6g$，Mn 的烧损量可忽略不计，采用 Al-10Mn 中间合金加入，那么需 Al-10Mn 中间合金：$6g \div 10\% = 60g$。

Al 的质量：$1000g \times 93.5\% - (44 + 56)g = 835g$。

四、实验步骤及方法

（一）熔铸工艺流程

熔铸工艺流程为：原材料准备→预热坩埚至发红→加入纯铝和少量覆盖剂→升温至 750 ~760℃待纯铝全部熔化→加入中间合金→加入覆盖剂→熔毕后充分搅拌→扒渣→加镁→加入覆盖剂→精炼除气→扒渣→再加覆盖剂→静置→扒渣→出炉→浇注。

（二）熔铸方法

1. 2024 和 7075 变形铝合金的熔铸与组织细化

（1）熔炼时，熔剂需均匀加入，待纯铝全部熔化后再加入中间合金和其他金属，并将所加材料压入溶液内，不准露出液面。

（2）炉料熔化过程中，不得搅拌金属。炉料全部熔化后可以充分搅拌，使成分均匀。

（3）铝合金熔体温度控制在 750 ~760℃。

（4）炉料全部熔化后，在熔炼温度范围内扒渣，扒渣尽量彻底干净，少带金属。

（5）Mg 在出炉前或精炼前加入，以便确保合金成分准确性。

（6）向熔体加入 0.03%（质量分数）的 Ti（以 Al-5Ti-1B 中间合金形式加入）进行晶粒细化处理。处理方法是：将按比例称量好的中间合金用纯铝箔包好后用钟罩压入熔体中。

（7）熔剂要保持干净，钟罩要事先预热，然后放入熔体内，缓慢移动，进行精炼。精炼要保持一定时间，确保彻底除气、除渣。

（8）每隔 30min 浇注一组试样。经细化处理的试样至少浇注 4 组。

2. Al-7Si 铸造铝合金的熔铸和组织细化与变质处理

（1）向经预热发红的两个石墨坩埚中分别加入 1000g 的 Al-7Si 合金原料，升温至 720℃，熔化后保温 1h，以促进成分的均匀化；学生在实验老师指导下，在熔融 Al-7Si 合金中加入 0.6% 的 C_2Cl_6 进行除气。

（2）对精炼除气处理后的 Al-7Si 合金取样浇注一组试样。

（3）向一个石墨坩埚中加入 0.03%（质量分数）的 Ti（以 Al-5Ti-1B 中间合金形式加入）进行晶粒细化处理。处理方法是：将按比例称量好的中间合金用纯铝箔包好后用钟罩压入熔体中。

（4）向另外一个石墨坩埚中加入 0.03%（质量分数）的 Sr（以 Al-10Sr 中间合金形式加入）进行变质处理。处理方法是：将按比例称量好的 Al-10Sr 中间合金用钟罩压入熔体中。

（5）每隔 30min 浇注一组试样。经细化处理和变质处理的试样至少浇注 4 组。

（6）对浇注出的试样进行切割、粗磨、细磨、抛光、腐蚀处理，然后在光学金相显微镜下观察，评价合金的细化和变质效果。

（三）实验组织和程序

每班分成 6 ~ 8 组，每组 4 ~ 5 人，任选 2024 或 7075 铝合金进行合金熔炼与组织细化实验，或选择 Al-7Si 合金进行组织变质与组织细化实验。每小组参照上述配料计算方法和熔铸工艺流程，领取相应的原材料进行实验，熔铸出合格的铝合金铸锭。

五、实验报告要求

（1）简述铝合金熔铸基本操作过程。

（2）分析讨论铝合金熔炼过程中除气、除渣的作用及注意事项。

（3）评价 Al-7Si 合金的细化和变质效果，并分析影响合金细化和变质效果的主要因素。

六、思考题

（1）铝合金熔炼时熔剂的作用有哪些?

（2）铝合金组织细化为什么要进行组织细化?

（3）与未变质的铸造铝硅合金相比，变质后的组织发生了哪些变化?

第七章 金属液态成型技术综合实验

第一节　砂型铸造成型工艺实验

一、实验目的

（1）了解用黏土和呋喃树脂两种作为黏结剂的型砂的整个成型工艺过程。
（2）了解黏土与有机黏结剂所适用的范围。
（3）学会用黏土砂造外部上、下型，装配树脂砂型芯，再浇注成型。

二、实验设备及材料

（1）原砂（水洗砂50/100）；钙基膨润土；钠基膨润土；水；呋喃树脂；磷酸（工业纯）。
（2）台秤；天平；盛砂盆；量杯；托板；木模；砂箱。
（3）辗轮式混砂机；叶片式混砂机（快速混砂机）；冲样机及附件；透气性测定仪；万能强度实验仪。

三、实验内容及步骤

（1）在辗轮式混砂机内装入原砂，按拟定成分加入钙、钠基膨润土，保持水土比为30%，开动混砂机，干混2min，将量筒中的水通过注入器倒入混砂机内继续混6min；将混好的砂卸入盛砂盆内，用麻布盖好，调均5min；然后进行造型。
（2）使用叶片式混砂机混制树脂砂。配方：原砂100%、树脂2%、磷酸（占树脂的）40%。以原砂（1kg）为基数计算树脂的质量，再以树脂质量为基数计算磷酸的质量，分别用台秤、天平、量杯称量好各个成分，按以下混砂工艺混制：原砂＋树脂→混60s后加入磷酸混10s立即出砂，最后再进行造型。
（3）分别对黏土砂进行湿透气率和湿压强度的测定，对树脂砂进行抗拉强度的测定。
（4）按照图7-1进行造型，用混制好的黏土砂造型，造好上箱、下箱，装配树脂砂型芯，最后浇注成型。

四、实验报告要求

实验数据填写在表7-1中。

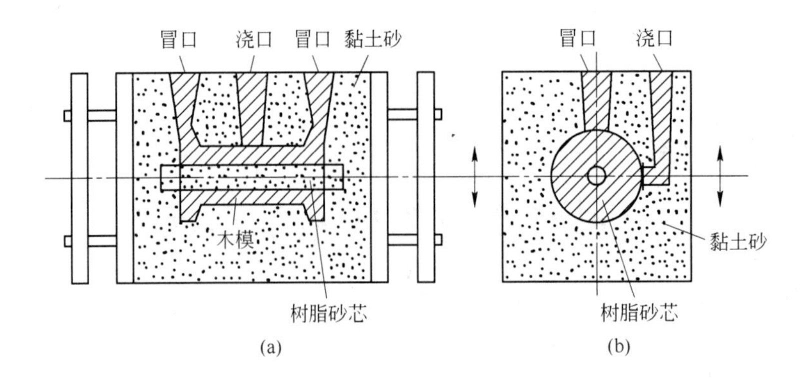

图 7-1 造型实验示意图

（a）造型装配示意图；（b）浇口处纵剖示意图

表 7-1 型砂性能测定实验数据

实验结果	项目											
	湿透气率			湿压强度			抗拉强度					
	1	2	3	1	2	3	1	2	3	4	5	6
钙基膨润土黏土砂							/	/	/	/	/	/
钠基膨润土黏土砂							/	/	/	/	/	/
呋喃树脂砂	/	/	/	/	/	/						

注：表中斜线表示不用填写。

五、实验注意事项

（1）混黏土砂时，避免吸入粉尘。

（2）混树脂砂时，将固化剂磷酸快速加入，以免飞溅。

六、思考题

（1）实验过程中，黏土型砂的水土比为多少，原砂、黏土和水的量各为多少？

（2）黏结剂按组成分类，可分为哪两类，它们的黏结原理分别是什么？

（3）黏土砂湿透气率和湿压强度的测定结果和树脂砂抗拉强度的测定结果是多少？

（4）绘制出实验中砂型装配图。

第二节　石膏型精密铸造成型工艺实验

一、实验目的

（1）了解蜡型模具的基本结构。

（2）掌握模料性能测定方法及对模料性能的要求。

（3）石膏型熔模铸造是一种用石膏造型（灌浆法）代替用耐火材料制壳的一种铸造工艺方法，通过实验，掌握石膏型工艺的全过程，最终制成金属铸件。

二、实验设备及材料

（1）熔模（石蜡、硬脂酸各50%）；铸造用石膏；石英粉；滑石粉；铝矾土；玻璃纤维；脲 $CO(NH_2)_2$。

（2）线收缩率、抗弯强度试样压型；游标卡尺；秒表；温度计；压射筒等。

（3）液态真空注蜡设备；高温电炉；液压强度试验仪；快速搅拌机；烘箱；箱式电阻炉；真空搅拌与灌浆设备。

三、实验内容及步骤

（一）蜡模制作

拆装蜡型模具，测量尺寸，画出蜡型的结构形式，并标出蜡型的基本结构。实验中采用了自制的液态真空注蜡设备，高温液态的模料在真空状态下注入蜡型，所得蜡型的表面质量明显高于糊状蜡压注的表面质量，装备示意如图7-2所示。

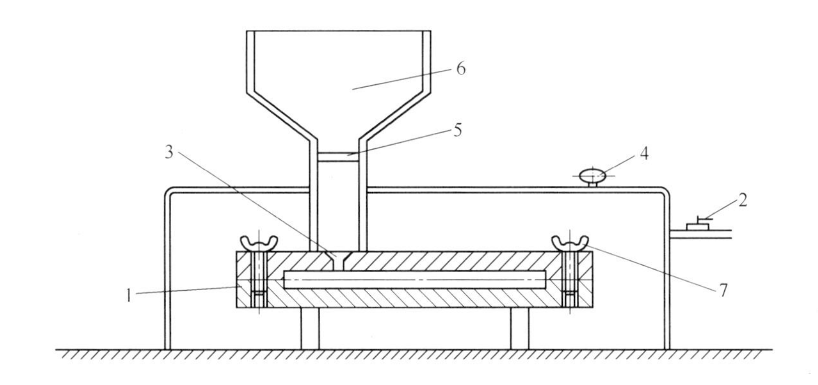

图7-2　液态真空注蜡设备示意图

1—蜡型；2—真空阀；3—注蜡口；4—真空表；5—二通阀；6—加蜡室；7—锁紧构件

将石蜡、硬脂酸各50%的模料在电炉上水浴加热熔化，待熔化后，用玻璃棒不停搅拌，模料温度控制在45～48℃之间，把模料装入压射筒，手动压入预热保温在15～25℃的线收缩率、抗弯强度测量试样压型中，保压1min。开启压型，取出压制好的模料；再将模料温度控制在65℃左右，采用自制压射机或压蜡设备压入预热保温在15～25℃的线收缩率测量试样压型中，保压到型腔内的蜡模凝固。开启压型，取出压制好的蜡模。通过这两种不同的压注成型和挤压成型工艺，所得的压制好的模料放置 24h 后，进行线收缩率、针入度的性能测定。再将石蜡、硬脂酸各 50% 的模料在电炉上水浴加热熔化，待熔化后，用玻璃棒不停搅拌，模料温度控制在 65℃左右，采用自制压射机压入预热保温在 15 ~ 25℃ 的实验压型中，保压到型腔内的蜡模凝固。开启压型，取出压制好的熔模型，以备后面的实验使用。

（二）石膏型制作

石膏是一种开采历史悠久、用途广泛的胶凝材料。石膏具有质量轻、凝结快、热传导率小、隔音性好、有一定强度等特点。石膏的化学成分以硫酸钙为主体，依结晶水的方式不同而分成无水石膏（$CaSO_4$）、半水石膏（$CaSO_4 \cdot 1/2H_2O$，烧石膏）和二水石膏（$CaSO_4 \cdot 2H_2O$）三种，铸造使用的石膏为半水石膏（$CaSO_4 \cdot 1/2H_2O$）。

半水石膏加水后进行水化反应：

$$CaSO_4 \cdot \frac{1}{2}H_2O + \frac{3}{2}H_2O = CaSO_4 \cdot 2H_2O$$

半水石膏加水拌和后迅速形成二水石膏过饱和溶液，出现一个诱导期，在整个诱导期内饱和度基本不变，二水石膏形核、长大，当晶核达到临界值尺寸时，二水石膏迅速结晶析出，转入水化反应激烈阶段。水化反应是一个较为复杂的物理化学变化，受很多因素的影响，各因素间又有交叉作用。

石膏型是以半水石膏作为基体材料，加填料、添加剂及水混制成浆体后，半水石膏不断溶解生成不稳定的不饱和溶液，经水化后析出二水石膏并连接生成二水石膏结晶结构网，使石膏型硬化并具有一定硬度。但二水石膏在硬化过程中不断脱水，发生相变，并伴随着体积的变化，特别当温度高于 300℃时，线收缩急剧增加，裂纹倾向增大，经 700℃焙烧收缩率达 6% 以上。由于收缩过大，裂纹倾向严重，强度急剧降低。石膏型在脱蜡后型腔中尚残余一些蜡料，需经过 700℃焙烧才能将残蜡清除干净。因此，铸模不能全部用石膏来制作，必须加入足够量的填料配置成石膏混合料方可用来制作石膏型。添加剂为脲 $CO(NH_2)_2$。石膏硬化体的收缩率随脲的添加量增多而减小。不同膏/脲比时，随着最大膨胀幅值的减小，裂纹倾向也随之减小。实验中，在石膏混合料中加入脲制作石膏型壳，比例为石膏∶脲 = 5∶1。

因此，列出了以下两个不同的配方。

配方一：石膏粉 50%、石英粉 30%、铝矾土 20%，外加水 40%（占粉料比例）、$CO(NH_2)_2$（占石膏的 20%）。

配方二：石膏粉 40%、石英粉 20%、滑石粉 10%、铝矾土 30%、玻璃纤维 0.15%，外加水 40%（占粉料比例）、$CO(NH_2)_2$（占石膏的 20%）。

（三）石膏型的制壳工艺

按上述配方准备好粉料，由于各种成分的颗粒大小不同，会引起石膏型的缺陷，采用同一目数的筛子分别筛过一遍，可以保证各组分混合均匀。理论上来说，在真空中灌浆能使石膏型获得最好的表面质量，如图 7-3 所示。实验中也可采用室温手工涂抹法制作石膏型壳。

石膏混合料浆体制得以后，等浆体刚开始凝固时及时将浆体涂抹在蜡模上，因为实验

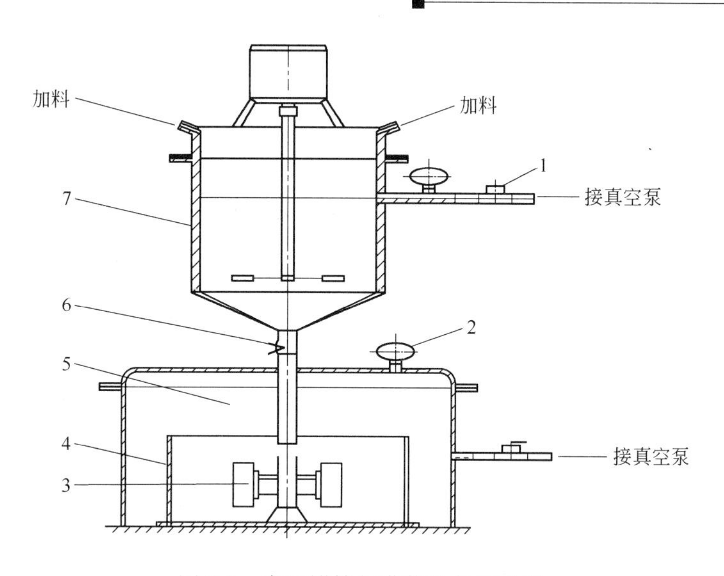

图 7-3　真空搅拌与灌浆设备示意图

1—真空阀；2—真空表；3—熔模模组；4—砂箱；5—灌浆室；6—二通阀；7—搅拌室

所做的蜡模是不规则形状，在涂挂上有一定难度，为了在石膏浆体完全凝固前完成涂挂，可两人一起完成。石膏层各方向厚度约为 20 ~ 30mm，太薄、太厚都很容易在脱蜡和焙烧过程中产生裂纹；太厚也不利于脱蜡，费时费料。

（四）石膏型脱蜡

石膏型制作完后应自然晾干 24h 以上，先将温度控制在 30 ~ 40℃ 放置 3 ~ 4h，再升温至 90℃ 烘烤 1h，此温度小于 100℃ 是为了避免水分大量汽化而造成型内压力突然增大产生破裂。然后升到 120℃ 并保温 1 ~ 3h（具体时间看蜡模的大小及形状的复杂程度），此时石膏型中的蜡基本已被熔化出来，石膏型制作完毕。

（五）石膏型的焙烧

石膏型经烘干排除吸附水后即可进行焙烧，焙烧的主要目的是去除残留于石膏中的模料、结晶水以及其他可燃烧发气的物体；完成石膏型中一些组成物的相变过程，使石膏型体积稳定。在加热时升温速度要慢，一般采用阶梯升温，尽可能使表里温度接近。100℃、200℃、300℃、400℃ 保温是为了使石膏相变充分进行，避免产生相应力。500℃ 保温是为了使石英相变充分进行。另外，升温过程要保证升温平稳，以免石膏型受热不均，产生热应力。该工艺可避免石膏型在烘烤过程中产生开裂、表面脱皮等问题，从而获得强度高、表面质量好的石膏型。经过高温焙烧的石膏型随炉降温至 300℃ 左右即可移入保温炉内或直接浇注。常见的焙烧工艺如图 7-4 所示。

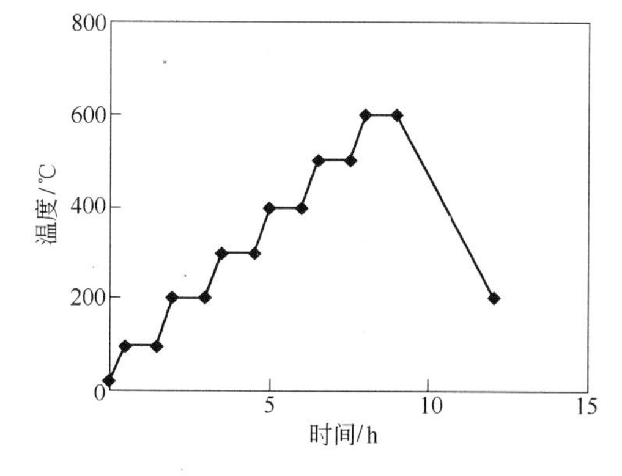

图 7-4　石膏型焙烧工艺

四、实验样件

本实验制作的是带槽的直角平板试样件。图 7-5 所示为蜡型模具实物；图 7-6 所示为压制的蜡模；图 7-7 所示为浇冒口设计图，组焊采用了浇口与冒口一体式和分体式两种方式；图 7-8 所示为石膏型成型结构；图 7-9 所示为浇注的金属铸件。

图 7-5 蜡型模具实物

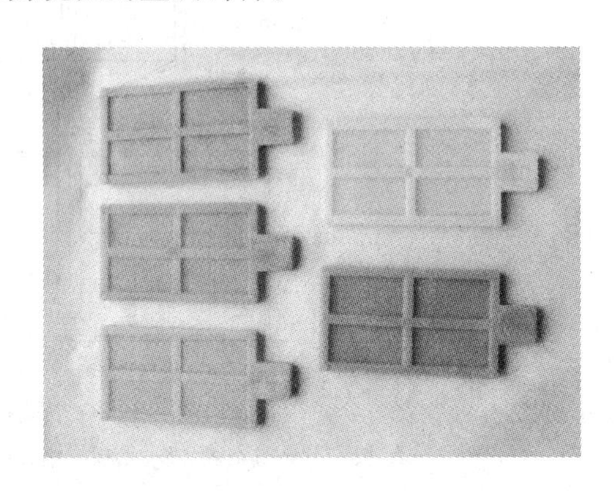

图 7-6 各种模料浇注的蜡模

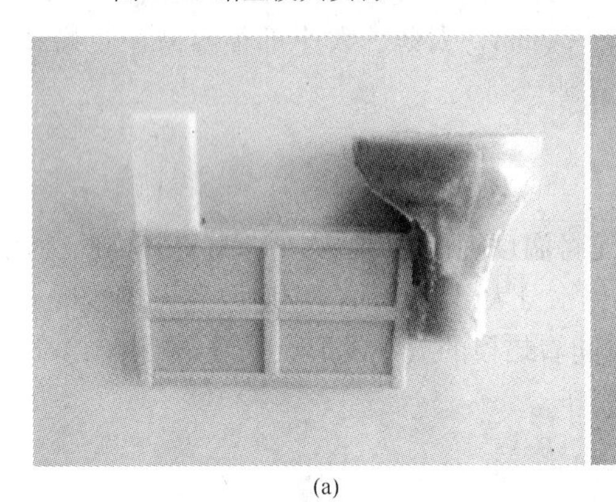

(a) (b)

图 7-7 蜡模浇冒口的设计

(a) 浇口与冒口分体式；(b) 浇口与冒口一体式

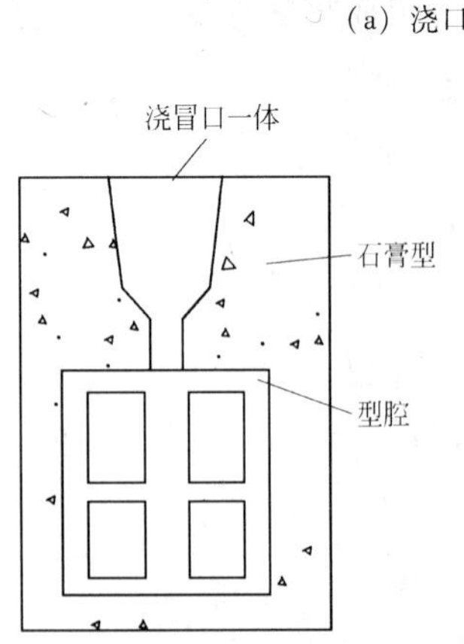

图 7-8 石膏型成型结构

图 7-9 石膏型金属铸件

五、实验报告要求

实验数据填写在表7-2和表7-3中。

表7-2　蜡模性能测定实验数据

实验结果	线收缩率/%			抗弯强度/MPa			针入度/(10mm)$^{-1}$			流动性/mm		
	1	2	3	1	2	3	1	2	3	1	2	3
石蜡与石蜡硬酸各50%												
国产蜡												
进口蜡												

注：蜡模的配方可自行拟定。

表7-3　石膏型壳实验数据

石膏型配方	透气性	抗弯强度/MPa	抗拉强度/MPa
配方一			
配方二			

六、实验注意事项

(1) 自制的液态真空注蜡设备压制蜡模时，温度控制在高于模料熔点20℃。
(2) 采用真空搅拌与灌浆设备制石膏型壳时，要加入一定量的缓凝剂。

七、思考题

(1) 简述造型用石膏的凝结硬化过程。
(2) 简述石膏型熔模铸造的工艺过程，画出石膏型实际焙烧工艺曲线图。
(3) 画出实验中石膏型铸型图，标注其浇冒系统。

第三节 熔模精密铸造成型工艺实验

一、实验目的

通过实验，了解熔模精密铸造是用可熔性模和型芯使铸件成型的铸造方法，熔模铸造生产的铸件精密、复杂，接近于零件最终的形状，可不经加工直接使用或只经很少加工后使用，是一种近净成型的工艺。

二、实验原理

熔模铸造的铸型可分为实体型壳和多层型壳两种，目前普遍采用的是多层型壳。黏结剂、耐火粉料和撒砂材料是组成型壳的基本材料。型壳是由黏结剂和耐火粉料配成涂料后，将模组浸涂在耐火涂料中取出，然后撒上粒状耐火材料，再经干燥硬化，如此反复多次，直至耐火涂料层达到所需要的厚度为止。通常将其停放一段时间，使之充分干燥硬化，然后进行脱模，便得到多层型壳。

三、实验设备及材料

设备：蒸汽脱蜡釜；淋砂机；沾浆机；浮砂机；箱式焙烧炉；烘箱。
材料：硅酸乙酯；硅溶胶；石英粉；石英砂；鹅边土等。

四、实验内容及步骤

（一）制精铸型壳用耐火材料

熔模铸造生产中，耐火材料主要有三种用途：一是粉状耐火材料，它与黏结剂混合制成耐火涂料；二是粒状耐火材料，仅供制壳时撒砂用；三是用做制造型芯的原材料。

熔模铸造用耐火材料通常是单一的或复合的高熔点氧化物（其中含有少量的 Na_2O、K_2O、MgO、CaO、TiO_2 和 Fe_2O_3 等杂质），主要是由一些天然硅酸盐矿物经过精选、高温煅烧（或电熔，或人工合成再煅烧）等处理而制成。

常用的耐火材料有石英、石英玻璃、电熔刚玉、铝硅酸盐以及硅酸锆等。

（二）制壳用黏结剂

如果没有黏结剂，松散的颗粒耐火材料不可能使型壳成型。在制壳时，涂料的性质和型壳的性能都与黏结剂直接有关。常用的黏结剂一般有硅溶胶、水解硅酸乙酯和水玻璃三种。本实验采用水解硅酸乙酯和硅溶胶作为黏结剂来制造硅酸乙酯-硅溶胶复合型壳。

硅溶胶在0℃以上的环境中有较好的稳定性，应用于熔模铸造工艺，具有型壳表面质量好、高温强度高和高温抗变形能力强等优点，且硅溶胶涂料性能稳定，制壳工艺简单，型壳不需化学硬化，使用方便。但硅溶胶涂料的表面张力较大，对熔模的润湿性能差。

硅酸乙酯的表面张力低，黏度小，对模料的润湿性能好，且硅酸乙酯型壳的耐火度高，高温时变形及开裂的倾向小，热震稳定性好，型壳的表面粗糙度低，铸件表面质量好。但硅酸乙酯本身并不能作黏结剂，它必须经水解后成为水解液，才具有一定的黏结能力。

（三）硅溶胶涂料的配制

硅溶胶涂料有面层和加固层之分。硅溶胶面层涂料是由硅溶胶、耐火粉料、表面活性剂和消泡剂等材料组成。加固层涂料则主要由硅溶胶和耐火粉料组成。硅溶胶涂料可用锆英粉、刚玉粉、石英玻璃、高铝矾土等作为表面层配料，用莫来石、煤矸石等铝硅系耐火熟料配制加固层涂料。

（四）硅酸乙酯型壳涂料的配制

将乙醇、水加入水解器中，再加入盐酸搅拌 1～2min 至均匀为止。然后分批少量细流地加入硅酸乙酯，强烈搅拌，待全部加完后继续搅拌 30～60min，控制溶液温度为 40～50℃，即成了水解液（黏结剂），再将制备的黏结剂按上述配比配涂料。配好的涂料也应停放一段时间后才能使用。实验采用的硅酸乙酯-硅溶胶复合型壳涂料的配方见表 7-4。

表 7-4 硅酸乙酯-硅溶胶复合型壳涂料配方

配方		耐火材料	黏结剂	流杯[①]黏度/s
第一层	浆料	石英粉 200 目[②]	硅酸乙酯水解液	25
	粉料	石英粉 200 目		
第二层	浆料	石英粉 200 目	硅酸乙酯水解液	18
	粉料	石英粉 100 目[②]		
第三层	浆料	石英粉 100 目	硅溶胶	15
	粉料	石英砂（细）		
第四层	浆料	石英粉 100 目	硅溶胶	15
	粉料	鹅边土（细）		
第五层	浆料	石英粉 100 目	硅溶胶	15
	粉料	鹅边土（粗）		

① 流杯容积 100mL，流出口直径 6mm。

② 100 目 = 0.147mm，200 目 = 0.074mm。

采用硅酸乙酯-硅溶胶复合型壳既弥补了硅溶胶面层涂料涂挂性的不足，又解决了硅酸乙酯涂料操作工艺复杂的缺陷，而且型壳强度高，表面质量好，在脱蜡和焙烧过程中不易产生裂纹，缩短了制壳周期。

五、熔模精铸型壳制作工艺

熔模精铸型壳制作工艺如图 7-10 所示。

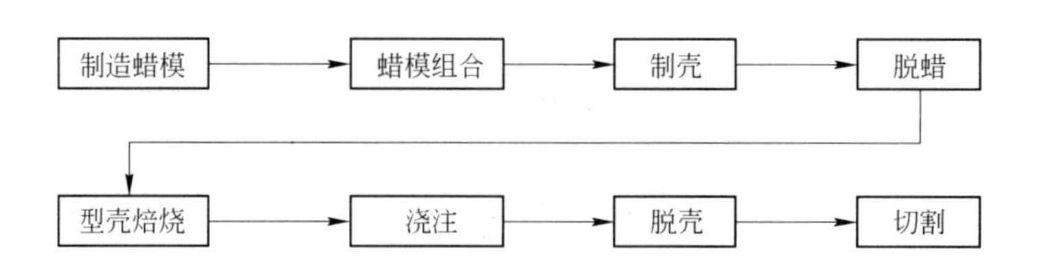

图 7-10 熔模精铸型壳制作工艺

制造蜡模：将石蜡类材料压入压型制成所需铸件的复制品，这种复制品称为蜡模。如图 7-11 所示。

蜡模组合：将单个蜡模黏合到蜡质浇注系统上，制成蜡模组，这种模组也称为蜡树。如图 7-12 所示。

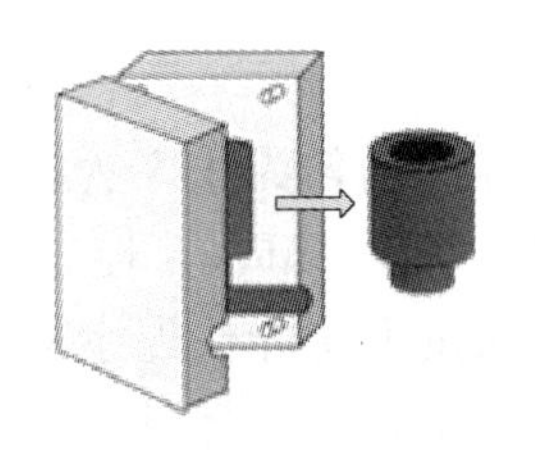

图 7-11 制造蜡模示意图

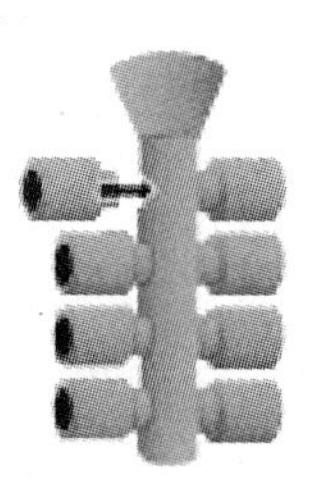

图 7-12 蜡模组合示意图

制壳：将模组浸涂耐火涂料后，撒上粒状耐火材料，再经干燥、硬化，如此反复多次，使耐火涂挂层达到所需的厚度为止。如图 7-13 所示。

脱蜡：型壳完全硬化后便可进行脱蜡，脱蜡方法用得较多的是热水法和高压蒸汽法。它是将型壳浸泡在 85 ~ 90℃ 热水中，蜡模经热水法熔化而脱出，形成了具有空腔的铸型型壳。如图 7-14 所示。

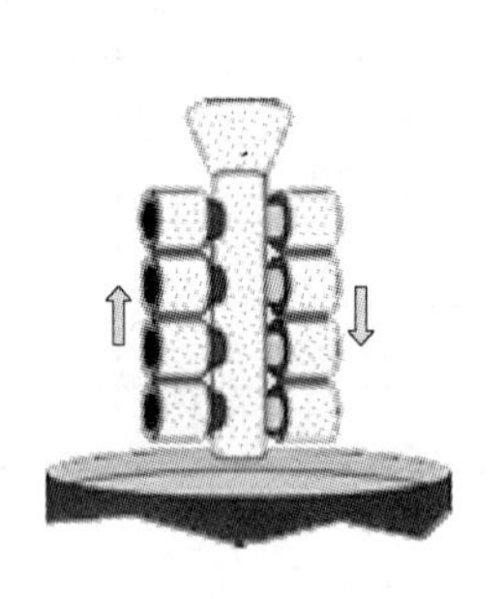

图 7-13 制壳示意图

图 7-14 脱蜡示意图

型壳焙烧：把脱蜡后的型壳送入炉内，在 800 ~ 1000℃ 下进行焙烧，通过焙烧，进一步排除型壳内的残余挥发物，提高型壳强度。如图 7-15 所示。

浇注：熔模铸造时常采用的浇注方法有以下几种：（1）热型重力浇注；（2）真空熔炼浇注；（3）压力下结晶；（4）定向凝固。如图 7-16 所示。

脱壳：铸件冷却和凝固后，通过振动或轻轻敲击把铸件上的型壳清除掉。

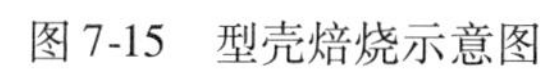

图 7-15　型壳焙烧示意图

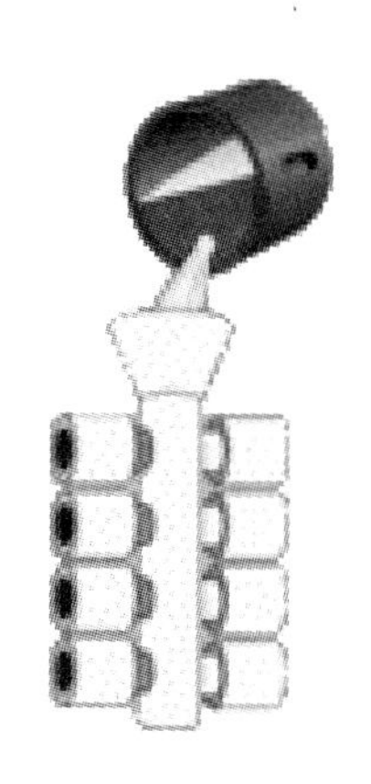

图 7-16　浇注示意图

切割：清理型壳后，采用切割工具将铸件自浇冒系统上取下。

六、思考题

简述熔模精铸制壳的工艺过程。

第四节　金属型铸造成型工艺实验

一、实验目的

（1）了解金属型的基本组成结构。
（2）了解金属型的浇注工序全过程。

二、实验设备及材料

设备：直尺；游标卡尺；熔炼浇注工具；浇勺；渣勺；锭模；拉力试棒钢模；坩埚电阻炉；自动控温仪；镍铬-镍硅热电偶；箱式电阻炉。

材料：ZL102；金属型模具；无公害精炼剂；变质剂。

三、实验内容及步骤

（1）拆装实验中提供的金属型模具，测量尺寸，画出金属型的结构形式，并标出金属型的基本组成。

（2）合金熔炼前的准备：将坩埚清理好，并预热至150～250℃时涂料；把渣勺、浇勺2个、拉力试棒钢模、锭模清理后，在箱式炉中预热至250～300℃时喷涂料，并准备好断口试样和炉前含气量检查的铸型。

（3）进行配料计算：变质剂按炉料总量的1%～3%计算，将金属炉料放在箱式电炉内预热至300～400℃，熔剂放在炉子旁边进行预热。

（4）合金熔化：将坩埚预热至暗红色（400～500℃），分批加入预热的金属炉料，待炉料全部熔化后搅拌均匀，升温至680～720℃。

（5）精炼前测氢：采用常压凝固法，如氢含量过低时，在合金液中可加新鲜树枝搅拌，用常压凝固法浇测氢含量试样，检查气体析出状态和试样表面状态。

（6）变质前浇注试棒和断口试样：从箱式炉中取出预热的钢模、浇勺；把钢模放于铸铁板上用钳子夹紧；用浇勺从坩埚中取出铝水，于700～720℃时平稳地浇入钢模；当试棒冒口变硬时，打开钢模，取出零件；待试棒冷却后，在每根试棒的夹头上打上钢印标记；浇断口试样并打上钢印。

（7）变质处理：把烘干的变质剂均匀地撒在合金液面上并保持密封，变质剂在液面停留10～12min；打破液面硬壳层，用渣勺将硬壳碎块压入合金液内约150mm处，至全部吸收为止（压入合金时间大约3～5min）；变质完毕，撇渣并立即浇注；待拉力试棒冷却后，锯割浇冒口并修锉好。

（8）合金质量检查：检查变质前后试样的断口组织，在万能材料试验机上测定变质前后试棒的力学性能。

（9）金属型模具浇注：清埋旧涂料及脏物；加热至180～230℃后喷涂料；修光涂料层、清除通气道及分型面、滑动面上的涂料；将金属型重新加热到工作温度，对固定在专用浇注台上的大型金属型，用专用固定式或移动式电热器加热；将金属型组合装在浇注台（机）上，进行试运转，以检查各个部分是否安装正确；用机油石墨涂料润滑摩擦部位；装配型芯、活块、过滤网等，锁紧铸型准备浇注；转动倾斜浇注台，浇注金属液；铸件凝固冷却；拔芯开型，取出铸件。

（10）在前期实验制成的熔模精铸、砂型、金属型三种型腔中，浇注精炼变质完成的铝合金，使其成型，比较检查三种铸件的表面质量。

四、实验样件

根据所测量的金属型模具的数据，画出金属型的结构形式，并标出金属型的基本组成部分（分型面、浇冒系统）。金属型模具图如图7-17所示。

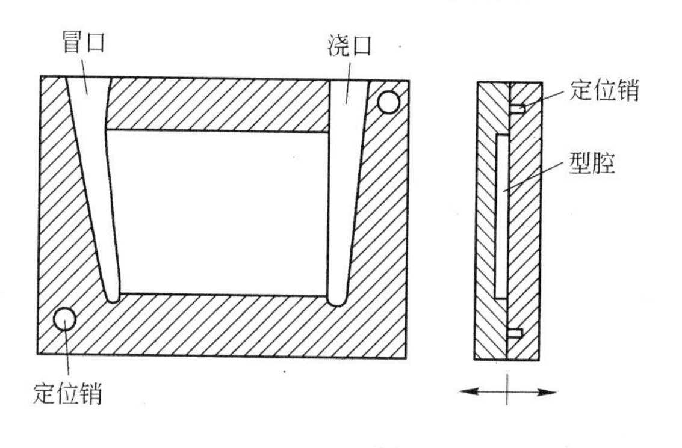

图7-17　金属型模具图

五、实验注意事项

（1）严禁潮湿的及未预热的铝锭、熔化浇注工具接触铝液，以免引起爆炸事故。

（2）严禁将铝液倒入未预热的钢模、锭模内或地面，以免爆炸。

（3）操作时，关掉电源，以免触电。

（4）穿戴好防护用品（不准穿长白大衣、凉鞋、裙子）。

六、思考题

（1）金属型模具在生产不同材料零件过程中所使用的涂料、分型剂分别是什么？

（2）根据所测量的金属型模具的数据，画出金属型的结构形式，并标出金属型的基本组成部分（分型面、浇冒系统）。

（3）ZL102合金变质前后断口及力学性能各有什么不同？

（4）简述铝合金精炼和变质处理的基本原理。

第五节　压力铸造成型工艺实验

一、实验目的

（1）了解压铸机、压铸模的基本组成结构。
（2）了解压力铸造生产过程，提高对压铸理论的理解，提高压铸技术的实践能力。

二、实验设备及材料

设备：压铸件；压铸模；直尺；游标卡尺；熔炼浇注工具及模具装配工具；卧式冷室压铸机；坩埚电阻炉；自动控温仪；镍铬-镍硅热电偶；箱式电阻炉。

材料：压铸铝合金 ZL102；压铸涂料。

三、实验内容及步骤

（一）压铸件

（1）认真观察各压铸件分型面，画出各压铸件简图。
（2）画出各压铸件浇口、排溢系统。
（3）测量各零件内浇口厚度、宽度。
（4）画出各压铸零件的主要尺寸，含斜度、壁厚、浇口、排溢系统的位置及尺寸。

（二）压铸机

（1）认识卧式冷室压铸机上压射冲头、压室、定型板、动型板、顶出机构和合型油缸等零件，并画出简图，测出相关尺寸。

（2）选择压铸机所配最小直径的压室，在不改变压射力的情况下，使压射比压达到最大。

（3）测量动、定型板间 T 字形槽的间距和压室在压铸机上可调节的位置。
（4）测量最大合型行程和铸型最小厚度。
（5）计算能压铸出最大压铸件（含浇口、溢流系统）的尺寸。
（6）计算能安装的最大模具尺寸。
（7）计算浇口能偏离中心多少。

（三）压铸合金及其熔炼

（1）将坩埚清除干净刷上氧化锌涂料。
（2）将电炉接通电源（设定至750℃），待坩埚涂料烘烤至淡黄色时，投入铸铝 ZL102。
（3）待投入的铝合金全部熔化后按除渣剂说明加入除渣剂除渣。
（4）炉温设定为 700℃，等待浇注。

（四）压铸模拆装

将实验用的两副压铸模打开，按装配顺序拆开，观察结构，并做如下记录。

（1）浇道系统：直浇道内径，横浇道形式及长度、宽度、厚度尺寸，内浇道的形式及宽度、厚度尺寸。

（2）排溢系统：溢流槽分布图，溢流口深度、厚度尺寸，排气槽分布，排气槽深度、宽度尺寸。

（3）型腔系统：定模型腔包括定模镶块尺寸及材料、定模套板尺寸及材料、定模固定板尺寸；动模型腔包括动模型腔镶块尺寸及材料、动模型腔套板尺寸及材料、动模支承板尺寸及材料、动模座板（固定板）尺寸及材料。

（4）开合模机构：导柱形式、尺寸及材料，装在动模还是定模，件数；导套形式、尺寸及材料，装在动模还是定模，件数。

（5）推出复位机构：顶杆的尺寸、数量、材料；复位杆的尺寸、材料、数量；推板的尺寸、材料；推板固定板的尺寸、材料。

（6）吊装机构零件：吊环、螺栓等。

（7）抽芯机构：抽芯方式、斜导柱尺寸、滑块尺寸、楔紧块尺寸、限位机构尺寸。

测试完全部尺寸后，模具按原样装配好。

（五）压铸工艺

（1）将模具吊装上压铸机上，用压板压紧（注意压室凸台需对准直浇道）。

（2）准备浇注工具进行浇注，浇注工具经200℃预热涂上涂料，再烤干。

（3）按如下工艺实验：

1）改变压射力实验（见表7-5）。

表7-5　改变压射力实验

压射力/kN	浇注温度/℃	速　度
140	700	慢压射
100		
80		
70		

2）改变浇注温度实验（见表7-6）。

表7-6　改变浇注温度实验

浇注温度/℃	压力/kN	速　度
720	140	慢压射
700		
680		

3）改变压射速度实验（见表7-7）。

表7-7　改变压射速度实验

速　度	压力/kN	浇注温度/℃
第一级慢速	140	700
第二级快速		

四、实验注意事项

（1）严禁潮湿的及未预热的铝锭、熔化浇注工具接触铝液，以免引起爆炸事故。
（2）严禁将铝液倒入未预热的钢模、锭模内或地面，以免爆炸。
（3）操作时，关掉电源，以免触电。
（4）穿戴好防护用品（不准穿长白大衣、凉鞋、裙子）。

五、思考题

（1）画出实验压铸模结构图。
（2）做该实验有何收获体会（对各部分理解）。

第六节　差压铸造技术及计算机控制实验

一、实验目的

（1）了解真空差压铸造设备工作原理。
（2）了解计算机模拟薄壁件的流动形态。

二、实验原理

反重力铸造法是20世纪初发展起来的铸造新方法，它是使坩埚内的金属液在气体压力的作用下，沿升液管自下而上沿反重力方向充填铸型获得铸件的一种铸造方法。反重力铸造包括低压铸造、真空吸铸和差压铸造等方法。目前的反重力铸造法在铸造复杂薄壁铸件方面仍有一些问题亟待解决：

（1）充型过程中，由于铸型内气体的存在，型内具有较高的气体反压力，影响了液态金属的充填能力；

（2）在充型过程中金属液容易氧化，影响对铸件薄壁部位的充填，甚至产生氧化夹杂等缺陷。

为适合于铝合金铸件精密成型的问题，有人在低压铸造、真空吸铸、差压铸造工艺方法的基础上提出真空差压铸造工艺，该工艺采用在真空压力场中的压差充型，在高于大气压条件下结晶凝固，这样能使铸件获得较高的充型能力和致密度。

三、实验设备及材料

设备：计算机；高温电阻炉；金相显微镜；真空差压铸造设备。
材料：铝合金 ZL102。

四、实验内容及步骤

（一）真空差压铸造设备

真空差压铸造设备包括主体部分和附属部分。主体部分主要由上下密封罐、中间隔板、升液管和底座等组成；附属部分主要包括保温炉、坩埚、安全阀、压力表、压力传感器、热电偶、真空泵、储气罐和气路部分。下密封罐放置保温炉，上密封罐放置铸型。真空差压铸造设备如图7-18所示。

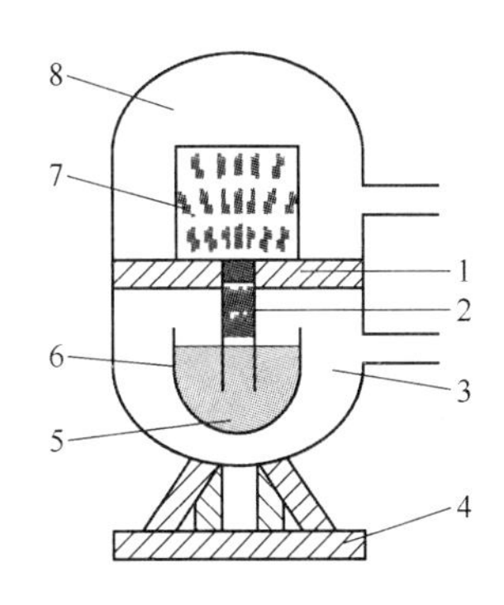

图7-18　真空差压铸造设备
1—隔板；2—升液管；3—下密封罐；4—底座；5—金属液；6—坩埚；7—铸型；8—上密封罐

（二）真空差压铸造工艺

真空差压铸造工艺过程分为5个阶段，即抽真空、充型、升压、保压和卸压，其工艺曲线如图7-19所示。

（1）抽真空：在抽真空阶段，上、下两密封罐同时抽真空。在抽真空过程中，上、下密封罐压力变化速率不要求进行精确控制，但上、下密封罐压力差要求控制在一定范围

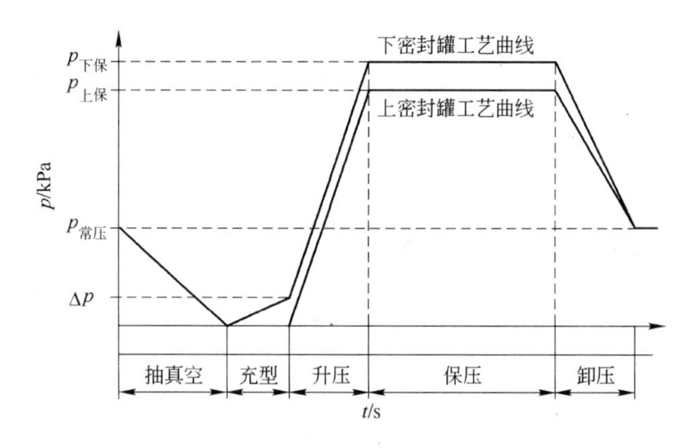

图 7-19 真空差压铸造工艺曲线图

内，以避免金属液从坩埚内溢出或充入型腔内。当上、下密封罐压力均达到一定真空度时，抽真空阶段结束。

（2）充型：在充型阶段，要求上密封罐压力保持不变，下密封罐压力迅速上升，金属液在压力的作用下沿升液管充入型腔内。当金属液充满型腔，充型阶段结束。

（3）升压：在升压阶段，要求上、下密封罐压力匀速上升，并保持上、下密封罐的压差恒定。当上、下密封罐升压到设定的保压压力时，升压阶段结束。

（4）保压：在保压阶段，控制上、下密封罐的压力保持稳定。要求保持上、下密封罐压力不变、压差恒定，从而使型腔内的金属液在恒定压力下凝固。

（5）卸压：在卸压阶段，要求上、下密封罐的压力差控制在一定范围内，以避免金属液溢出或充型。当上、下密封罐压力均接近常压时，卸压阶段结束。

真空差压铸造工艺过程中，需要进行精确控制的是充型、升压、保压 3 个阶段的工艺参数，各工艺阶段之间要求保持连续、稳定地过渡。

在本次实验中，采用以下参数，实验设置参数如图 7-20 所示。

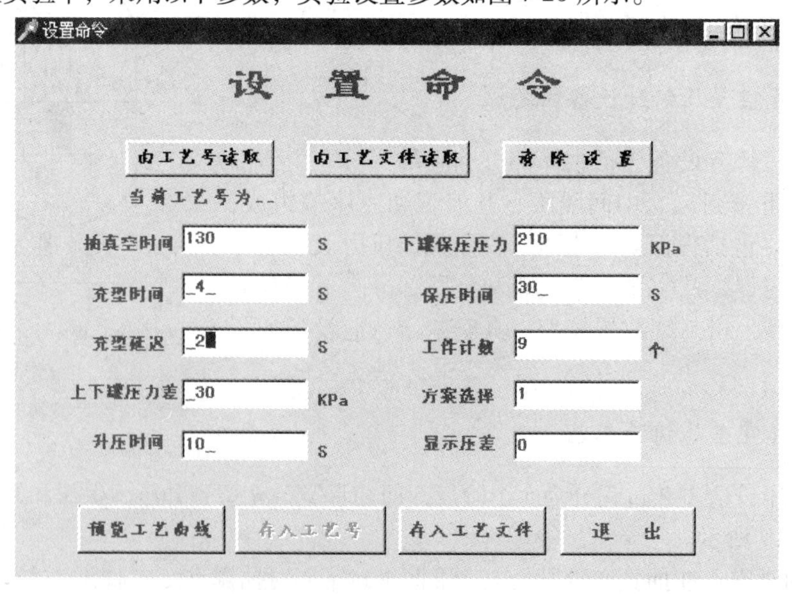

图 7-20 最优方案的设置参数

通过此组工艺参数得到了下面的工艺曲线，如图7-21所示。

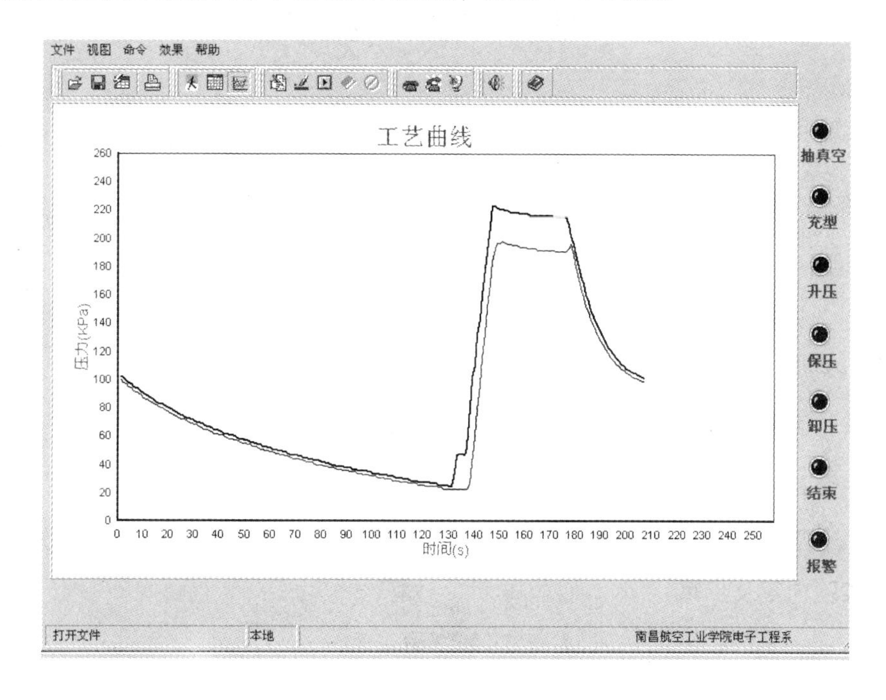

图7-21 最优方案的工艺曲线

五、思考题

（1）什么是反重力铸造法，它包括几种方法，目前亟待解决的问题是什么？

（2）简述真空差压铸造设备的结构图。

（3）真空差压铸造法分为5个阶段：抽真空、充型、升压、保压和卸压。用计算机模拟真空差压铸造法的整个过程，然后绘制真空差压铸造法的工艺曲线，简述其工作原理。

第七节 金属液态成型铸件质量分析

一、实验目的

（1）认识几种工业上常用的典型铸造铝合金、镁合金、黑色合金的显微组织，辨别铸造合金中常见的相。

（2）了解变质处理、热处理、铸造工艺对组织和性能的影响。

（3）对前期浇注的铸造铝合金和铸铁试件进行金相试样的制备。

（4）观察不同铸造工艺所浇注的铸造铝合金和铸铁金相组织的特点。

二、实验设备及材料

设备：金相显微镜。

材料：金相试片每大组一套。

三、实验内容及步骤

（1）观察所给几种铸造铝合金、镁合金、黑色合金的显微组织，辨别铸造合金中常见的相。

（2）在实验前认真阅读指导书及有关原理，根据合金状态图及化学成分找出合金在状态图中的位置，搞清合金应有的显微组织。

（3）每大组领取金相试片一套，由组长负责，分配给各小组（2 人），轮流进行观察，画出组织示意图，指出合金的相。

（4）实验结束后必须把显微镜及有关物品收拾整齐，把实验室打扫干净。

四、实验报告要求

（1）实验报告内容包括：实验目的、实验原理、实验设备及材料、实验内容及步骤、实验数据及分析。

（2）重点写出综合实验的内容设计及步骤。

（3）分析自己设计实验的结果及产生的原因。

（4）写出创新实验的心得体会。

（5）采用统一实验报告格式，字迹工整。

五、思考题

（1）画出合金的显微组织示意图，并详细标明合金牌号、成分、工艺处理状态、组织组成及相组成、腐蚀剂、放大倍数、合金的性能特点。

（2）简要说明合金成分、工艺处理状态（变质处理、未变质处理、砂型铸造、金属型铸造、热处理）对合金组织、性能的影响，并说明合金元素在合金中的作用。

第八章 液态成型模具设计与拆装实验

实验目的：

（1）通过“液态成型模具设计与拆装实验”，了解液态成型各类模具的相关原理和基本结构特点，掌握模具拆装、测绘的基本方法与技能，熟悉相关测绘工具的使用，对模具安装和调试过程以及模具—工艺—设备之间的关系有初步认识，从而进一步加深理解“液态金属成型工艺”、“液态成型模具设计”、“塑料成型工艺及模具设计”、“模具制造”等课程的内容。

（2）通过本实验，锻炼学生的形象思维能力，开发学生的创造思维能力，进一步提高学生的综合素质，培养学生在液态成型模具方面的设计能力。

实验要求：

（1）实验前应认真预习有关内容，解答预习题，未完成预习题解答者不得参加实验。

（2）实验过程中要求“人人参加，个个动手”，所有参加实验人员必须认真仔细地拆装，较大的模具要利用开模装置从分型面上打开，不要乱敲乱打，并注意自身安全和保护模具。

（3）测绘实验模具数值精确到小数点后两位，并详细记录，绘制草图。

（4）测绘完成后所有打开的模具一律要装配回原样，放回原地。

（5）实验完成后离开实验室时，所记录的数据和绘制的草图交指导老师检查并签章。

（6）实验报告应独立完成，指导老师签名的草图也一齐上交。实验报告如缺少指导老师的签章，不得计成绩。

第一节　液态成型模具基础实验

一、实验设备与材料

（1）铸模：压铸模、注塑模、木模、金属型、蜡型、模板。

（2）开合模装置：压铸模开合模装置、注塑模开合模装置、金属型开合模装置。

（3）测量工具：千分尺、高度尺、深度尺、万能角度尺、量角器、直尺、游标卡尺。

（4）扳手：内六角扳手、活动扳手、套筒扳手、固定扳手。

二、实验内容及步骤

（1）利用开合模装置将压铸模、注塑模、金属型、木模、蜡型打开，仔细观察其基本结构组成，并将其主要结构零件名称填入表 8-1 中。

表 8-1 铸模的主要结构零件

模具类别	成型零件		抽芯机构	推出机构	安装、吊装
	零件名称	材料与热处理			
压铸模					
注塑模					
金属型					

续表 8-1

模具类别	成型零件		抽芯机构	推出机构	安装、吊装
	零件名称	材料与热处理			
金属型					
木模与砂型模板					
蜡　型					

（2）应用测量工具测量下列零件的尺寸（见表8-2），并比较测量工具的测量精度。

表8-2 零件的尺寸

零件名称	测量工具	尺寸数值	测量工具	尺寸数值	尺寸差值
导柱外径	千分尺		游标卡尺		
浇道深度	深度尺		游标卡尺		
模具定位孔坐标	高度尺		直 尺		
镶块角度	万能角度尺		量角器		

第二节　压铸模拆装测绘实验

通过对一副压铸模全面拆装、测绘，弄清各部件的原理、结构并绘出草图。当绘某一部分草图时，其他部分形状尺寸可忽略。

一、实验设备及材料

（1）压铸模。

（2）压铸模开合模装置。

（3）吊车或起重葫芦。

（4）测量工具：千分尺、高度尺、深度尺、万能角度尺、量角器、直尺、游标卡尺。

（5）扳手：内六角扳手、活动扳手、套筒扳手、固定扳手。

二、实验内容及步骤

因压铸模实物质量很大，在吊运、打开过程中，同组人要互相配合，注意安全。

（1）将压铸模从分型面上分开，进行型腔测绘（含动、定模）并绘制草图，说明模具材料牌号及热处理要求。

（2）对压铸模的浇道进行测绘并绘出草图，说明模具材料牌号及热处理要求。

（3）对压铸模的溢流、排气系统进行测绘并绘出草图，说明模具材料牌号及热处理要求。

（4）对压铸模的分型面及导柱、导套进行测绘并绘出草图，说明模具材料牌号及热处理要求。

（5）对压铸模推出机构进行测绘并绘制草图（含推杆、复位杆、推板、推板固定板），说明模具材料牌号及热处理要求。

（6）对压铸模安装机构进行测绘并绘制草图，说明模具材料牌号及热处理要求。

（7）对压铸模抽芯机构进行测绘并绘制草图，说明模具材料牌号及热处理要求。

（8）对压铸模的吊运机构进行测绘并绘制草图，说明材料牌号及热处理要求。

（9）对压铸模的冷却水路进行测绘并绘制草图，说明材料牌号及热处理要求。

三、思考题

（1）斜导柱的抽芯机构由哪些基本零件构成？

（2）压铸模在制造过程中要经过几次热处理？

（3）压铸模是否一定要设计排气槽？

（4）压铸模是否可以免去吊运机构？

（5）压铸模在什么情况下需要冷却水路？

第三节 注塑模拆装测绘实验

通过对一副注塑模全面拆装、测绘，弄清各部件的原理、结构并绘出草图。当绘某一部分草图时，其他部分形状尺寸可忽略。

一、实验设备及材料

（1）注塑模。

（2）注塑模开合模装置。

（3）测量工具：千分尺、高度尺、深度尺、万能角度尺、量角器、直尺、游标卡尺。

（4）扳手：内六角扳手、活动扳手、套筒扳手、固定扳手。

二、实验内容及步骤

（1）将注塑模从分型面上分开，进行型腔测绘（含动、定模）并绘制草图，说明模具材料牌号及热处理要求。

（2）对注塑模的浇道进行测绘并绘出草图，说明模具材料牌号及热处理要求。

（3）对注塑模的排气系统进行测绘并绘出草图，说明模具材料牌号及热处理要求。

（4）对注塑模的分型面及导柱、导套进行测绘并绘出草图，说明模具材料牌号及热处理要求。

（5）对注塑模推出机构进行测绘并绘制草图（含推杆、复位杆、推板、推板固定板），说明模具材料牌号及热处理要求。

（6）对注塑模安装机构进行测绘并绘制草图，说明模具材料牌号及热处理要求。

（7）对注塑模抽芯机构进行测绘并绘制草图，说明材料牌号及热处理要求。

（8）对注塑模的吊运机构进行测绘并绘制草图，说明材料牌号及热处理要求。

（9）对注塑模的冷却水路和恒温油路进行测绘并绘制草图，说明材料牌号及热处理要求。

三、思考题

（1）注塑模是根据压铸模的设计原理发展起来的，至今压铸模与注塑模设计的异同点有哪些？

（2）要获得表面非常光亮的注塑件，注塑模该如何设计？

（3）注塑模在什么情况下才需要设计冷却水路与恒温油路？

第四节　金属型拆装测绘实验

通过对一副金属型全面拆装、测绘，弄清各部件的原理、结构并绘出草图。当绘某一部分草图时，其他部分形状尺寸可忽略。

一、实验设备及材料

（1）金属型。
（2）金属型开合模装置。
（3）测量工具：千分尺、高度尺、深度尺、万能角度尺、直尺、游标卡尺。
（4）扳手：内六角扳手、活动扳手、套筒扳手、固定扳手。

二、实验内容及步骤

（1）对金属型从分型面上打开，进行测绘，绘出左、右半型图纸，测量尺寸的实际值，要有粗糙度，说明模具材料牌号及热处理要求。

（2）对金属型的浇道、冒口、排气机构进行拆装、测绘并绘出草图。绘草图时，可在一半型上表示。

（3）绘出金属型的分型面及定位销的草图。绘草图时，铸件型腔尺寸只要示意即可。

（4）绘制金属型推出机构草图（含推杆、复位杆、推板、推板固定板）。绘草图时，铸件型腔尺寸只要示意即可。

（5）绘制金属型安装机构草图，并说明搬运方式。绘草图时，其他部分尺寸只要示意即可。

（6）对金属型的冷却水路进行测绘并绘制草图，说明材料牌号及热处理要求。

三、思考题

（1）金属型的抽芯方式分哪几种？
（2）用铝合金作为金属型材料可以吗？
（3）金属型冒口的功能有哪些？
（4）金属型在什么情况下才需要设计冷却水路？
（5）金属型在什么情况下不需要设计推出机构？

第五节 蜡型拆装测绘实验

通过对一副蜡型全面拆装、测绘，弄清各部件的原理、结构并绘出草图。当绘某一部分草图时，其他部分形状尺寸可忽略。

一、实验设备及材料

（1）蜡型。
（2）蜡型开合模装置。
（3）测量工具：千分尺、高度尺、深度尺、万能角度尺、直尺、游标卡尺。
（4）扳手：内六角扳手、活动扳手、套筒扳手、固定扳手。

二、实验内容及步骤

（1）蜡型从分型面上打开，进行测绘，绘出左、右半型图纸，测量尺寸的实际值，要有粗糙度，说明模具材料牌号及热处理要求。

（2）对蜡型的浇道、冒口、排气机构进行拆装、测绘并绘出草图。绘草图时，可在一半型上表示。

（3）绘出蜡型的分型面及定位销的草图。绘草图时，铸件型腔尺寸只要示意即可。

（4）绘制蜡型推出机构草图（含推杆、复位杆、推板、推板固定板）。绘草图时，铸件型腔尺寸只要示意即可。

（5）绘制蜡型安装机构草图，并说明搬运方式。绘草图时，其他部分尺寸只要示意即可。

（6）对蜡型的冷却水路进行测绘并绘制草图，说明材料牌号及热处理要求。

三、思考题

（1）能做蜡型的材料有哪几种？
（2）蜡型与注塑模的异同点是什么？
（3）防止蜡型变形的措施有哪些？

第六节 木模与砂型模板拆装测绘实验

通过对一副木模与砂型模板全面拆装、测绘，弄清各部件的原理、结构、绘出草图。当绘某一部分草图时，其他部分形状尺寸可忽略。

一、实验设备及材料

（1）木模与砂型模板。

（2）木模与砂型模板开合模装置。

（3）测量工具：千分尺、高度尺、深度尺、万能角度尺、直尺、游标卡尺。

（4）扳手：内六角扳手、活动扳手、套筒扳手、固定扳手。

二、实验内容及步骤

（1）选定一木模、浇道及冒口，测量其拔模斜度、内外圆角，分析并说明其分型面、表面粗糙度。

（2）选定一功能齐全的砂型铸造模板，仔细观察并绘出草图，在草图上注明模板 x、y、z 三方向的基准。

（3）测量模板离地面高度尺寸（垫块高度）。

（4）测量模板与砂箱的定位距离。

（5）观察上模板中浇道及冒口是不是活动的并绘出草图。

三、思考题

（1）为什么木模称为“模”，而金属型、蜡型却称为“型”？

（2）砂型模板主要组成部分有哪些？

（3）砂型模板定位基准的要求是什么？

第七节 砂型模板制作实验

通过对砂型模板制作，懂得砂型模板基准、方向、定位、加工余量的重要性和如何确定这些参数。

一、实验设备及材料

(1) 木模基础模板（有与砂箱相配的导销孔）。
(2) 砂箱（砂箱的导销孔能与基础模板相配）。
(3) 测量工具：万能角度尺、直尺、角尺、游标卡尺。
(4) 木工工具：锯、刨、锉、砂布。

二、实验内容及步骤

(1) 由模板造型浇注的铸件能满足加工尺寸：直径为30mm、高50mm的圆柱体。要求木模有拔模斜度、加工余量，表面用砂布磨光，而且必须分成两个半圆做模板。

(2) 根据铸件形状尺寸制作木模，先锯一段木料（其尺寸能满足铸件尺寸和加工余量），然后将木料固定，刨出半圆形和两端拔模斜度毛坯，再用锉修整，测量尺寸，满足要求后用砂布磨光。

(3) 在基础模板上确定上、下模板木模固定的位置并画线（可选择基础模板上的导销孔为基准线，需特别注意正反方向），检查确定木模固定的位置尺寸、方向正确后，用A、B胶将木模固定在基础模板上。

(4) 选择大小、长短合适的浇口棒、冒口棒并安放在合适位置组成浇冒系统。

(5) 利用所制砂型模板造型。砂箱与模板用定位销定位。

(6) 浇注。

(7) 检验。用游标卡尺检测，两个半圆相互错位在1mm范围内。如不合格需重做。

三、思考题

(1) 确保铸件分型面不错位的措施是什么？
(2) 制造砂型模板常用材料有哪几种？

第八节　各类模具的结构特点比较与分析

（综合实验报告）

实验报告内容主要有：

（1）预习题、实验草图根据实验时记录在实验指导书中的内容判分，不必重写。

（2）塑模装配图、压铸装配图需另附图纸，且用手工画。

（3）综合比较分析各种液态成型模具的特点及异同点。

1）各种液态成型模具浇道、冒口、排气系统特点及异同点。

2）各种液态成型模具导向、定位系统特点及异同点。

3）各种液态成型模具推出、取件系统特点及异同点。

4）各种液态成型模具抽芯机构的特点及异同点。

5）结合你在实验中所制模板浇出铸件的质量，说明合格的砂型模板制作关键点是什么。

6）将图8-1和图8-2两幅模具图结构组成名称依序号注明在表格中，并找出模具图里的错误。

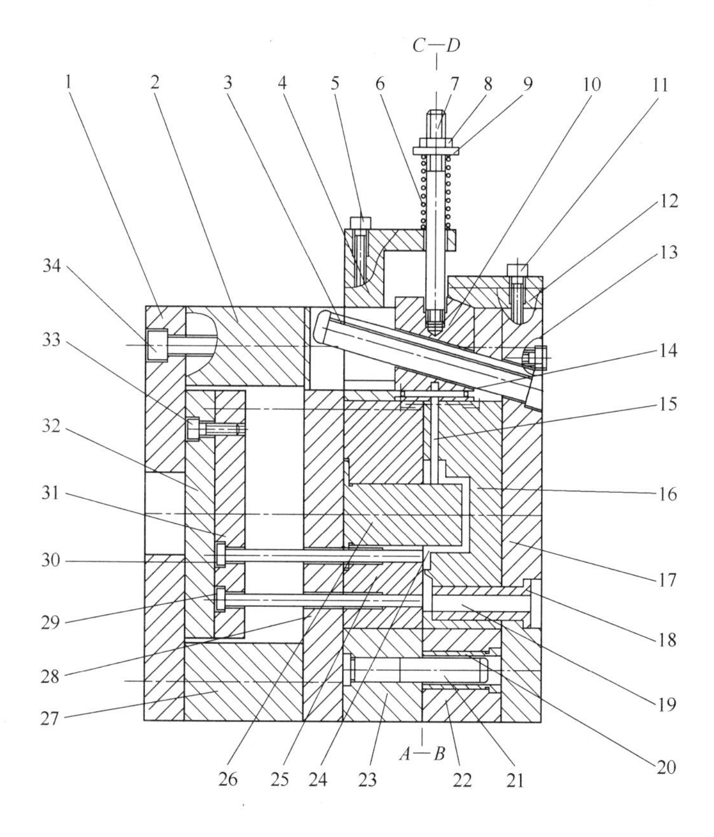

1	2	3
4	5	6
7	8	9
10	11	12
13	14	15
16	17	18
19	20	21
22	23	24
25	26	27
28	29	30
31	32	33
34		

图8-1　模具结构图一

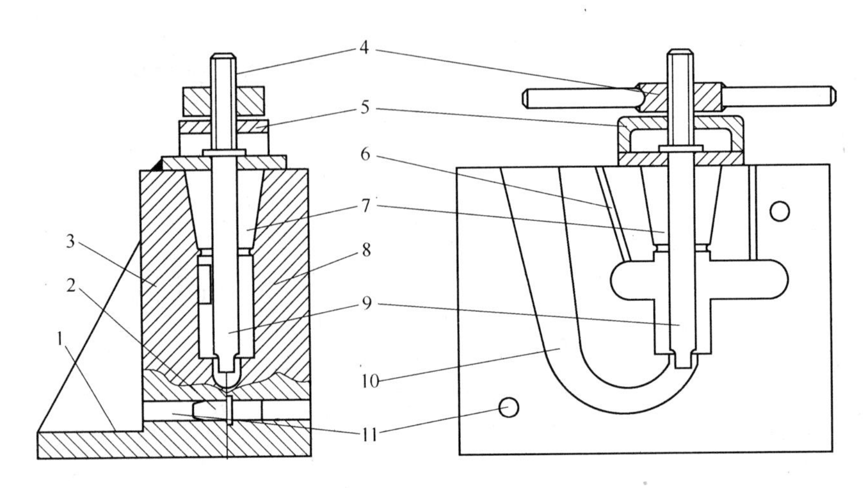

图 8-2 模具结构图二

1	2	3
4	5	6
7	8	9
10	11	

7）写出其他方面体会。

第三篇　模拟计算型实验

第九章　铸件凝固过程的温度场数值模拟

一、实验目的

（1）应用 JSCAST 软件进行简单铸件的凝固过程的模拟，了解铸件凝固传热的基本原理，掌握铸件凝固模拟计算所需要的条件。

（2）通过分析温度场、固相率等随时间变化的图像，初步判断铸件热节的位置。

（3）（选做）了解材料变化和网格尺寸变化对模拟结果和模拟过程的影响。

二、实验原理

金属铸造成型中的凝固过程是指高温液态金属由液相向固相的转变过程。在这一过程中，高温液态金属所含热量必然会通过各种途径向铸型和周围环境传递，液态金属逐步冷却并凝固，最终形成铸件。

铸件凝固过程数值模拟的主要任务就是基于凝固过程的传热模型，在已知初边值条件下利用数值方法求解该传热模型，获取温度场及其变化过程的信息，并根据温度场的分布，分析与温度或温度梯度变化相关的凝固现象，并预测铸件成型质量。

JSCAST 采用直接差分法对温度场进行数值计算，求解铸件凝固过程的温度场变化需要考虑几个基本假设：

（1）金属液充型时间极短，充型期间金属液和铸型内的温度变化可忽略不计；

（2）金属液充满模腔后瞬间开始凝固；

（3）不考虑凝固过程中的传质影响（该假设一般不适合厚大铸件）；

（4）忽略金属液过冷，即凝固是从给定的液相线温度开始至固相线温度结束，假设金属液的凝固是在平衡状态下完成的；

（5）铸件、铸型系统的传热主要受铸件、铸型以及铸件-铸型界面和铸件-铸型界面涂料层的热传导控制。

（一）传热方程

在直角坐标系中，凝固过程模拟也就是求解方程式（9-1）的过程。

$$\rho c \frac{\partial T}{\partial t} = \frac{\partial}{\partial x}\left(k_x \frac{\partial T}{\partial x}\right) + \frac{\partial}{\partial y}\left(k_y \frac{\partial T}{\partial y}\right) + \frac{\partial}{\partial z}\left(k_z \frac{\partial T}{\partial z}\right) + \rho L \frac{\partial f_s}{\partial t} \tag{9-1}$$

式中　k_x，k_y，k_z——分别为沿 x、y、z 方向的热导率；
T——温度；
t——时间；
ρ——材料密度；
c——材料比热容；
L——比潜热；
f_s——凝固温度区间内的固相质量分数。

式（9-1）表明：基于能量守恒原理，微元体单位时间温度变化获得的热量等于单位时间由 x、y、z 三个方向传入微元体的热量加上微元体单位时间相变释放的热量。对于铸件、铸型系统中无相变材料的导热而言，式中右边最后一项等于零。

（二）初始条件

一般情况下，将铸件初始温度 T_c 定义为等于铸液浇注温度，铸型初始温度 T_m 定义为铸型预热温度或室温。

（三）边界条件

铸件热传导问题的边界条件有三种形式，分别为：

（1）第一类边界条件，边界上的温度已知，即

$$T = T(s, t) \tag{9-2}$$

（2）第二类边界条件，边界上的热流量为已知，即

$$q = -k\frac{\partial T}{\partial n} \tag{9-3}$$

（3）第三类边界条件，边界上进行自由热交换，即

$$-k\frac{\partial T}{\partial n} = h(T - T_\infty) \tag{9-4}$$

式中　h——边界换热系数；
T，T_∞——分别为边界单元温度和环境温度。

（四）潜热处理

JSCAST 采用温度补偿法来处理潜热，可理解为液态金属凝固时释放出的潜热全部用来补偿由传热造成的温度下降。用于处理潜热的补偿温度可以用式（9-5）来计算。

$$\Delta T = \frac{L}{c} \tag{9-5}$$

温度场数值解稳定收敛的基本条件为：

$$\Delta t < \frac{(\Delta x)^2}{6\alpha} = \frac{\rho c}{6\lambda}(\Delta x)^2 \tag{9-6}$$

式中　Δt——时间步长；
Δx——最小单元尺寸；
λ——导热系数；
α——热扩散系数，它可以用式（9-7）计算：

$$\alpha = \frac{\lambda}{\rho c} \tag{9-7}$$

三、实验步骤

（一）常规凝固模拟实验

（1）提取文件。在“我的电脑”D 盘下建立名称为“学号_Heat”的文件夹；将实验教材光盘中“JSCAST_Heat”文件夹内的所有文件存储到新建的文件夹里。

（2）建立计算目录。由开始菜单启动 JSCAST。在 JSCAST 弹出的对话框中选择“新建”，点击“确定”，出现新的对话框，输入项目名“1”（项目名为该文件下的子文件夹名），点击“参照”，选择步骤 1 中建立的文件夹，再点击“确定”。

（3）选择材料。出现物理参数的输入画面，选择物理参数——铸件（15Cr3Mo）、冷铁（CHILL）、铸型（SAND），并注册物理参数（见图 9-1）。

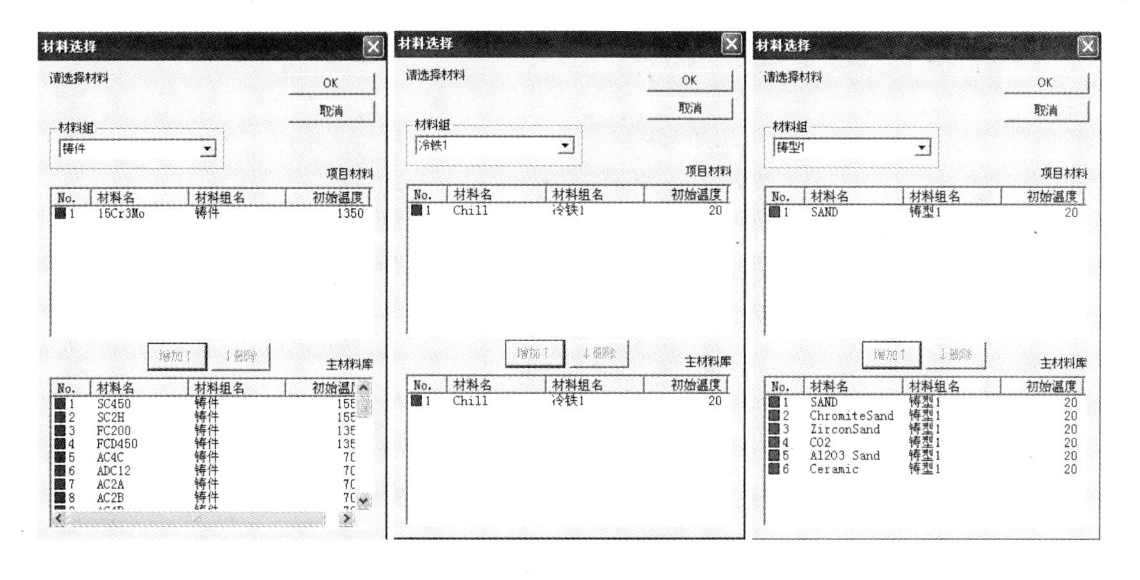

图 9-1 材料选择对话框

（4）导入 STL 格式文件。选择“文件”→“导入”STL（一种 3D 模型文件格式，STereo Lithography 的缩写）文件，出现对话框，选择“学号_Heat”文件夹中的 STL 文件，铸件和冷铁的 STL 数据依次被输入，并匹配材料，实体形状被显示出来（见图 9-2）。

如果需要调整实体位置，单击“编辑”→“形状编辑”→“形状移动”→“平面”，进行必要的实体移动。

（5）网格剖分。

1）制作铸型。单击“制作”菜单中的“网格剖分”→“铸型定义”，出现对话框，在铸型的设定方法中选择“铸型厚度”，最小值输入“200，200，200”，最大值输入“0，200，200”，单击“应用”，再单击“关闭”。

2）网格剖分。

单击“制作”菜单中的“网格剖分”→“自动剖分”，用键盘输入最小间隔为 10 ~

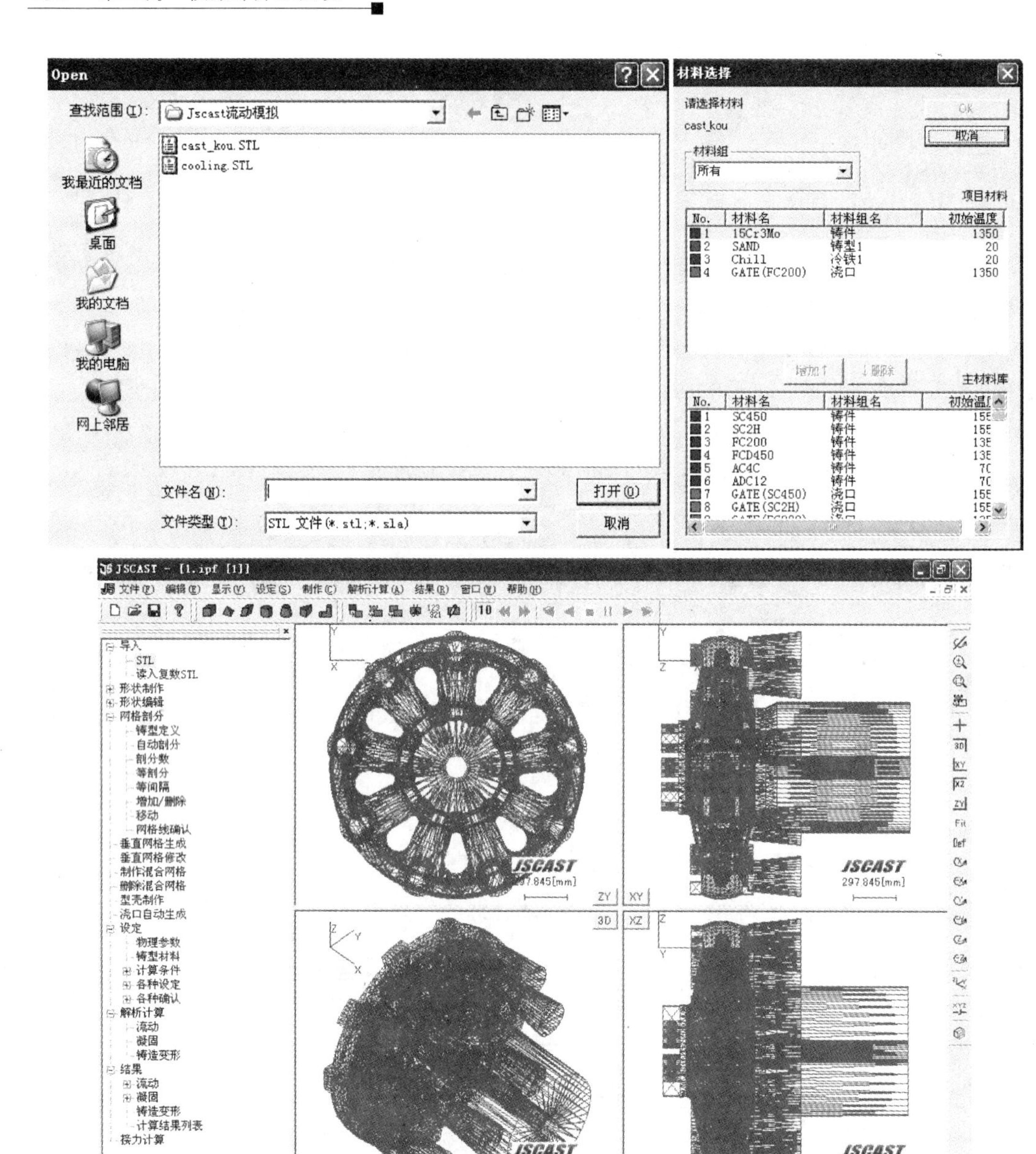

图 9-2 导入几何体

20，最大间隔为 30~40，点击“应用”，预览自动剖分，再单击“关闭”。

单击“制作”菜单中的“垂直网格生成”，选择铸型材料为“SAND”，在垂直网格对话框中设定铸件优先权。单击“开始”按钮，垂直网格生成（见图 9-3）。

（6）计算条件设定。

1）设定通用条件。从“设定”菜单中选择“计算条件”→“通用”，外界气体的温度输入 20，保温温度输入 20，型腔内温度输入 20，单击“OK”。

2）设定凝固条件。从“设定”菜单中选择“计算条件”→“凝固”，根据需要检查和修改凝固参数，单击“OK”（见图 9-4）。

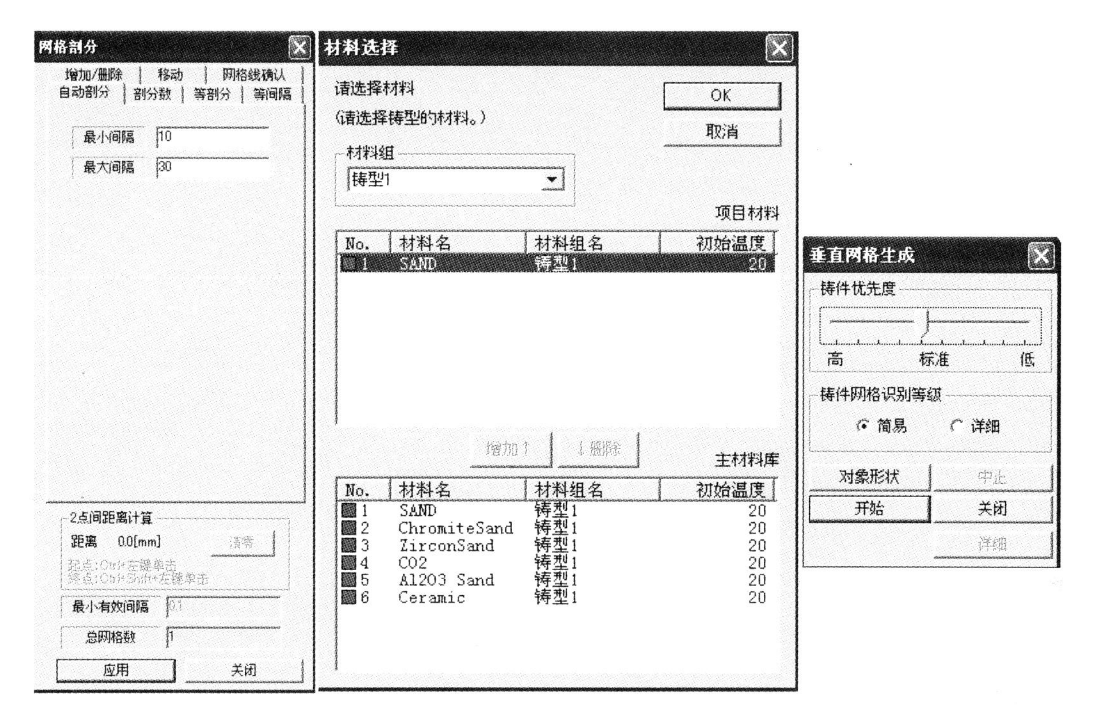

图 9-3 网格剖分对话框

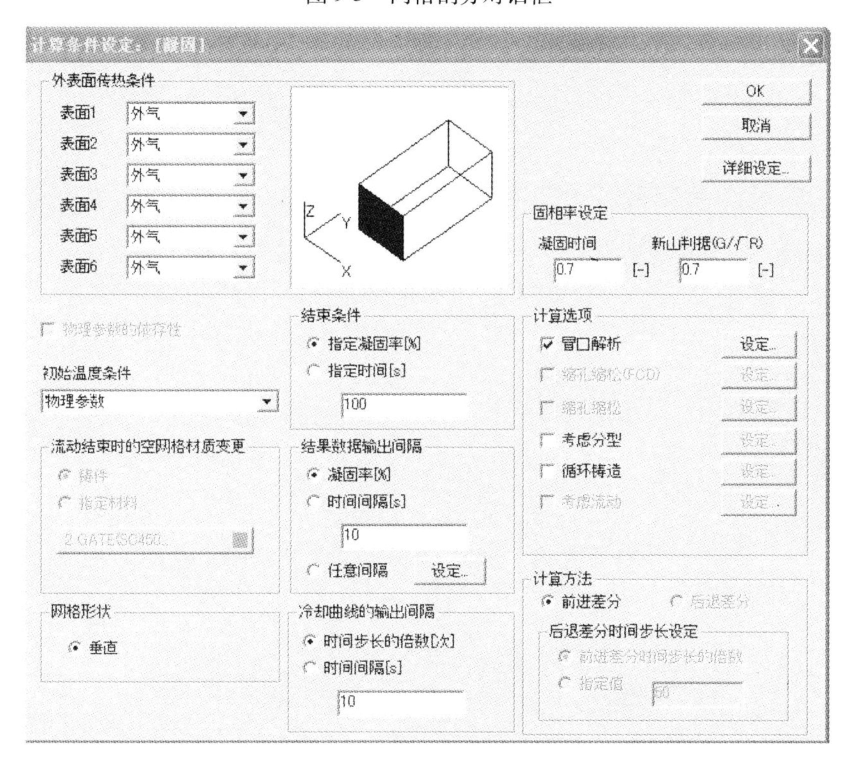

图 9-4 设置凝固条件

（7）解析计算。选择“解析计算”→“凝固”，出现开始计算的确认对话框，点击“是”，开始凝固计算（见图 9-5）。

图 9-5　凝固计算进展

（8）结果的输出。

1）温度场变化。单击“结果”→“凝固”→“温度分布”，出现温度分布对话框，修改合适“范围”，适当运用截面工具，播放动画，观察温度场的变化情况，推断热节可能出现部位（见图 9-6）。

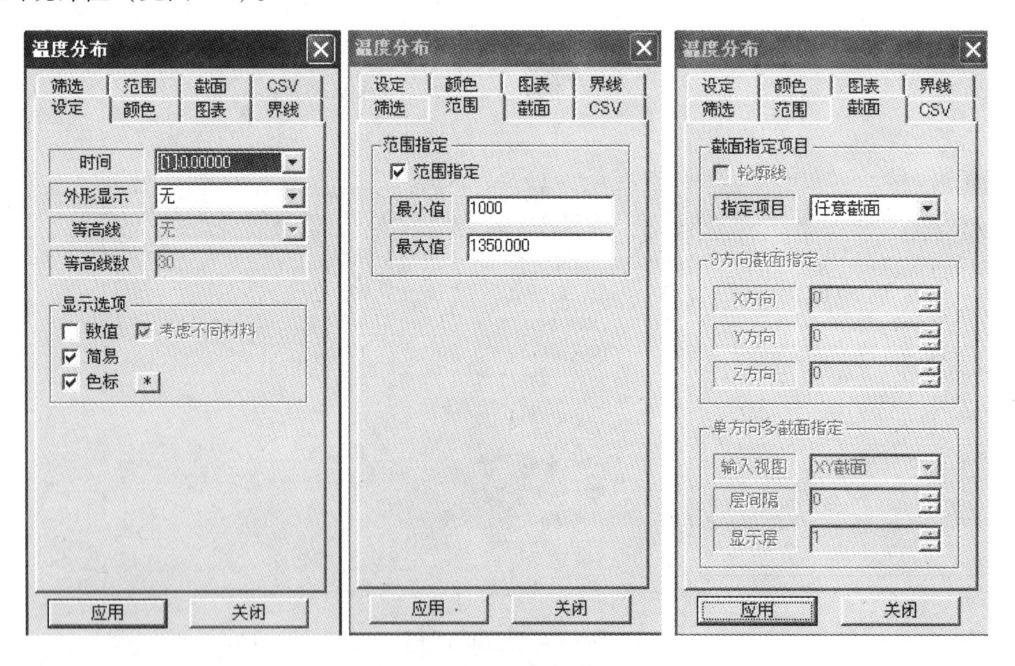

图 9-6　温度分布各项设置

输出要求：将某时刻温度场的状态按层序列输出不少于 10 张图像（右击鼠标选择输

出图像模式，点击“制作”即可输出）（见图 9-7，图中灰度的变化原为彩色，可与计算机软件提供的色谱对照查看温度场的变化）；将结果按时间序列连续输出不少于 10 张图像（见图 9-8，图中灰度的变化原为彩色，可与计算机软件提供的色谱对照查看温度场的变化）。保存路径：“D：\学号_Heat\1\Output”。

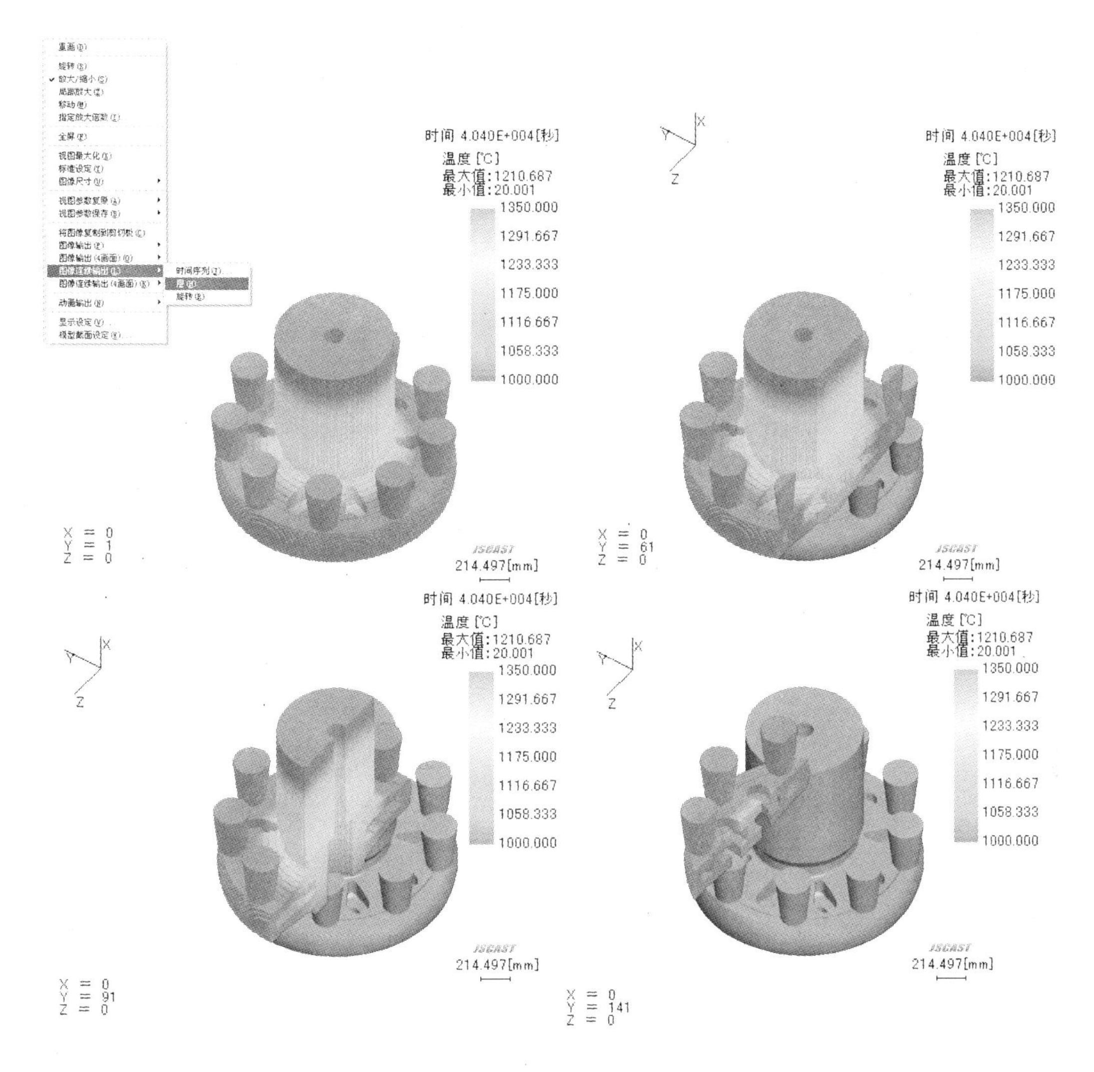

图 9-7　温度场的状态按层序列显示图像

同时，各选择 4～6 张图片打印、粘贴到“实验报告”的实验结果部分。

2）固相率变化。单击“结果”→“凝固”→“固相率分布”，出现固相率分布对话框，观察固相率随时间的变化情况。

输出要求：将固相率按时间序列连续输出不少于 10 张图像，保存到“D：\学号_Heat\1\Output”。

同时，选择 4～6 张图片打印、粘贴到“实验报告”的实验结果部分。

3）凝固过程。单击“结果”→“凝固”→“凝固过程”，弹出对话框，选择合适的帧数，观察凝固过程（见图 9-9，图中灰度的变化原为彩色，可与计算机软件提供的色谱

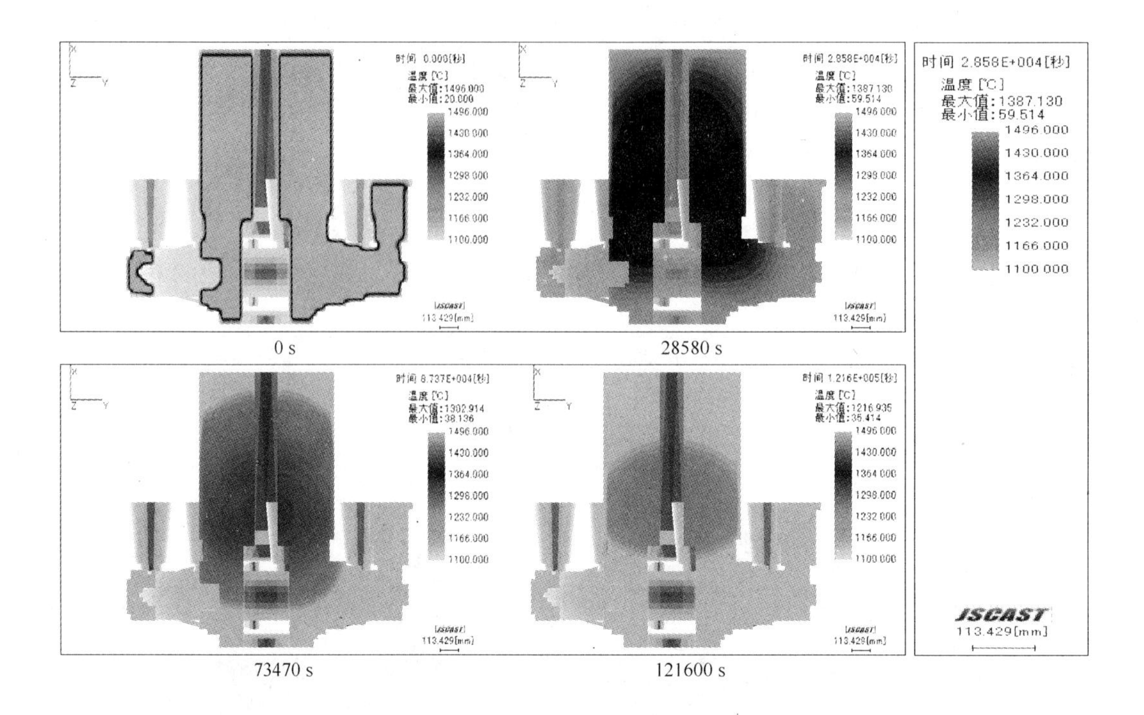

图 9-8 温度场的状态按时间序列变化图像

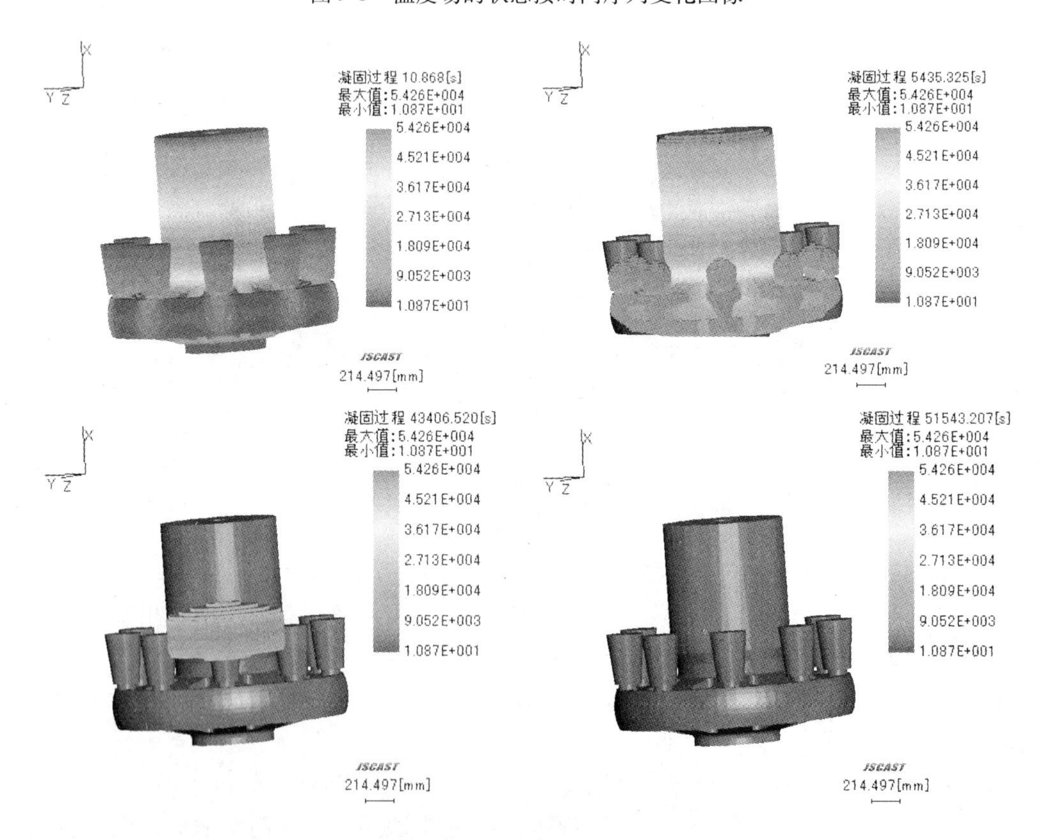

图 9-9 凝固过程显示模式

对照查看凝固过程变化)。

输出要求：将凝固过程按时间序列连续输出不少于10张图像，保存到“D:\学号_Heat\1\Output”。

同时，选择4~6张图片打印、粘贴到“实验报告”的实验结果部分。

(二) 选做提升实验之一——变更材料

(1) 在“学号_Heat”中新建项目名“2”，进行第二组实验。

(2) 编辑铸件材料。

出现物理参数的输入画面后，选择“取消”。

追加材料：单击“设定”→“物理参数”，出现物理参数设置对话框（见图9-10），点击“追加”，输入材料名“20MN5M”，选择材料组为“铸件”，材料类别为“铸件”，单击“OK”。

图9-10　物理参数设置对话框

编辑热物理参数：包括固液相线温度、初始温度、潜热、密度、比热容和热导率。其值设置见表9-1~表9-4，设定完成后单击“关闭”。

表9-1　20MN5M基本热物理参数

固相线温度/K	液相线温度/K	初始温度/K	潜热 K_j/K_g
1720	1776	1843	179.2

表9-2　20MN5M的密度和温度的关系

温度/K	460	1040	1440	1741	1782	1962
密度/kg·m^{-3}	7.73×10^{-3}	7.56×10^{-3}	7.38×10^{-3}	7.19×10^{-3}	6.92×10^{-3}	6.76×10^{-3}

表 9-3 20MN5M 的比热容和温度的关系

温度/K	673	873	1471	1473	1769	1873
比热容[$K_j/(K_g \times K)$]	0.64	0.74	4.2	4.2	2.7	0.82

表 9-4 20MN5M 的热导率和温度的关系

温度/K	460	640	1040	1440	1640	1761
热导率/W·(m·K)$^{-1}$	45.68	39.14	28.53	30.1	32.65	37.01

（3）导入 STL 文件：选择“学号_Heat”文件夹中的铸件和冷铁的 STL 文件，同时选择铸件的材料“20MN5M”，冷铁“CHILL”。

（4）其余设置同常规凝固模拟实验。

（5）结果的输出：输出结果同常规凝固模拟实验，保存路径:“D:\学号_Heat\2\Output”。

（三）选做提升实验之二——更改网格

（1）建立计算目录：启动 JSCAST，在“学号_Heat”中新建项目名“3”，点击“确定”。

（2）设置：网格剖分时最小间隔和最大间隔均变为原来的 2 倍，其余设置与常规凝固模拟实验相同。

（3）结果的输出：输出结果同常规凝固模拟实验，保存路径:“D:\学号_Heat\3\Output”。

四、思考题

（1）进行凝固过程模拟通常需要输入材料的哪些关键物理参数?

（2）请尝试分析此铸件的热节可能在哪些部位?

（3）（选做）铸件材质变化、网格尺寸大小对凝固过程数值模拟结果的影响大吗?

第十章

铸件充型过程的数值模拟

一、实验目的

（1）应用 JSCAST 软件进行简单铸件充型过程的模拟，了解铸件充型过程数值模拟的基本原理，掌握进行充型计算的必要条件。

（2）观察金属液在铸型内的流动状态，初步预测铸件在充型过程中出现的冲芯和浇不足等缺陷。

（3）（选做）了解充型速度和金属液黏度变化对充型过程数值模拟结果的影响。

二、实验原理

铸件充型过程中液态金属的流动遵循流体动力学规律，用质量守恒、动量守恒的基本控制方程描述；充型过程中金属液与铸型之间的热交换采用热量平衡方程描述。充型过程中金属液的流动属于不可压缩的牛顿型流体的非定常流动，通常认为是未发展的紊流流动，充型流动过程服从质量守恒、动量守恒和能量守恒，数学控制方程为连续性方程、Navier-Stokes 方程和能量方程。在三维直角坐标系下可表示为：

连续性方程（质量守恒）

$$D = \frac{\partial u}{\partial x} + \frac{\partial v}{\partial y} + \frac{\partial w}{\partial z} = 0 \tag{10-1}$$

Navier-Stokes 方程（动量守恒）

$$\left.\begin{aligned}
\rho\left(\frac{\partial u}{\partial t} + u\frac{\partial u}{\partial x} + v\frac{\partial u}{\partial y} + w\frac{\partial u}{\partial z}\right) &= -\frac{\partial p}{\partial x} + \rho F_x + \gamma \nabla^2 u \\
\rho\left(\frac{\partial v}{\partial t} + u\frac{\partial v}{\partial x} + v\frac{\partial v}{\partial y} + w\frac{\partial v}{\partial z}\right) &= -\frac{\partial p}{\partial y} + \rho F_y + \gamma \nabla^2 v \\
\rho\left(\frac{\partial w}{\partial t} + u\frac{\partial w}{\partial x} + v\frac{\partial w}{\partial y} + w\frac{\partial w}{\partial z}\right) &= -\frac{\partial p}{\partial z} + \rho F_z + \gamma \nabla^2 w
\end{aligned}\right\} \tag{10-2}$$

能量方程（能量守恒）

$$\rho c\frac{\partial T}{\partial t} + \rho cu\frac{\partial T}{\partial x} + \rho cv\frac{\partial T}{\partial y} + \rho cw\frac{\partial T}{\partial z} = \frac{\partial}{\partial x}\left(k\frac{\partial T}{\partial x}\right) + \frac{\partial}{\partial y}\left(k\frac{\partial T}{\partial y}\right) + \frac{\partial}{\partial z}\left(k\frac{\partial T}{\partial z}\right) + S \tag{10-3}$$

式中　u，v，w——分别为速度矢量在 x、y、z 方向上的分量；

D——散度；

p——单位密度的压力；

ρ——密度；

γ——动力学黏度；

F_x，F_y，F_z——分别为单位质量力在 3 个坐标轴上的分量；

∇^2——拉普拉斯算子，$\nabla^2 = \partial^2/\partial x^2 + \partial^2/\partial y^2 + \partial^2/\partial z^2$；

c——比热容；

T——温度；

S——源项。

式（10-3）左边的第 2、第 3、第 4 项为流体流动所引起的温度变化，该式表明此时的导热过程由两部分组成，除了流体的导热能力外，还依靠它的宏观位移来传递热量。

初始条件：$t=0$ 时的初始速度和初始压力。

边界条件：主要包括自由表面速度、自由表面压力、约束表面的速度与压力，以及温度边界条件。

求解方法：主要采用 SOLA-VOF 法。

稳定性条件：同凝固过程数值计算稳定性条件的处理方式相同，就是怎样选取充型流动控制方程中的增量计算的时间步长 Δt。时间步长的选取一般应考虑以下几个因素：

（1）在一个时间步长内，金属液流动前沿充满的单元数不超过 1 个或 1 层，于是有：

$$\Delta t_1 < \min\left\{\frac{\Delta x}{|u|}, \frac{\Delta y}{|v|}, \frac{\Delta z}{|w|}\right\} \tag{10-4}$$

（2）在一个时间步长内，动量扩散不超过 1 个或 1 层单元，由此得：

$$\Delta t_2 < \frac{3}{4} \times \frac{\rho}{\mu} \times \frac{(\Delta x)^2(\Delta y)^2(\Delta z)^2}{(\Delta x)^2(\Delta y)^2 + (\Delta y)^2(\Delta z)^2 + (\Delta z)^2(\Delta x)^2} \tag{10-5}$$

（3）在一个时间步长内，表面张力不得穿过 1 个以上或 1 层以上的网格单元，于是有：

$$\Delta t_3 < \left(\frac{\rho\nu}{4\sigma}\Delta x\right)^{\frac{1}{2}} \tag{10-6}$$

（4）如果考虑权重因子 a，则有：

$$\max\left\{\left|u\frac{\Delta t_4}{\Delta x}\right|, \left|v\frac{\Delta t_4}{\Delta y}\right|, \left|w\frac{\Delta t_4}{\Delta z}\right|\right\} < a \leqslant 1 \tag{10-7}$$

最终，可根据式（10-8）选取满足数值计算稳定性条件的最小时间步长 Δt：

$$\Delta t = \min(\Delta t_1, \Delta t_2, \Delta t_3, \Delta t_4) \tag{10-8}$$

三、实验步骤

（一）常规充型模拟

（1）提取文件。在“我的电脑”D 盘下建立“学号_Flow”的文件夹；将实验教材光盘“JSCAST_Flow”文件夹内的所有文件存储到新建的文件夹里。

（2）建立计算目录。启动 JSCAST，在“学号_Flow”中新建项目名“1”，然后点击“参照”，选择步骤 1 中建立的文件夹，再点击“确定”。

（3）选择材料。出现物理参数的输入画面后，选择物理参数：铸件（20MN5M）、冷铁（CHILL）、铸型（SAND）和浇口（20MN5M），并注册物理参数。

注意：浇口和铸件的材料初始温度要保证一样，20MN5M 浇口需要重新追加。

（4）编辑热物理参数。对于 20MN5M，需要设置材料的运动黏度。其值设置参照表 10-1，设定完成后单击“关闭”。

表 10-1　20MN5M 的运动黏度和温度关系

温度/K	1731	1763	1770	1773	1962
运动黏度/$mm^2 \cdot s^{-1}$	530	580	585	589	470

（5）导入 STL 文件。选择“学号_Flow”文件夹中的铸件和冷铁的 STL 文件，同时选择铸件的材料 15Cr3Mo，冷铁 CHILL。

（6）网格剖分。

1）制作铸型。同凝固模拟。

2）网格剖分。单击“制作”→“网格剖分”→“自动剖分”，最小间隔为 10 ~ 20，最大间隔为 30 ~ 40，点击“应用”→“关闭”。

单击“制作”→“垂直网格生成”，选择铸型材料为“SAND”，单击“开始”，垂直网格生成。

（7）浇口制作。单击“制作”菜单中的“浇口的自动生成”。

注意：在自动浇口生成的功能中，浇口自动识别为与砂箱表面相平的铸件网格。

（8）计算条件设定。

1）设定通用条件。使用默认条件。

2）设定流动条件。“设定”→“计算条件”→“流动”，设置浇注面、边界条件和重力条件等条件，单击“OK”（见图 10-1 和图 10-2）。

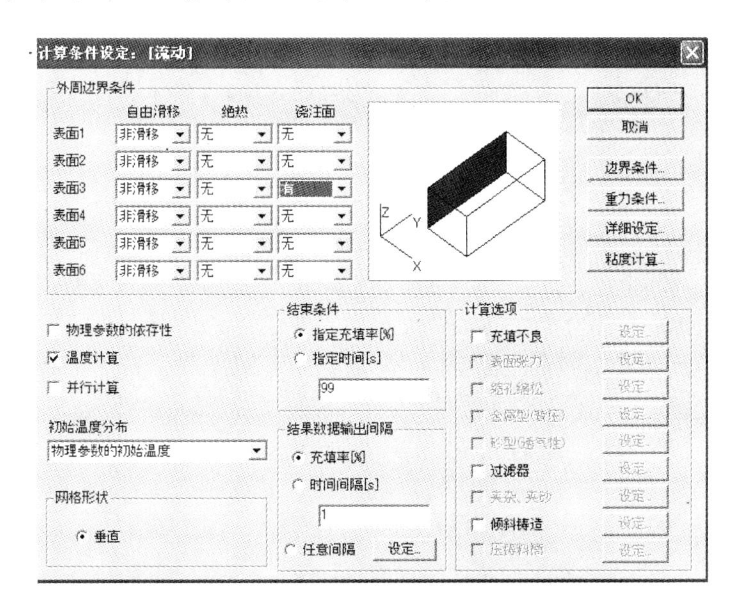

图 10-1　充型计算条件设定

在边界速度设置中，充填时间为 80s，利用充填时间反推浇注速度（见图 10-3）。

（9）分析计算。选择“解析计算”→“流动”，开始流动计算。

（10）结果的输出。

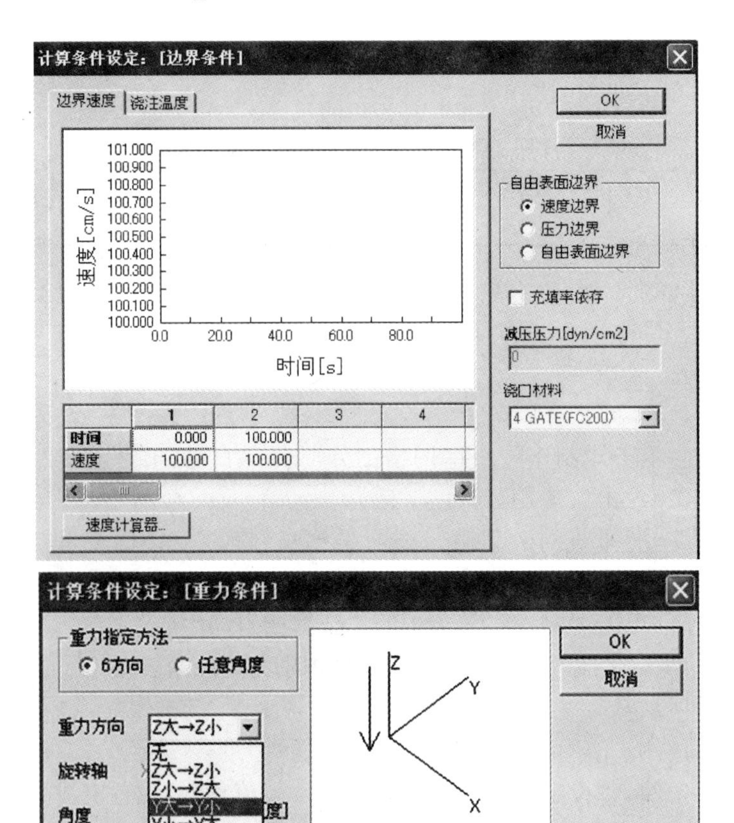

图 10-2 速度边界和重力条件设定

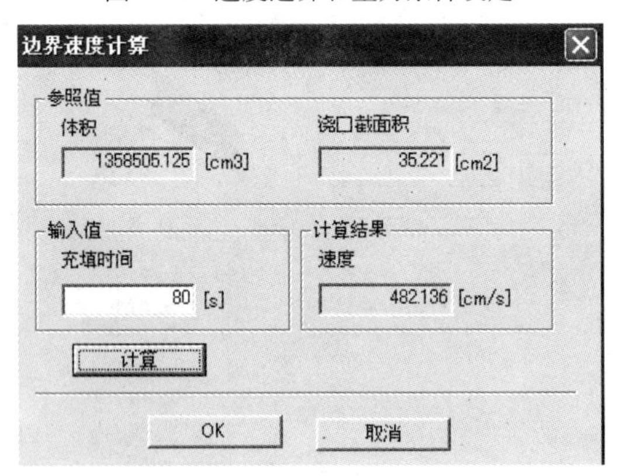

图 10-3 边界速度计算

1）充填状态。单击“结果”菜单中的“流动”→“充填状态”，出现充填状态对话框（见图 10-4）。

观察充填过程中的速度变化，充型是否平稳，是否有冲击砂芯和浇不足的现象。

输出要求：以 3D 视图和截面图将充填状态按时间序列分别连续输出不少于 15 张图像（见图 10-5，图中灰度的变化原为彩色，可与计算机软件提供的色谱对照查看充填速度的变化）。保存路径：“D:\学号_Flow\1\Output”。

同时，选择 4 ~ 6 张图片打印、粘贴到“实验报告”的实验结果部分。

2）单击“结果”菜单中的“流动”→“充填时间”，观察充填状态和时间的关系（见图 10-6，图中灰度的变化原为彩色，可与计算机软件提供的色谱对照查看充填状态的变化）。

输出要求：将结果按时间序列连续输出不少于 15 张图像。保存路径：“D:\学号_Flow\1\Output”。

同时，选择 4 ~ 6 张图片打印、粘贴到“实验报告”的实验结果部分。

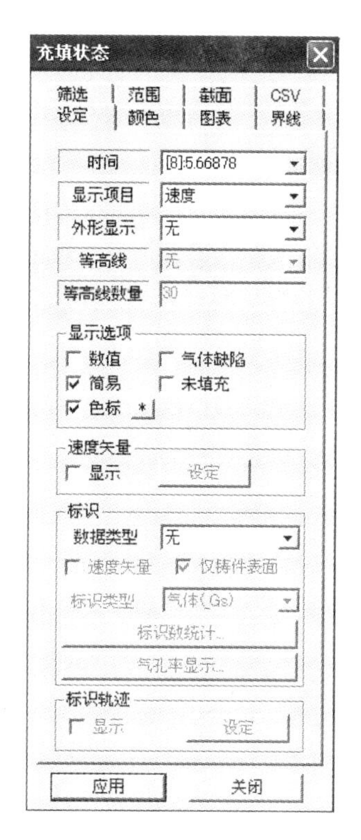

图 10-4　充填状态

（二）选做提升实验之一——提高浇注速度

（1）建立计算目录：启动 JSCAST，新建项目名“2”，点击“确定”。

（2）选择材料和其他步骤：同常规充型模拟实验。

（3）计算条件设定。

1）设定通用条件：使用默认条件。

2）设定流动条件：在边界速度中把速度变为原来的 2 倍。

（4）分析计算：选择“解析计算”→“流动”，开始流动计算。

（5）结果的输出。

与常规充型模拟实验对比，观察充填过程中的速度变化，充型是否平稳，是否有冲击砂芯和浇不足的现象。

输出要求：以 3D 视图将充填状态、充填时间按时间序列连续输出不少于 15 张图像。保存路径：“D:\学号_Flow\2\Output”。

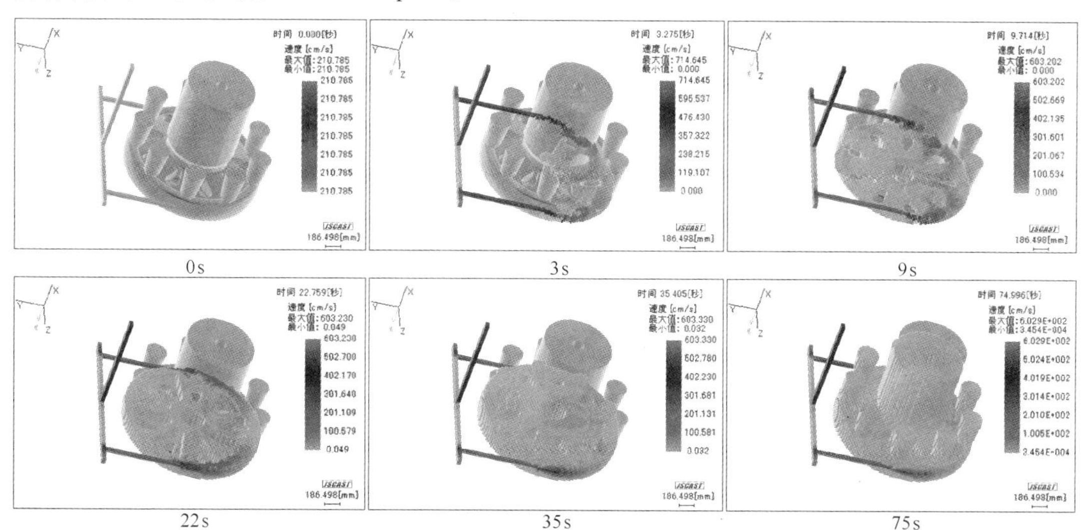

图 10-5　充填速度显示图像

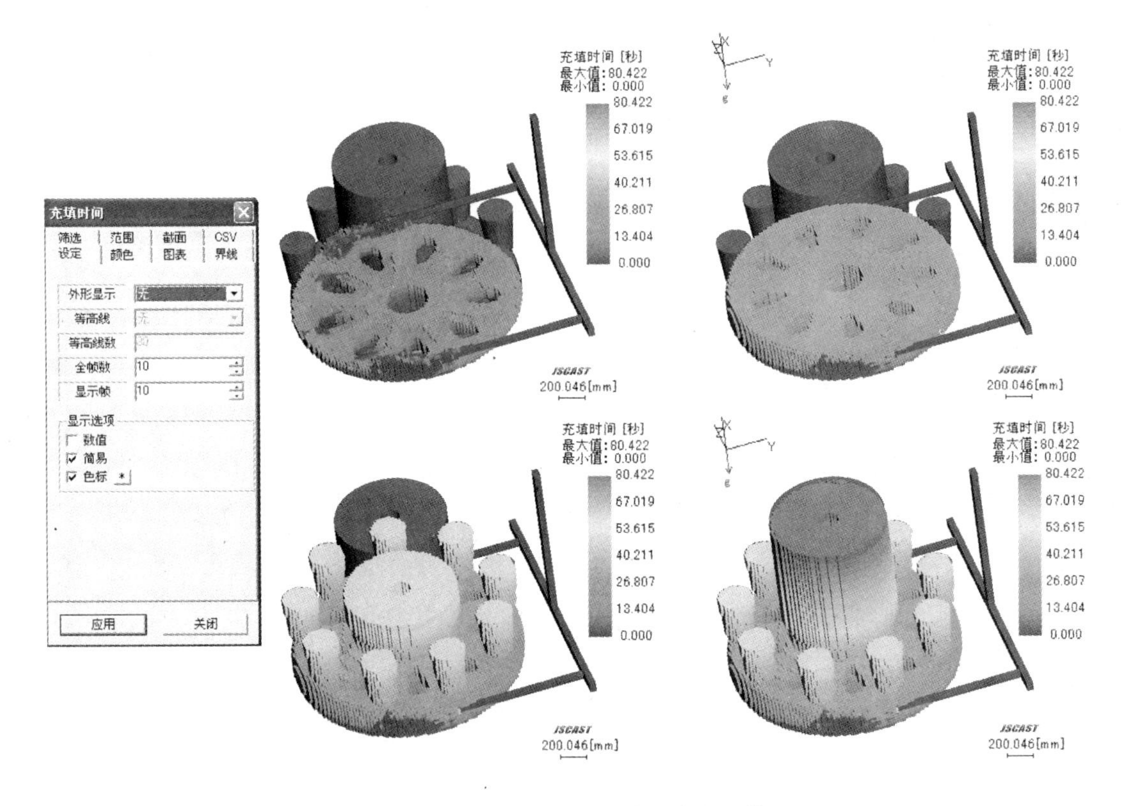

图 10-6 充填状态按时间序列变化图像

(三) 选做提升实验之二——变更黏度系数

(1) 建立计算目录：启动 JSCAST，新建项目名“3”，点击“确定”。

(2) 编辑热物理参数：对于 20MN5M，将原来的黏度系数均提高为原来的 2 倍，设定完成后单击“关闭”。

(3) 其他操作步骤和设置：同常规充型模拟实验。

(4) 分析计算：选择“解析计算”→“流动”，开始流动计算。

(5) 结果的输出。

与常规充型模拟实验对比，观察充填过程中的速度变化，充型是否平稳，是否有冲击砂芯和浇不足的现象。

输出要求：以 3D 视图将充填状态、充填时间按时间序列连续输出不少于 15 张图像。保存路径：“D:\学号_Flow\3\Output”。

四、思考题

(1) 进行铸件充型过程数值模拟需要首先设定哪些主要的参数?

(2) 结合充型过程和流速场模拟结果，分析铸件中哪些部位容易产生流动类型的铸造缺陷?

(3) (选做) 了解充型速度和金属液黏度对充型流动有何影响。

第十一章　铸造应力的模拟计算

一、实验目的

（1）应用 ProCAST 软件进行简单铸件的应力模拟，了解应力计算的基本模型和原理，了解在计算应力时的参数设置对计算结果的影响。

（2）通过观察 ProCAST 后处理应力分布，初步判断铸件有裂纹倾向的位置。

二、实验原理

铸件应力场数值模拟的主要任务：分析计算铸件在凝固过程中的热应力的产生与变化，预测铸件内的残余应力、残余应变和热裂倾向；借助计算分析结果优化铸件结构或铸造工艺，进而消除热裂，减小变形，降低残余应变和残余应力。目前，准固相区的铸件应力场分析趋向于采用材料流变学模型，而高温固相区的应力场分析多采用材料热弹塑性模型。

ProCAST 的应力模块中包含 5 个模型，分别为：Vacant、Rigid、Linear-Elastic（线弹性模型）、Elasto-Plastic（弹塑性模型）和 Elasto-ViscoPlastic（弹-黏塑性模型）。Vacant 表示不进行应力计算的区域，Rigid 区域中不做应力计算，但参与接触计算（即相邻域对刚体域的应力不产生形变）。线弹性模型、弹塑性模型和弹-黏塑性模型 3 个应力模型汇总在图 11-1 中。

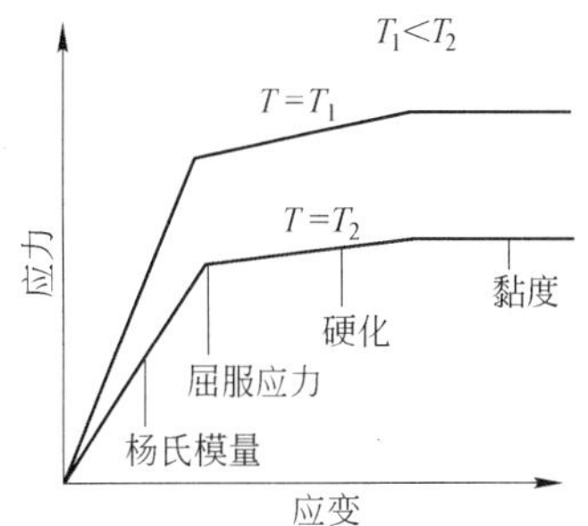

图 11-1　ProCAST 中的 3 个应力模型示意图

（一）线弹性模型

弹性模型以杨氏模量 E 为特征量，相当于应力-应变曲线初始的斜线部分，还应定义泊松比 μ 和线膨胀系数 $\alpha(T)$，它们的对应公式为：

$$\sigma = E(\varepsilon - \varepsilon^{T}) \tag{11-1}$$

$$\frac{\Delta d}{d} = \mu\varepsilon \tag{11-2}$$

$$\varepsilon^{T} = \alpha(T)(T - T_{ref}) \tag{11-3}$$

式中　σ ——纵向应力；

ε ——纵向应变；

ε^{T} ——热应变；

$\frac{\Delta d}{d}$——横向应变；

T——当前温度；

T_{ref}——参考温度。

（二）弹塑性模型

对于弹塑性模型，除了定义杨氏模量、泊松比和线膨胀系数外，还应定义屈服应力 σ_0 和硬化系数 $H(T)$。

屈服应力是开始发生塑性变形时的应力，是温度的函数，即 $\sigma_0 = f(T)$，硬化系数为塑性阶段应力-应变曲线的斜率。

在 ProCAST 中有两类硬化模型，分别为 Isotropic 模型和 Kinematic 模型。

Isotropic 模型中包含线性硬化和非线性硬化，其中，线性硬化定义为：

$$\sigma = \sigma_0 + H\varepsilon^{pl} \tag{11-4}$$

式中 σ_0——屈服应力；

ε^{pl}——塑性应变；

H——塑性模量。

非线性硬化定义为：

$$\sigma = \sigma_\infty + (\sigma_0 - \sigma_\infty)e^{-\alpha\varepsilon^{pl}} \tag{11-5}$$

式中 α——硬化指数；

σ_∞——极限屈服应力。

Kinematic 模型下各向异性的硬化行为定义为：

$$\dot{x} = b\dot{\varepsilon}^{pl} - c\dot{\bar{\varepsilon}}^{pl}x \tag{11-6}$$

式中 b, c——系数；

$\dot{\bar{\varepsilon}}$——等效塑性应变率；

x——背应力，对应于屈服面中心的移动。

（三）弹-黏塑性模型

对此模型，定义线弹性模型（即杨氏模量、泊松比和线膨胀系数）和弹塑性模型（即杨氏模量和硬化系数等）时设定的参数均应定义。它有 3 种可选模型：Perzyna、Norton 和 Strain Hardening Creep。

1. Perzyna 模型

该模型可以对有阈值的二次蠕动（稳定态）进行模拟，$\dot{\varepsilon}^{vp}$（黏性应变率）计算公式为：

$$\dot{\varepsilon}^{vp} = \frac{1}{\eta}\left(\frac{\sigma - \sigma_y}{\sigma^*}\right)^p \quad (\sigma^* = 1\text{MPa}) \tag{11-7}$$

式中 η——黏性参数（依赖 σ^* 的选择，否则无法模拟）；

σ_y——当前流动应力；

σ^* ——法向应力（一般推荐值为 1，与测量应力有相同的单位系统）；

p ——黏性指数。

2. 牛顿（Norton）模型

该模型对没有阈值的二次蠕动（稳定态）进行模拟，$\dot{\varepsilon}^{vp}$ 计算公式为：

$$\dot{\varepsilon}^{vp} = \frac{1}{\eta} e^{\frac{-Q}{RT_k}} \left(\frac{\sigma}{\sigma^*}\right)^p \quad (\sigma^* = 1\text{MPa}) \tag{11-8}$$

式中　Q ——激活能；

R ——常数；

T_k ——温度，忽略屈服应力和硬化。

3. 应变硬化蠕动（Strain Hardening Creep）模型

该模型既可以模拟主蠕动（应变硬化），又可以模拟带阈值的二次蠕动（稳定态），$\dot{\varepsilon}^{vp}$ 计算公式为：

$$\dot{\varepsilon}^{vp} = \frac{1}{\eta} e^{\frac{-Q}{RT_k}} \left(\frac{\sigma - \sigma_y}{\sigma^*}\right)^p (\varepsilon^{vp})^q \quad (\sigma^* = 1\text{MPa}) \tag{11-9}$$

式中　ε^{vp} ——黏性应变；

q ——应变指数。

三、实验步骤

（一）常规应力模拟实验

先将实验教材光盘“Stress”文件夹中的“Stress. igs”文件存储到 D 盘“学号_Stress”文件夹下的“1”中（如果教材中提及的文件夹在 D 盘中不存在，应自己创建该文件夹），再进行以下操作。

（1）在 MeshCAST 中导入几何体，剖分网格。

图 11-2 所示为应力计算用装配图，由铸件和铸型两部分组成。在导入 ProCAST 之前（ProCAST 主界面见图 11-3），需要将几何体保存为 igs 或者 step 格式，路径必须为全英文。

1）在 MeshCAST 中选择合适网格尺寸剖分面网格。打开 MeshCAST，点击“File”→“Open”，选择“Stress. igs”，出现网格剖分界面（见图 11-4）。先点击“Properties”下的

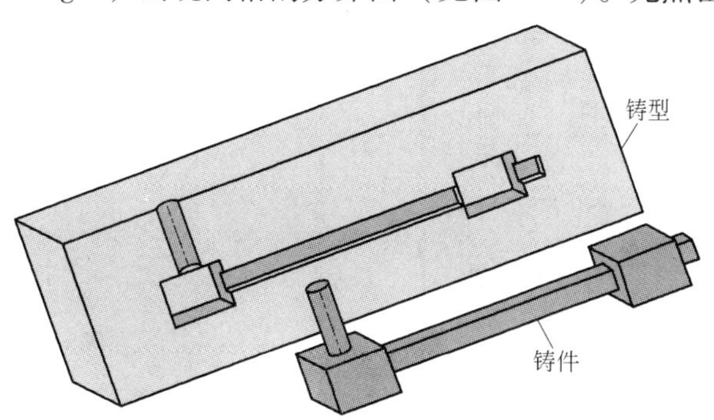

图 11-2　应力计算用装配图

图 11-3　ProCAST 主界面

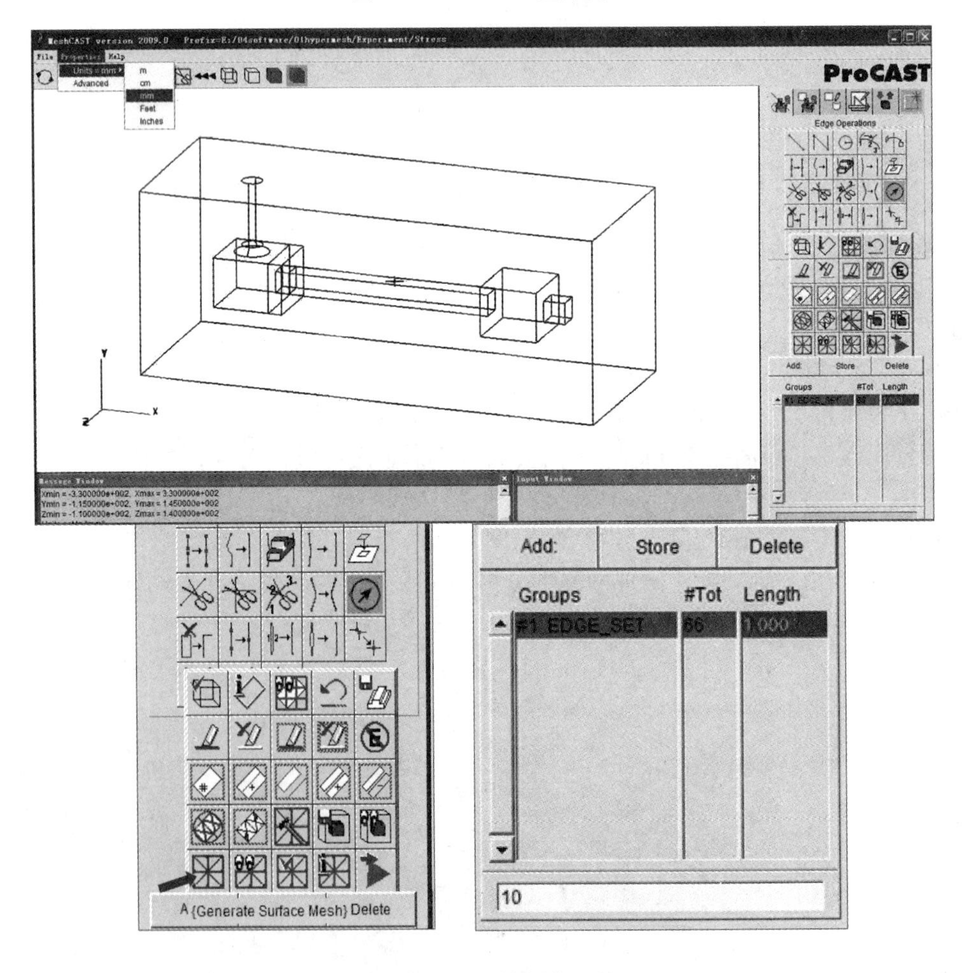

图 11-4　面网格剖分面板

“Units”为“mm”，然后在右下角输入网格尺寸为“10”，回车，点击“ ”剖分面网格，点击“ ”显示网格，如果点击“ ”检查网格无误，则点击“ ”进入体网格划分界面（见图11-5）。

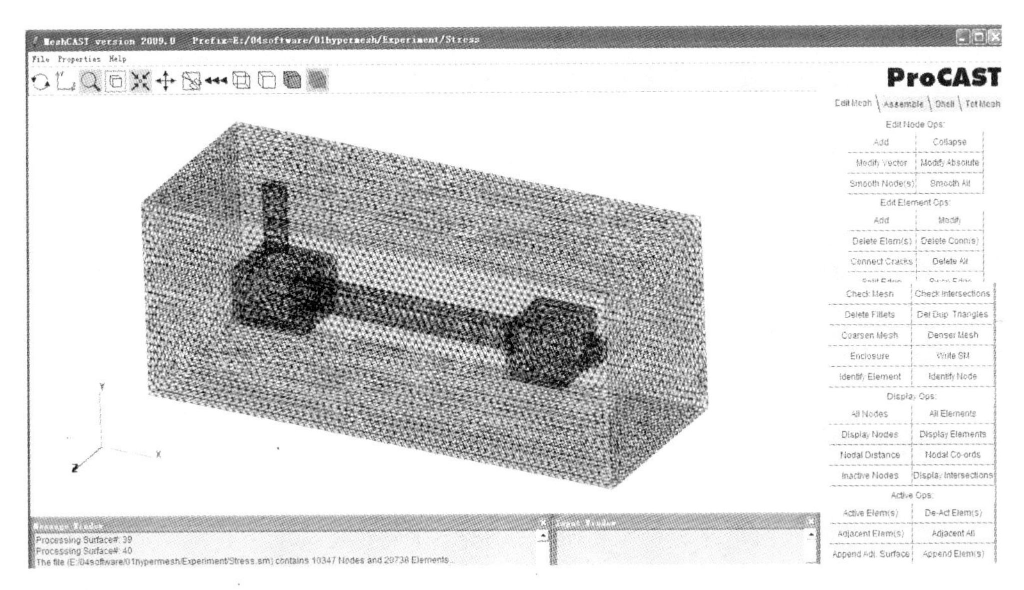

图11-5　体网格划分界面

2）生成体网格。如图11-6所示，单击“Check Mesh”网格无误后，点击“Tet Mesh”下的“Generate Tet Mesh”，得到铸件和铸型的体网格。单击“File”→“save”→

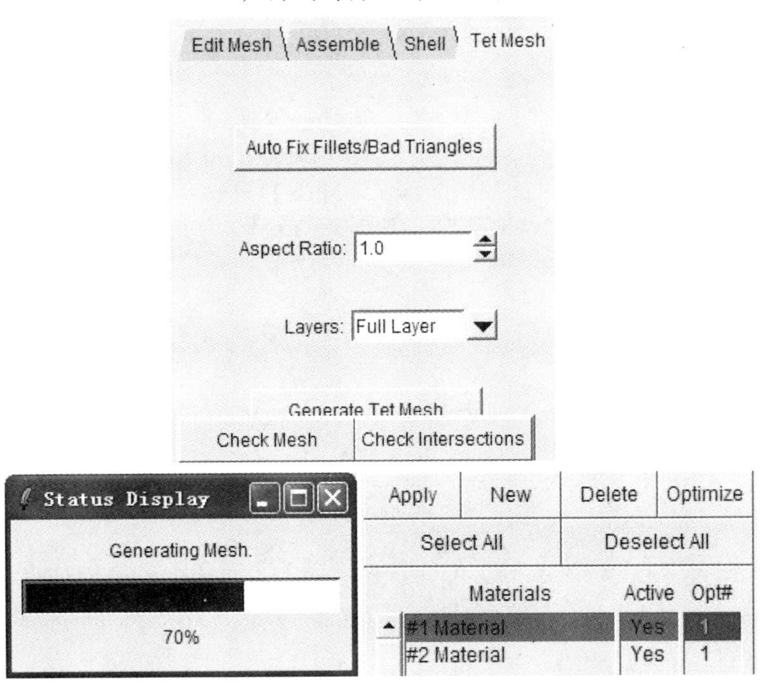

图11-6　生成体网格

“Exit”。文件以 mesh 格式保存在默认目录下。

（2）在 PreCAST 中导入砂型网格模型。

在文件管理器的 Case 文本框中输入工程名“Stress”，再单击“PreCAST”菜单，如图 11-7 和图 11-8 所示。如果该算例存在于当前路径下，PreCAST 将首先导入一个 PreCAST 文件（d. dat）。如果 PreCAST 没有找到任何 PreCAST 文件，那么将不得不使用“File”→“Open”菜单来自己寻找正确的文件。

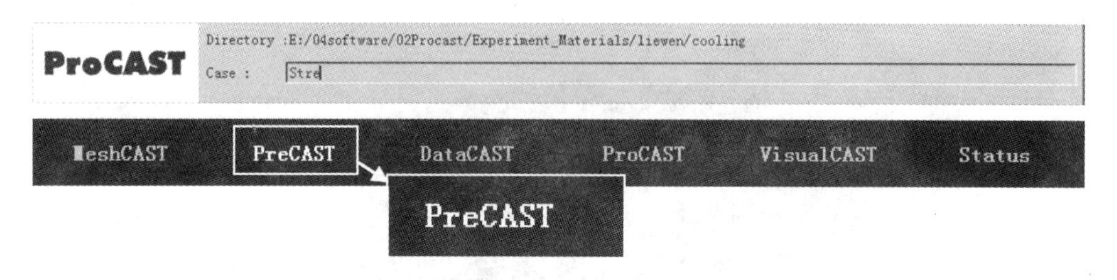

图 11-7　输入工程名并单击“PreCAST”菜单

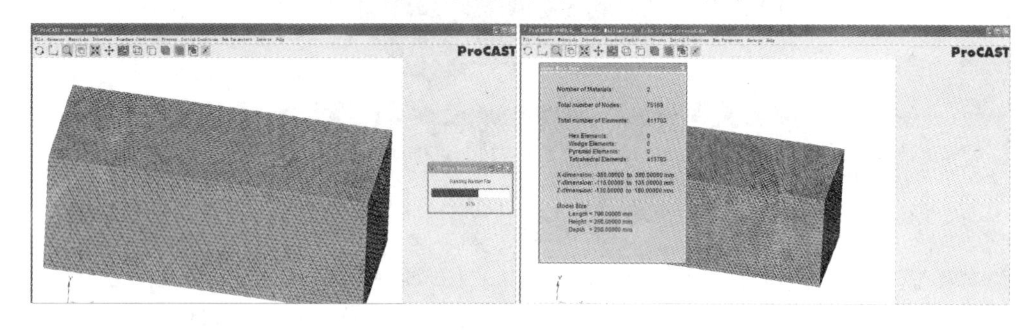

图 11-8　导入砂型网格模型过程示意图

（3）检查几何体。

文件读入后，PreCAST 能够自动显示材料序号、总的节点和单元数以及单位和轮廓尺寸。通过“Geometry”→“Check Geometry”菜单也可以得到上步自动产生的信息，并且通过该菜单还可以检查几何体可能存在的错误，如图 11-9 所示。

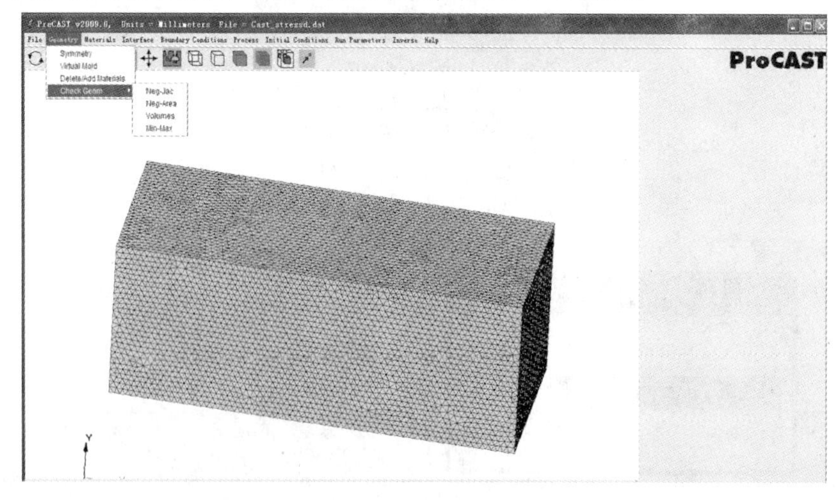

图 11-9　检查几何体

（4）设置铸件和铸型的材料属性（Materials/Assign）和相应的应力参数（Materials/Stress），如图 11-10 所示。

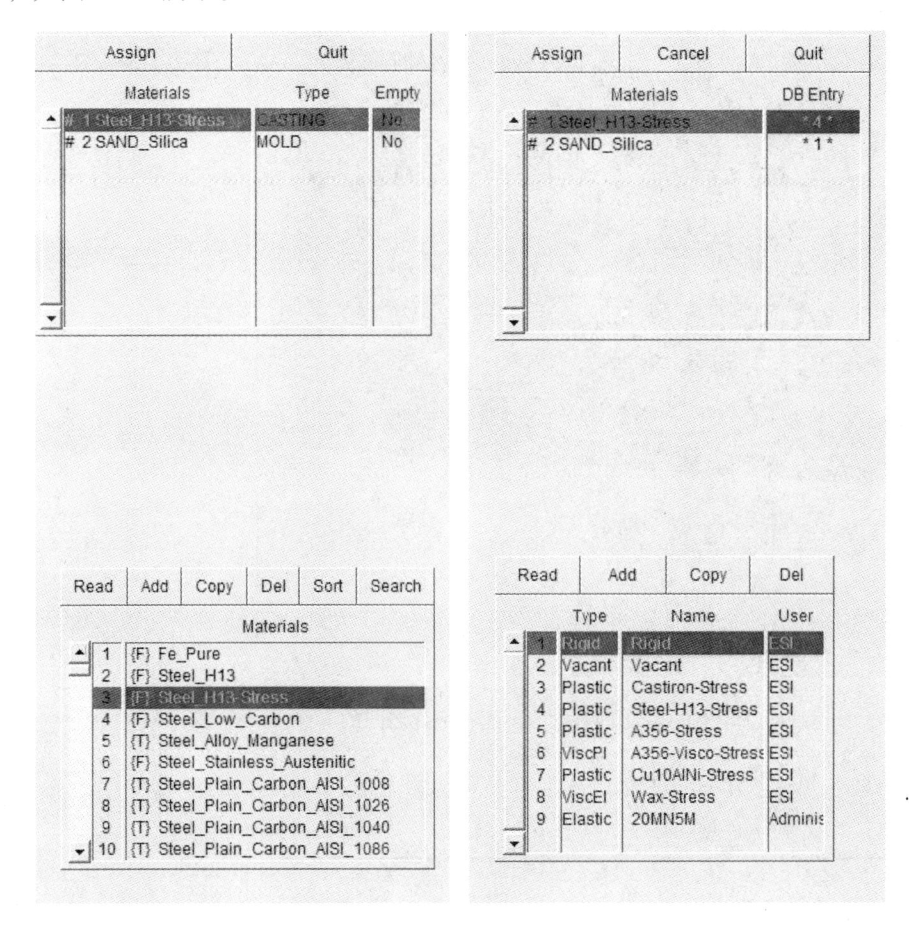

图 11-10　设置材料属性和应力参数

单击“Materials”→“Assign”，铸件材料设置为“Steel_H13_Stress”（序号 3），左击“Type”类型改为“CASTING”，铸型材料设置为“SAND_Silica”（序号 111），点击“Assign”。

单击“Materials”→“Stress”设置铸件为“Steel_H13_Stress”，铸型为“Rigid”。

（5）创建并设置各部件之间的界面（Interface）。

在本算例中所有的界面类型都要左击“Type”，由“EQUIV”型转换为“COINC”型，一般铸件和铸型之间的界面换热系数 $h = 500\mathrm{W/(m^2 \cdot K)}$，点击“Assign”，并单击“Apply”按钮使这些选择生效，如图 11-11 所示。调整 1 和 2 的顺序，使铸件显示为红色。

（6）设置边界条件（Boundary Condition/Assign Surface）。

单击“Boundary Condition”→“Assign Surface”，在铸型外表面增加 Heat，具体操作为点击“Add”选择“Heat”选项，点击“ ”选择表面，将“Heat”设置为“Air_cooling”（空冷），操作为先选中下方“BC-Type”中的“Air_cooling”后，单击“Assign”→

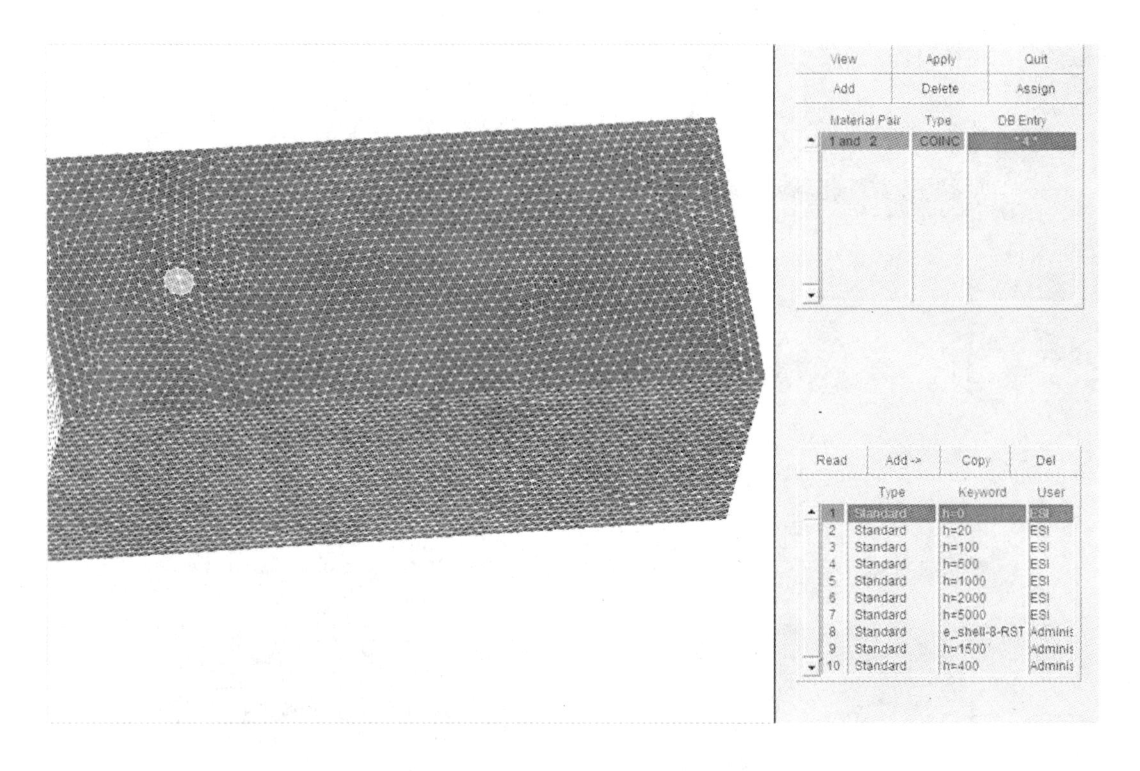

图 11-11　创建各部件之间的界面

“Store”，如图 11-12 所示。注意：浇口面也需要选中。

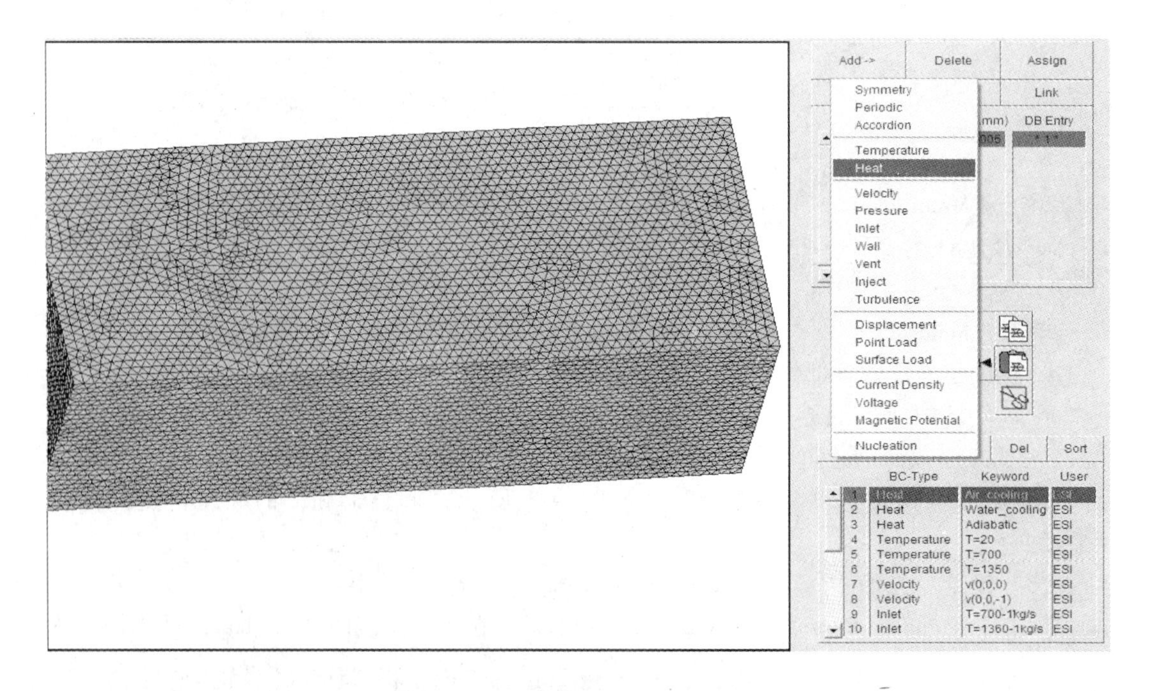

(a)

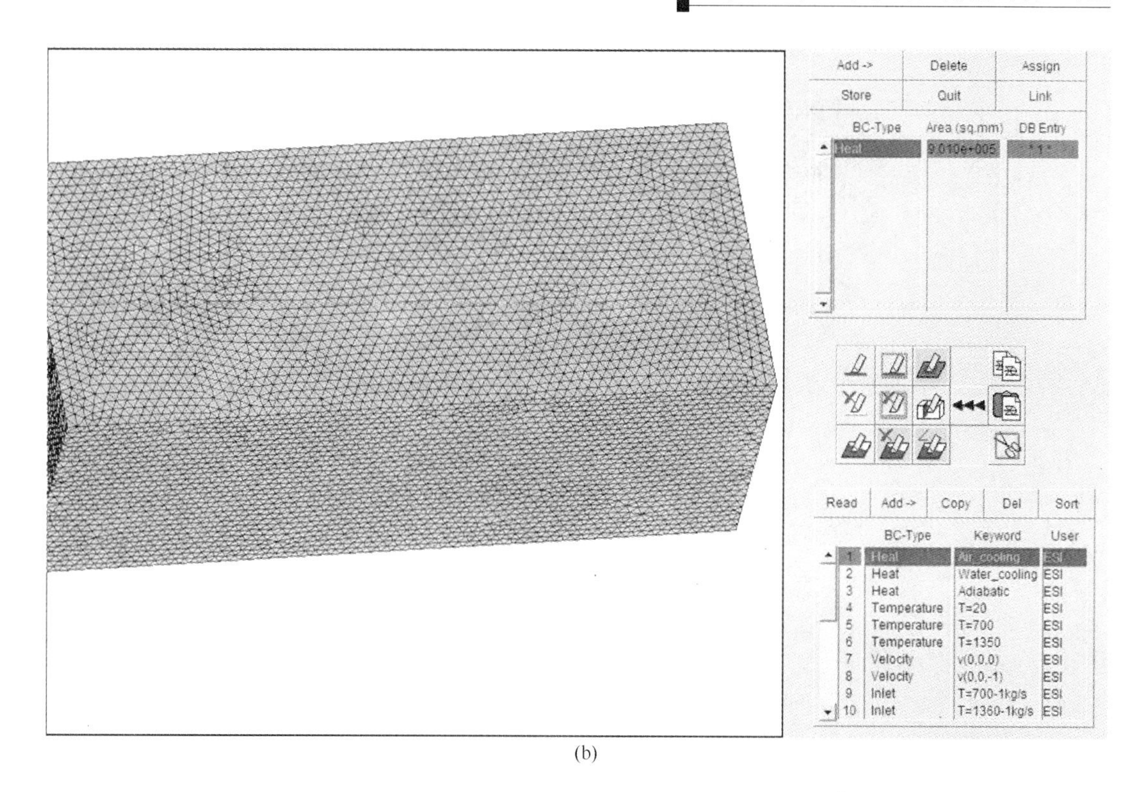

(b)

图 11-12　设置边界条件

（a）点击“Add”显示的边界数据库；（b）将“Heat”设置为“Air_cooling”后的状态

（7）设置重力（Process/Gravity）。

单击“Process”→“Gravity”，设置重力加速度矢量，如图 11-13 所示。在此例中，*Y* 轴的负方向为重力方向，因此，双击“*Y*”即可设置为 $g = -9.8\mathrm{m/s^2}$，单击“Apply”。

（8）设置常量初始条件（Initial Condition/Constant）。

单击“Initial Condition”→“Constant”，设置常量初始条件如图 11-14 所示。

（9）设置运行参数（Run Parameters）。

单击“Run Parameters”，弹出对话框如图 11-15 所示。在“General”→“Standard”中终止条件设定最终温度“TSTOP”为“400”(℃)，最大时间步长“DTMAX”为“6.000000e+002”（即 600），设定“Thermal”中“TFREQ”为“5”。设定“Stress”为“1”，“SFREQ”为“5”，点击“Apply”，完成设置。

（10）保存并退出 PreCAST，如图 11-16 所示。

（11）运行 DataCAST 和 ProCAST。

如图 11-17 所示，在“DataCAST”下点击“Execute DataCAST”，“ProCAST”下点击“Run”。运算界面如图 11-18 所示。

（12）结果输出。

在 ProCAST 运算界面右击“VisualCAST”选择“ViewCAST”，进入 ViewCAST 界面观察计算结果并输出，如图 11-19 所示（图中灰度的变化原为彩色，可与计算机软件提供的色谱对照查看）。

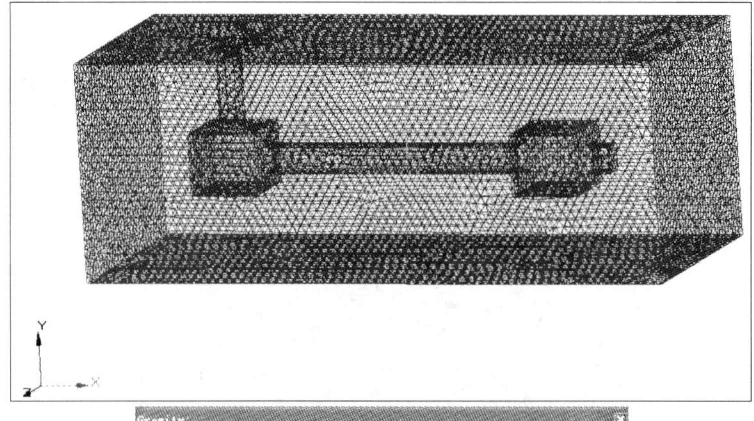

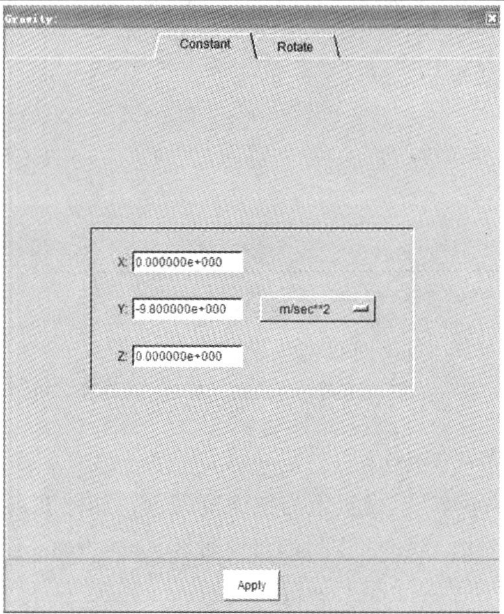

图 11-13 设置重力加速度矢量

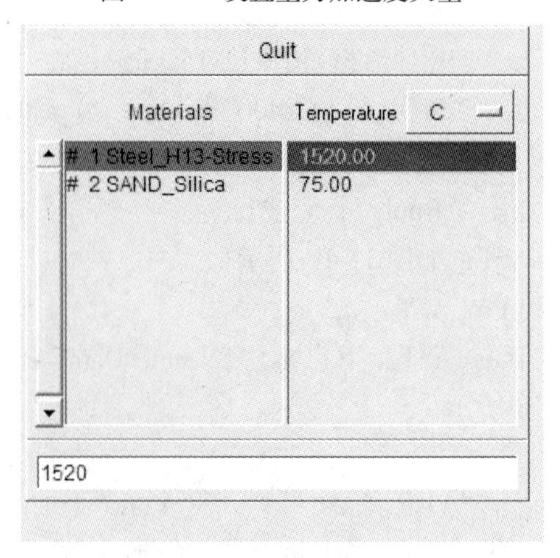

图 11-14 设置常量初始条件

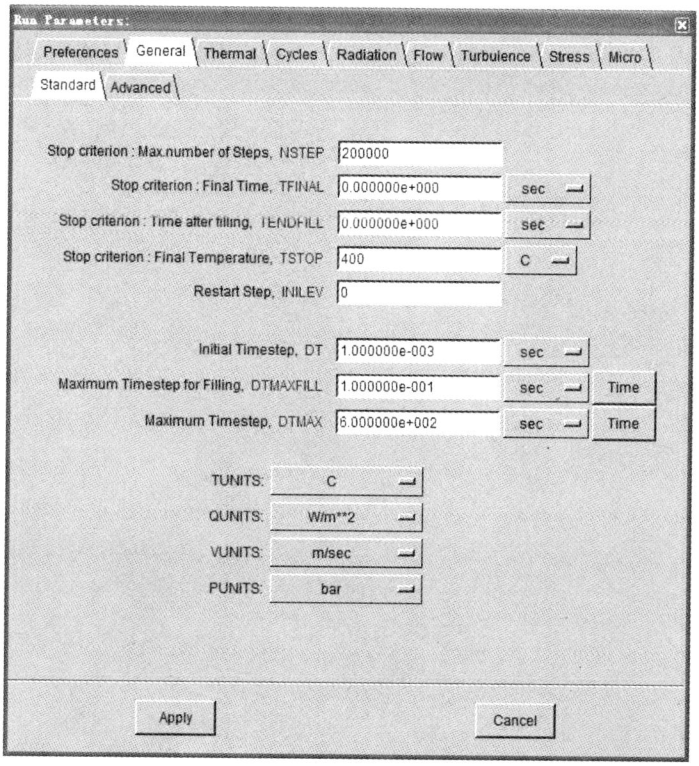

Run Parameters:

Preferences | General | Thermal | Cycles | Radiation | Flow | Turbulence | Stress | Micro

Standard | Advanced

Stop criterion : Max.number of Steps, NSTEP 200000

Stop criterion : Final Time, TFINAL 0.000000e+000 sec

Stop criterion : Time after filling, TENDFILL 0.000000e+000 sec

Stop criterion : Final Temperature, TSTOP 400 C

Restart Step, INILEV 0

Initial Timestep, DT 1.000000e-003 sec

Maximum Timestep for Filling, DTMAXFILL 1.000000e-001 sec Time

Maximum Timestep, DTMAX 6.000000e+002 sec Time

TUNITS: C

QUNITS: W/m**2

VUNITS: m/sec

PUNITS: bar

Apply Cancel

(a)

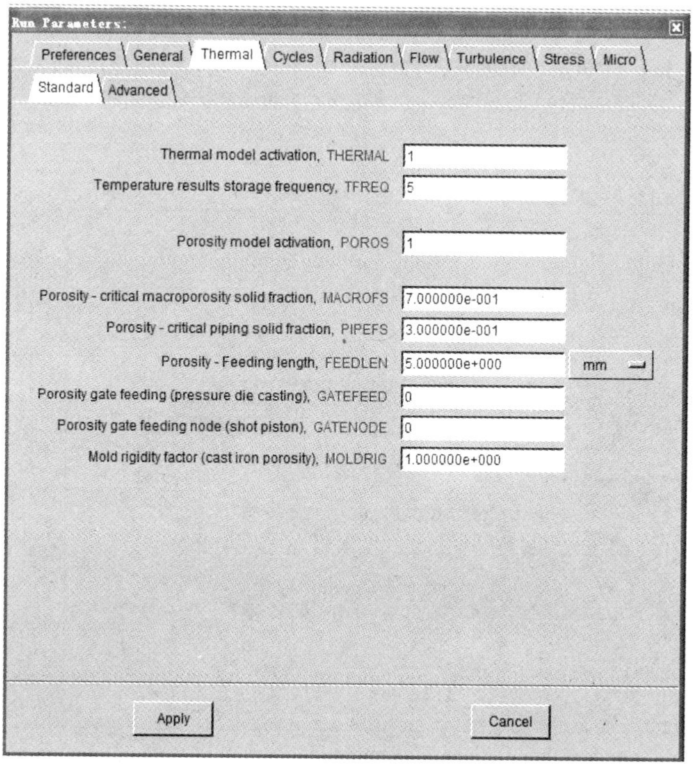

Run Parameters:

Preferences | General | Thermal | Cycles | Radiation | Flow | Turbulence | Stress | Micro

Standard | Advanced

Thermal model activation, THERMAL 1

Temperature results storage frequency, TFREQ 5

Porosity model activation, POROS 1

Porosity - critical macroporosity solid fraction, MACROFS 7.000000e-001

Porosity - critical piping solid fraction, PIPEFS 3.000000e-001

Porosity - Feeding length, FEEDLEN 5.000000e+000 mm

Porosity gate feeding (pressure die casting), GATEFEED 0

Porosity gate feeding node (shot piston), GATENODE 0

Mold rigidity factor (cast iron porosity), MOLDRIG 1.000000e+000

Apply Cancel

(b)

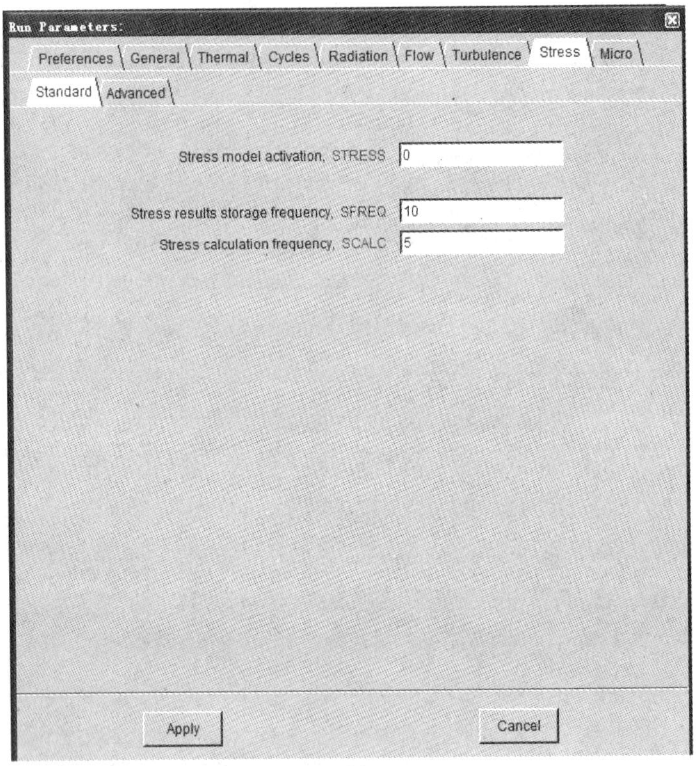

(c)

图 11-15 设置运行参数

(a) 在“General”模式下的参数设置示意图；(b) 在“Thermal”模式下的参数设置示意图；(c) 在“Stress”模式下的参数设置示意图

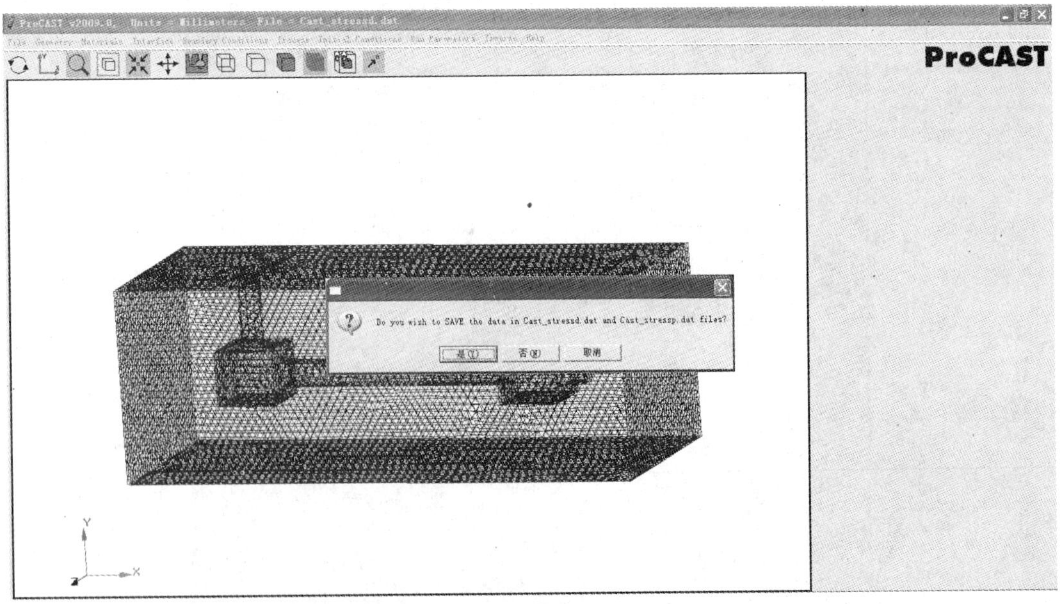

图 11-16 保存并退出 PreCAST

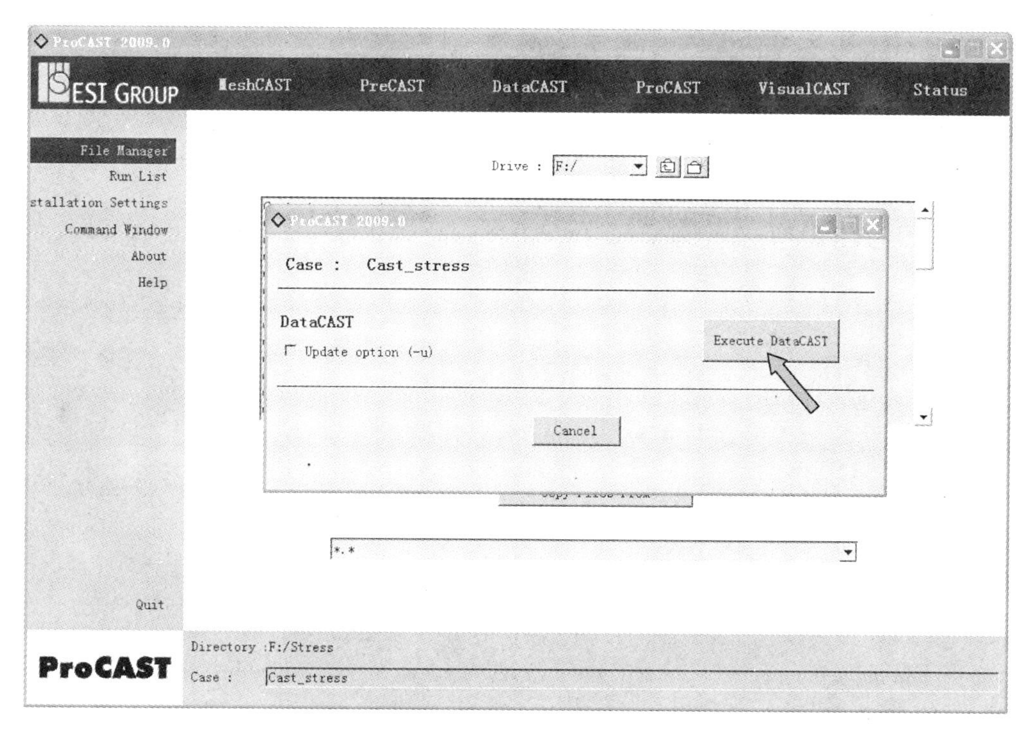

(a)

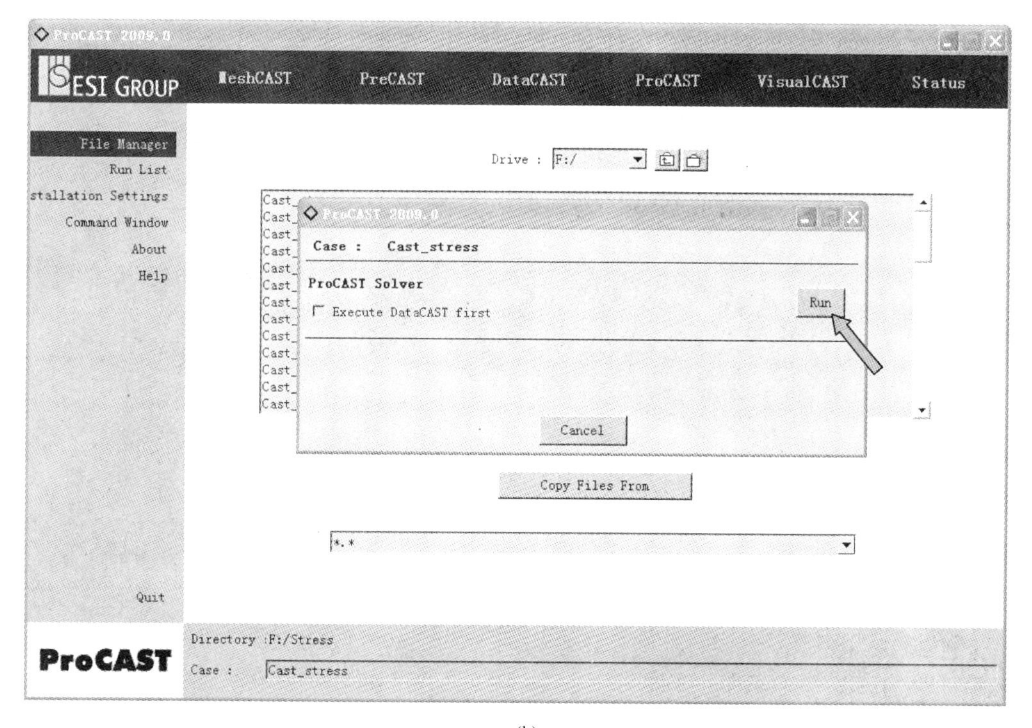

(b)

图 11-17　运行 DataCAST 和 ProCAST

（a）点击“DataCAST”弹出的对话框；（b）点击“ProCAST”弹出的对话框

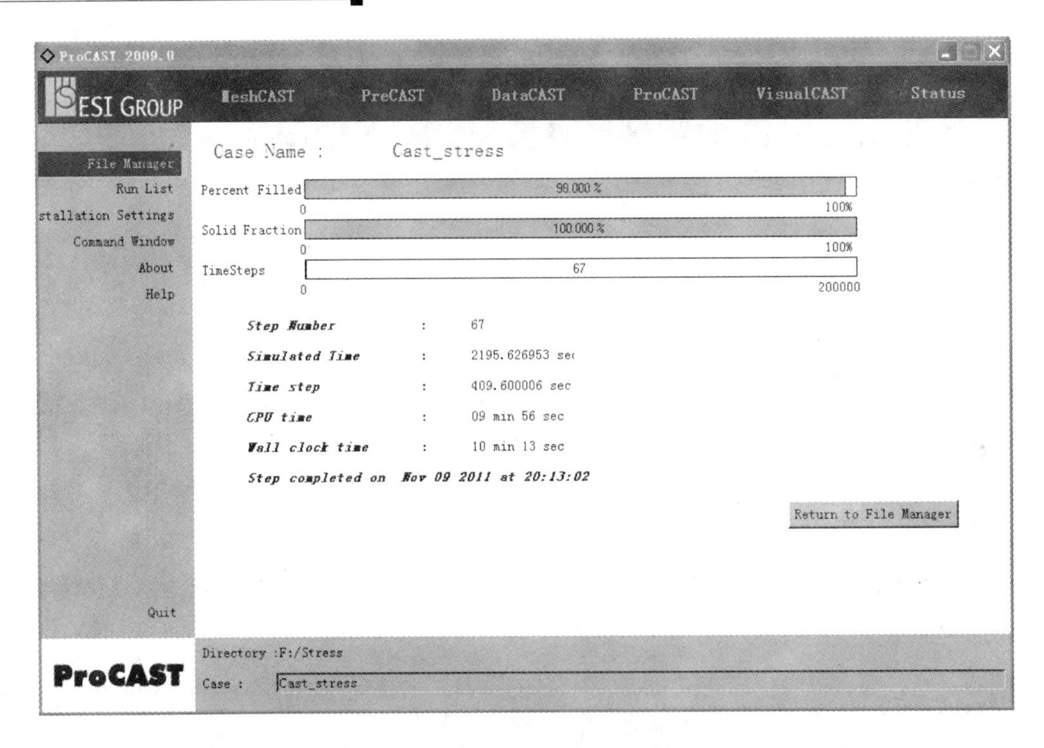

图 11-18　ProCAST 运算界面示意图

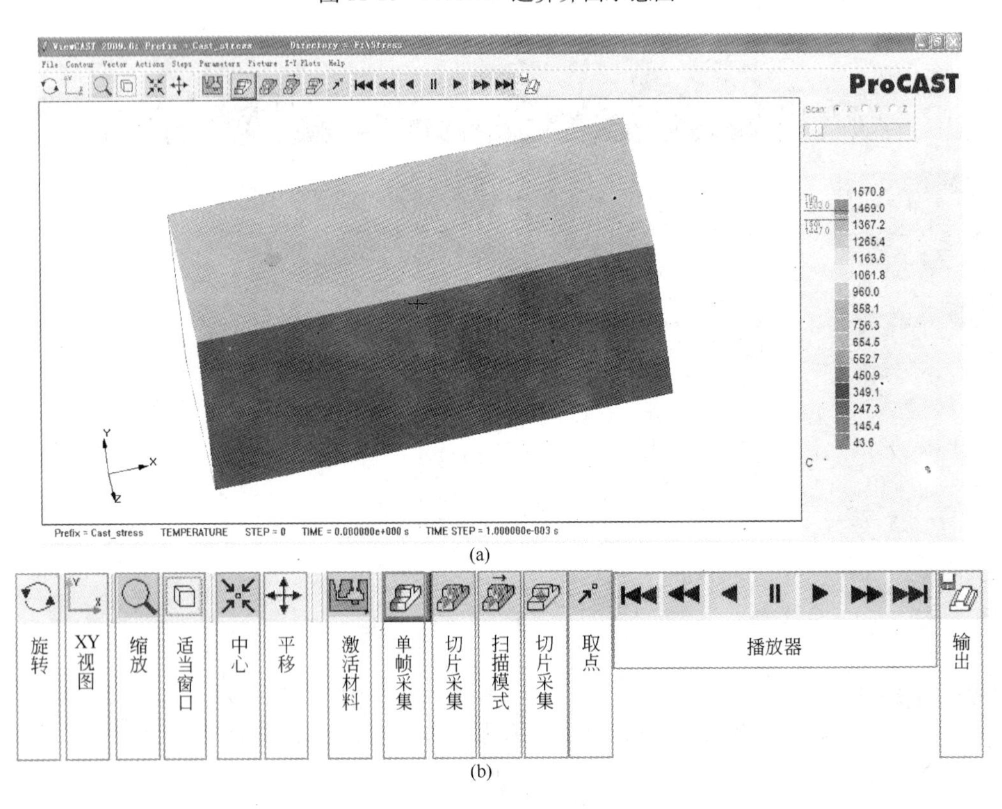

图 11-19　ViewCAST 的主界面

（a）ViewCAST 观察界面示意图；（b）ViewCAST 观察界面下各按钮的功能示意图

1）温度场输出。点击“Contour”→“Thermal”→“Temperature”，查看温度场变化情况，如图 11-20 所示（图中灰度的变化原为彩色，可与计算机软件提供的色谱对照查看）。

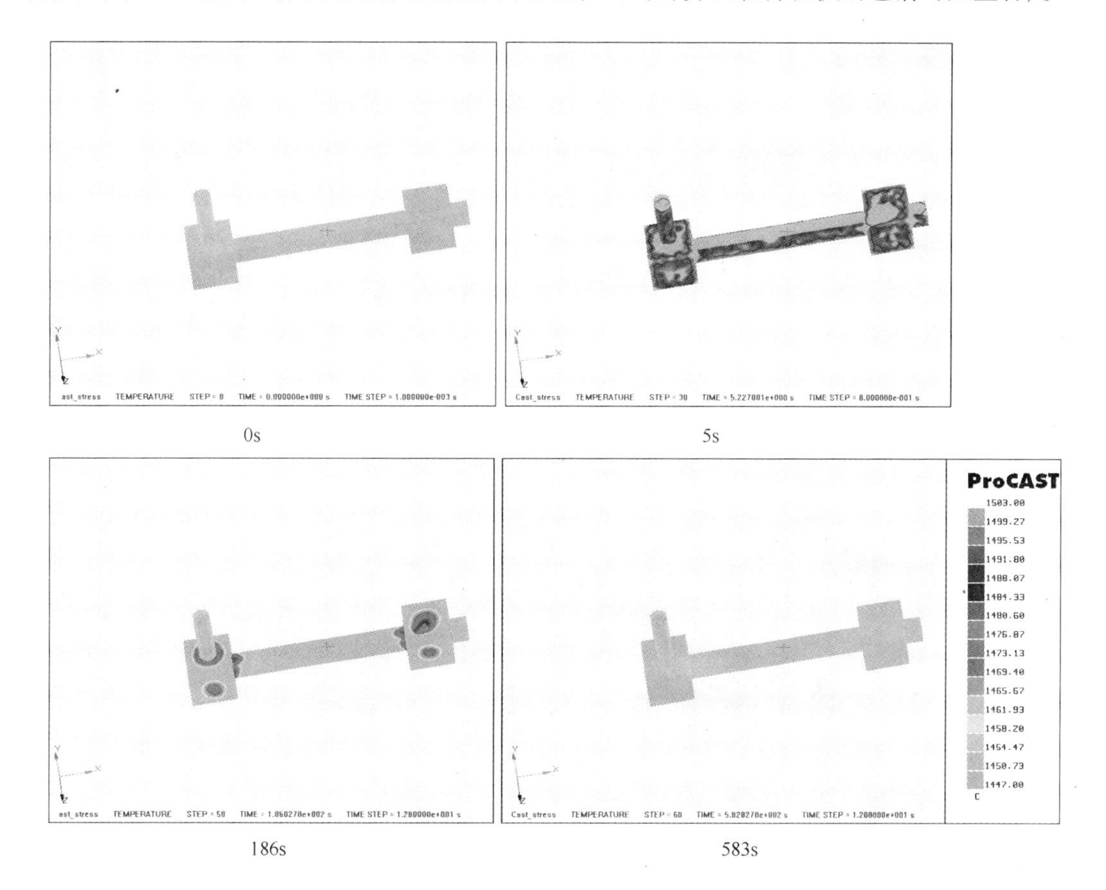

图 11-20　温度结果

输出要求：以合适视图和间隔时间将结果用 gif 图片输出，不少于 10 张图片。保存路径:“D:\学号_Stress\1\Output”。

同时，选择 4～6 张图片打印、粘贴到“实验报告”的实验结果部分。

2）应力输出。点击“Contour”→“Stress”→“Effective Stress”，查看等效应力，点击“Total Displacement”查看位移变化，如图 11-21 和图 11-22 所示（图中灰度的变化原为彩色，可与计算机软件提供的色谱对照查看）。

输出要求：用截面模式将等效应力、位移结果分别用 gif 图片输出。保存路径:“D:\学号_Stress\1\Output”。

同时，将图片打印、粘贴到“实验报告”的实验结果部分。

（二）选做提升实验之一——改变材料

（1）将 mesh 文件拷贝到文件夹“2”中，在 PreCAST 中设置材料参数前的步骤同常规应力模拟实验。

（2）设置铸件和铸型的材料属性（Materials/Assign），设置相应的应力参数。

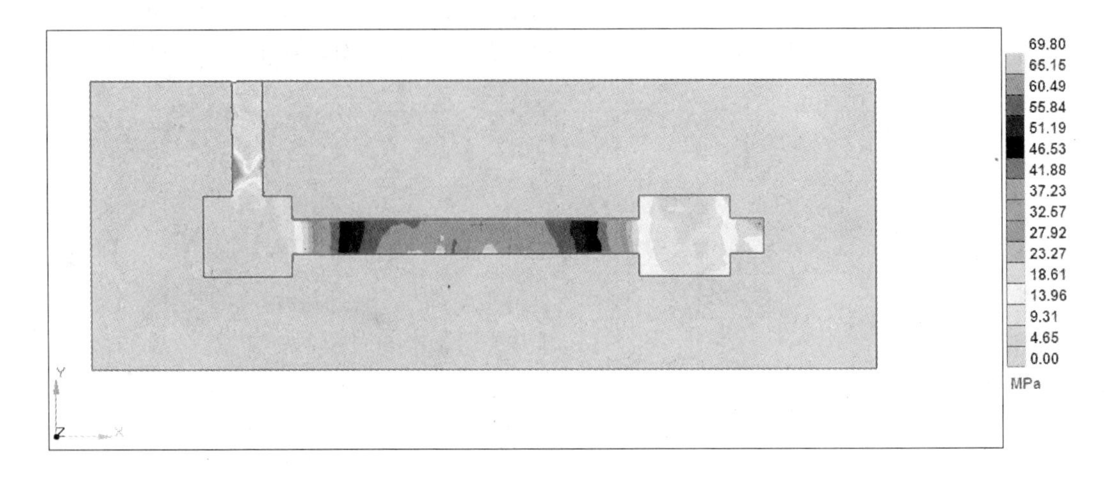

图 11-21　等效应力结果

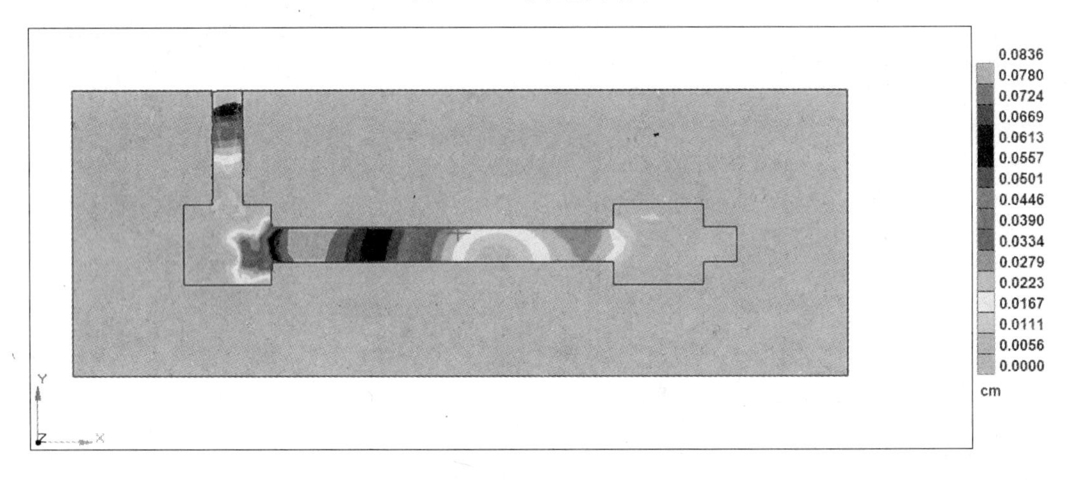

图 11-22　总位移

1）材料数据设置。单击“Materials”→“Assign”，点击“Add”，出现如图 11-23 所示的对话框，新建材料名“20MN5M”，输入 Base 为“Fe”，材料成分见表 11-1。

表 11-1　20MN5M 材料化学成分

化学成分	C	Si	Mn	S	P	Cu	Ni	Cr	Mo	V
质量分数/%	0.22	0.55	1.20	0.02	0.02	0.50	0.50	0.40	0.25	0.03

利用“Lever”（杠杆定律）计算得到材料的热物性参数，点击“Store”，将铸件材料设置成“20MN5M”，“Type”为“Casting”，点击“Assign”。

2）应力数据设置。单击“Material”→“Stress”，选中“Steel_H13_Stress”，点击“Copy”，出现应力数据对话框，新建材料名“20MN5M”，如图 11-24 所示。应力数据包含杨氏模量、泊松比、线（热）膨胀系数、屈服应力和硬化系数等参数，如果必要需适当修改参数。点击“Store”，将铸件材料设置成“20MN5M”，铸型为“Rigid”，点击“Assign”。

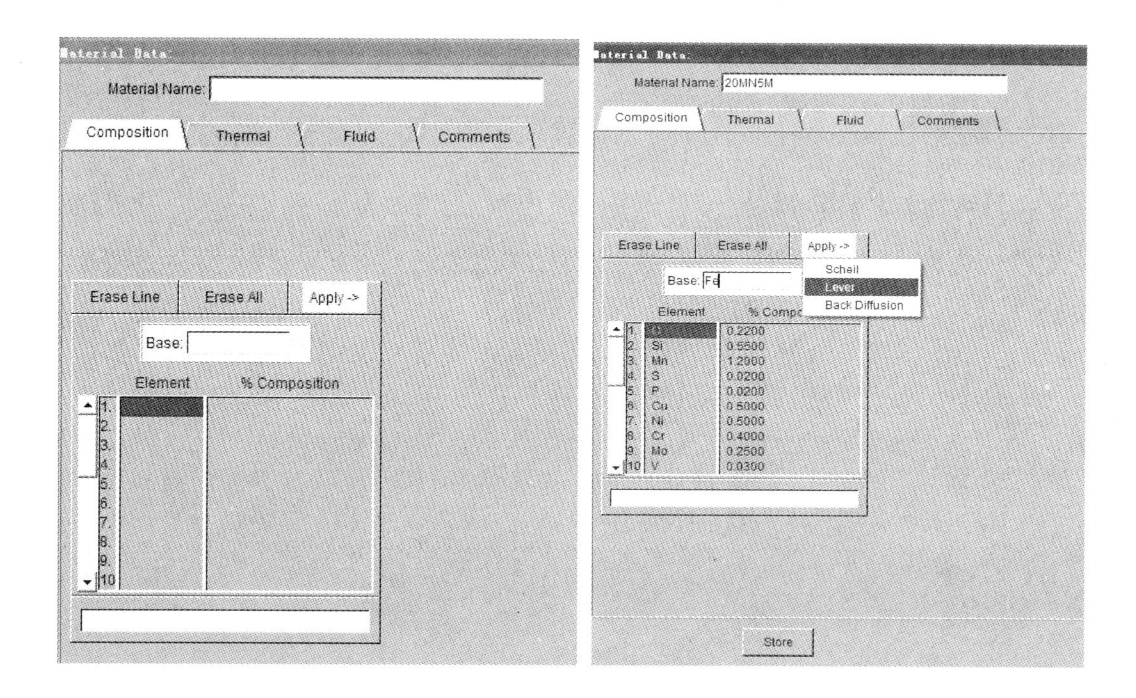

图 11-23 输入材料成分得到热物性参数

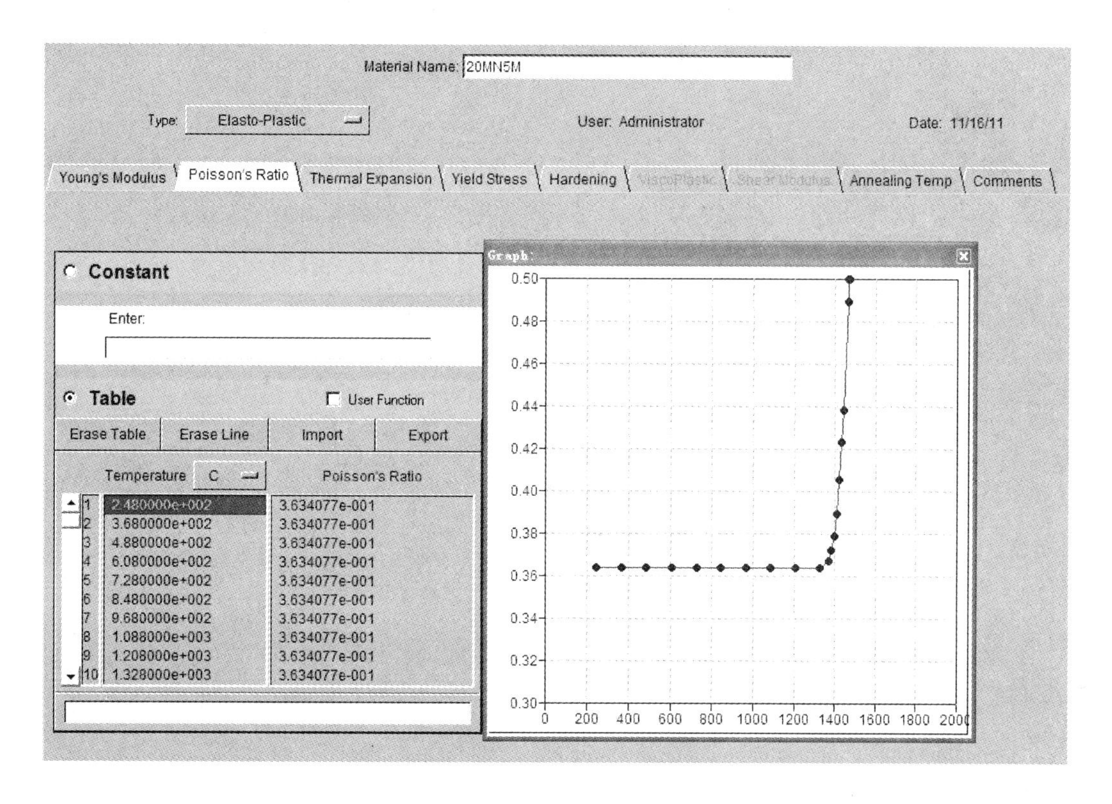

图 11-24 材料应力性质

（3）设置其他参数并计算。

（4）结果输出要求：以合适视图和间隔时间将温度场变化用 gif 图片输出，不少于 10 张图片；用截面模式将等效应力、位移结果分别用 gif 图片输出。保存路径："D:\学号_Stress\2\Output"。

（三）选做提升实验之二——改变时间步长

（1）将 mesh 文件拷贝到文件夹"3"中，设置运行参数前的实验步骤，这些设置同选做提升实验一。注：输入的材料保存在计算机后无需重复设置，直接调用即可。

（2）设置运行参数（Run Parameters）。在"General"→"Standard"中将初始时间步长"DT"设置为"0.0005"，最大时间步长"DTMAX"设为"60"。

（3）运行 DataCAST 和 ProCAST 并输出结果。

与选做提升实验一比对，观察时间步长对计算的影响。

结果输出要求：以合适视图和间隔时间将温度场变化用 gif 图片输出，不少于 10 张图片；用截面模式将等效应力、位移结果分别用 gif 图片输出。保存路径："D:\学号_Stress\3\Output"。

四、思考题

（1）进行铸件应力场的数值模拟需要设定哪些基础物理参数?

（2）结合实验获得的模拟结果图片分析铸件中产生裂纹、变形等倾向较大的位置。

（3）（选做）了解材料变化、计算时间步长的变化对应力场模拟结果和模拟计算过程有什么影响。

第十二章
铸件缺陷形成的数值模拟

一、实验目的

（1）利用 ProCAST 软件，对照模拟同一铸件的不同铸造方案，了解铸件在铸造过程中可能出现的缺陷。

（2）分析缩松、缩孔、裂纹等缺陷可能出现的原因，并尝试更改铸造工艺，以减少缺陷，改善铸件质量。

二、实验原理

ProCAST 可以分析缩孔、裂纹、裹气、冲砂、冷隔、浇不足、应力、变形、模具寿命、工艺开发，并且具有可重复性。而在实际模拟过程中，常见的铸造缺陷有缩松、缩孔、裂纹和气孔等。

（一）缩松、缩孔

金属铸件在凝固过程中，由于合金的体积收缩，往往会在铸件最后凝固部位出现孔洞。容积大而集中的孔洞被称为集中缩孔；细小而分散的孔洞被称为缩松。一般认为，金属凝固时，液固相线之间的体积收缩是形成缩孔及缩松的主要原因。当然，溶解在金属液中的气体对缩孔及缩松形成的影响有时也不能忽略。当金属液补缩通道畅通、枝晶没有形成骨架时，体积收缩表现为集中缩孔且多位于铸件上部；而当枝晶形成骨架或者一些局部小区域被众多晶粒分割包围时，金属液补缩受阻，于是体积收缩表现为缩松。缩孔形成过程示意图如图 12-1 所示。

ProCAST 可以确认封闭液体的位置。使用特殊的判据，例如宏观缩孔或 Niyama 判据（即新山英辅判据，$G/\sqrt{R} < C_{\mathrm{Ni\ Yama}}$，其中，$G$ 为判别区域的局部温度梯度；R 为冷却速度；$C_{\mathrm{Ni\ Yama}}$为有量纲量，研究表明，$C_{\mathrm{Ni\ Yama}}$值随铸件大小变化，大件取 1.1，小件取 0.8）来确定缩松、缩孔是否会在这些敏感区域内发生。同时，ProCAST 可以计算与缩松、缩孔有关的补缩长度。在砂型铸造中，ProCAST 可以优化冒口的位置、大小和绝热保温套的使用。在压铸中，ProCAST 可以详细准确计算模型中的热节、冷却加热通道的位置和大小，以及溢流口的位置。

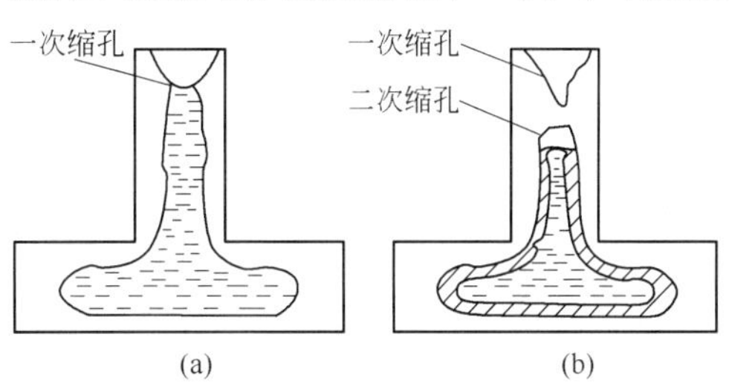

图 12-1　缩孔形成过程示意图
（a）一次缩孔；（b）二次缩孔

（二）裂纹

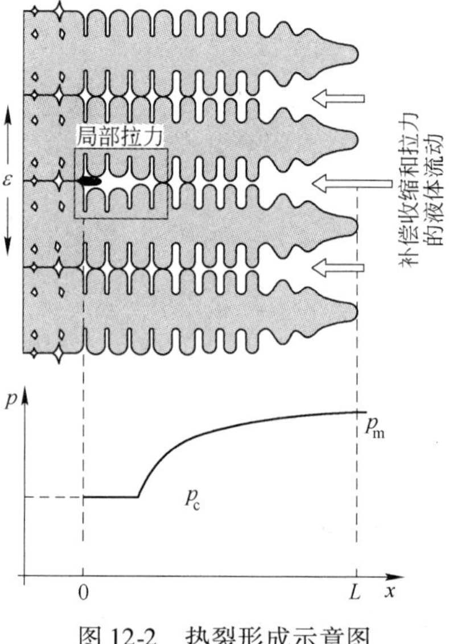

图 12-2 热裂形成示意图

金属液接近凝固温度时，收缩量较大，塑性较差，铸件自由收缩受阻而造成热裂，以至在随后的冷却过程中产生裂纹。裂纹一般位于铸件最后凝固的部位。

热裂形成示意图如图 12-2 所示。图 12-2 中，p_c 为空隙压力，p_m 为金属静压力。

糊状区的应力 p 计算公式为：

$$p = p_a + \rho gh - \Delta p_{sh} - \Delta p_{mec} \qquad (12\text{-}1)$$

式中 p_a——大气压力；

ρgh——金属静力压；

Δp_{sh}，Δp_{mec}——分别为流动过程中凝固收缩和变形的压力降。稳态条件下，这两者由以下公式得出：

$$\Delta p_{sh} + \Delta p_{mec} = \frac{180\mu}{G\lambda^2}\left[\nu_T\beta A + \frac{(1+\beta)B\dot{\varepsilon}}{G}\right] \qquad (12\text{-}2)$$

式中 G——温度梯度；

μ——液体黏度；

λ——等轴晶或二次枝晶的平均尺寸；

$\dot{\varepsilon}$——糊状区的机械变形率；

ν_T——凝固速率；

β——收缩率；

A，B——取决于合金的性质和凝固路径，可以通过 F_s 和 T 的关系得出

$$A = \int_{T_{cg}}^{T_{mf}} \frac{f_s^2 \mathrm{d}T}{(1-f_s)^2},\ B = \int_{T_{cg}}^{T_{mf}} \frac{f_s F_s(T)}{(1-f_s)^3}\mathrm{d}T,\ F_s(T) = \int_{T_{cg}}^{T_{mf}} f_s \mathrm{d}T$$

式中 T_{cg}——晶粒形成时枝晶臂凝聚时的温度；

T_{mf}——整体进料温度；

f_s——固相体积分数。

由式（12-1）和式（12-2）得到的 Δp 如果小于空隙压力（用 Δp_c 表示），就会产生热裂，即：

$$\Delta p = p_a - p = \Delta p_{sh} + \Delta p_{mec} - \rho gh < \Delta p_c \qquad (12\text{-}3)$$

其中，空隙压力通过 $\Delta p_c = p_a - p_c$ 给出。

基于以上的公式，利用热应力分析结果，ProCAST 可以模拟凝固和随后冷却过程中可能产生的裂纹缺陷。在真正的生产之前，这些模拟结果可以用来确定和检验为防止缺陷产生而尝试进行的各种设计。

三、实验步骤

（一）缩松、缩孔形成数值模拟的实验步骤

（1）选择文件。将实验教材光盘“Casting Defect”下“Shrinkage”中的“Riser1. igs”

和“Riser2. igs”分别存储到 D 盘“Casting Defect”下“Shrinkage”的“1”和“2”中。选择 ProCAST 对“Riser1. igs”和“Riser2. igs”（见图 12-3）分别进行温度场的模拟。模拟过程除了 PreCAST 外均与应力模拟实验相同。

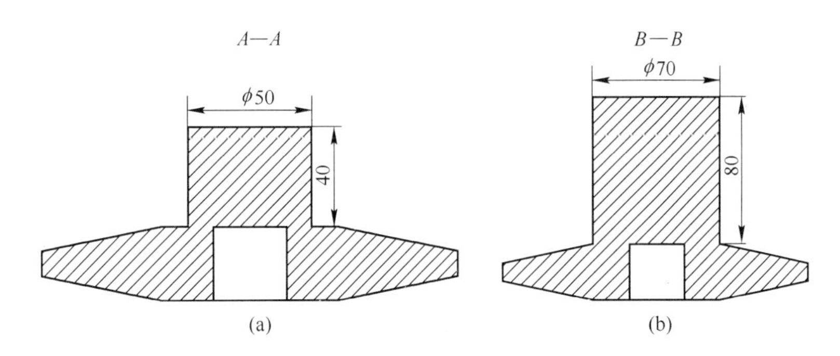

图 12-3 几何形状对比

（a）Riser1；（b）Riser2

（2）PreCAST 设置。先检查几何体，然后设置铸件和铸型的材料属性（Materials/Assign）。铸件材料设置为“20MN5M”，铸型材料设置为“SAND_Silica”。

创建并设置各部件之间的界面（Interface）。

设置边界条件（Boundary Condition/Assign Surface），将“Heat”设置为“Air_cooling”。

设置重力（Process/Gravity），*X* 轴的正方向为重力方向。

设置初始条件（Initial Condition/Constant），铸件为 1570℃，铸型为 20℃。

设置运行参数（Run Parameters），在“General”→“Standard”中终止条件设定最终温度“TSTOP”为“1400”℃，最大时间步长“DTMAX”为“600”，设定“Thermal”中“TFREQ”为“5”。

保存并退出 PreCAST。

（3）运行 DataCAST 和 ProCAST。

（4）在 ViewCAST 中对比观察结果。

温度场：对比两个铸件的温度场变化，找出热节位置，预测可能出现的缺陷。

输出要求：将温度场对比结果分别输出不少于 10 张图片，参见图 12-4 和图 12-5（图中灰度的变化原为彩色，可与计算机软件提供的色谱对照查看）。保存路径：“D:\学号_Casting Defect\Shrinkage\Output”。

同时，各选择 4 ~ 6 张图片打印、粘贴到“实验报告”的实验结果部分。

利用 Niyama 判据，在 ViewCAST 中观察缩松、缩孔缺陷。

点击“Action”→“R，G，L”，出现 Niyama 参数设置对话框，具体设置为：

L Upper Temp ＝1475

L Lower Temp ＝1355

R,G Temp ＝1367

“Mapping constants”保持默认设置，“Units”设为“Millimeters”，然后点击“Calculate”。

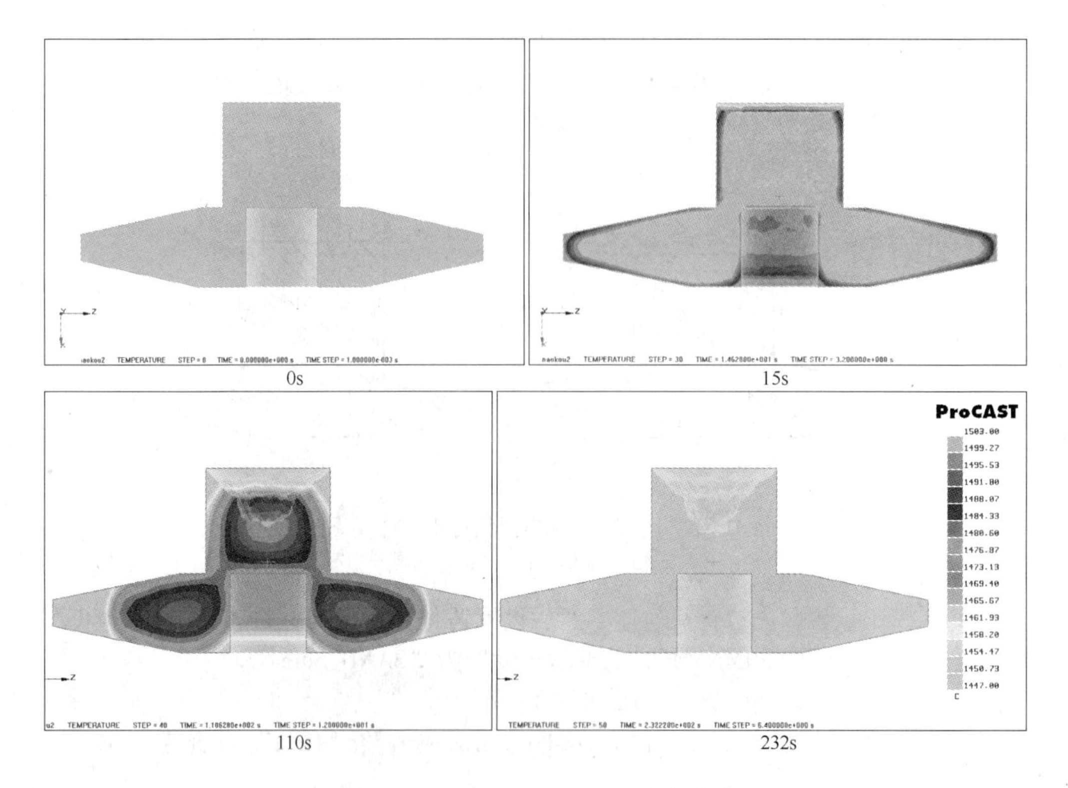

图 12-4 Riser1（小冒口）温度场变化

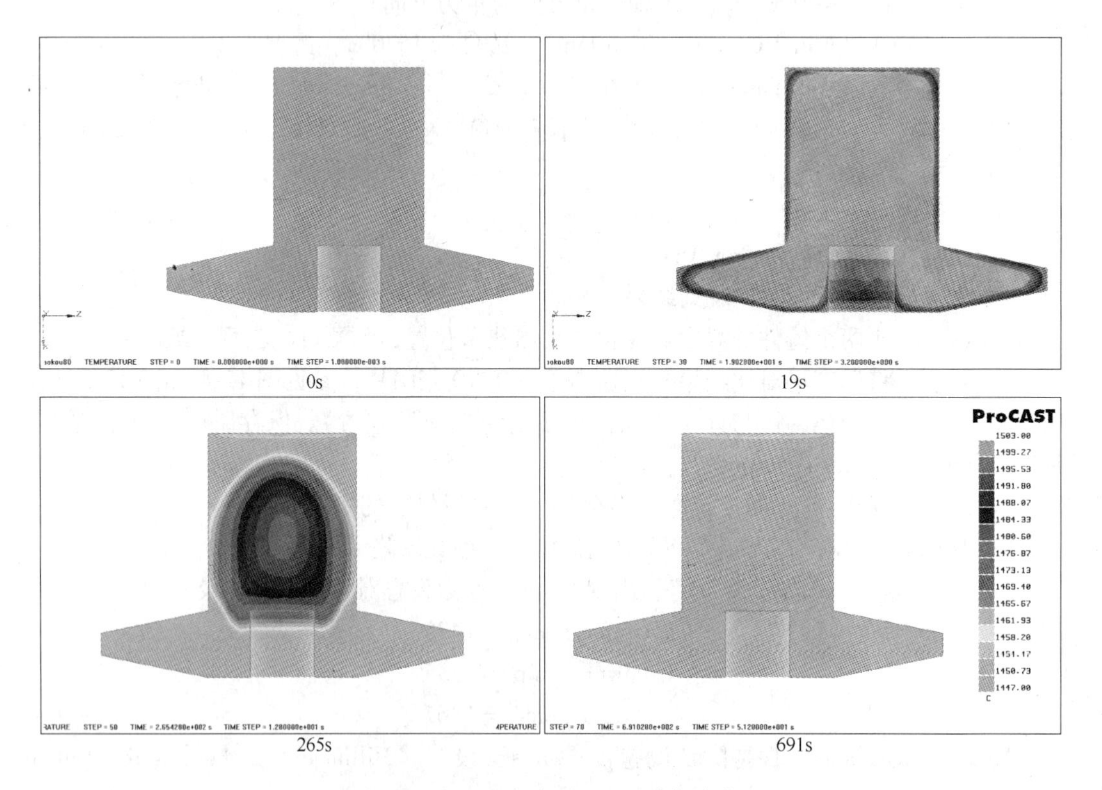

图 12-5 Riser2（大冒口）温度场变化

点击“Contour”→“Thermal”→“Mapping Factors”，将标尺设为0～1.1，显示值小于1.1的区域可能出现缩松、缩孔缺陷，参见图12-6和图12-7（图中灰度的变化原为彩色，可与计算机软件提供的色谱对照查看）。

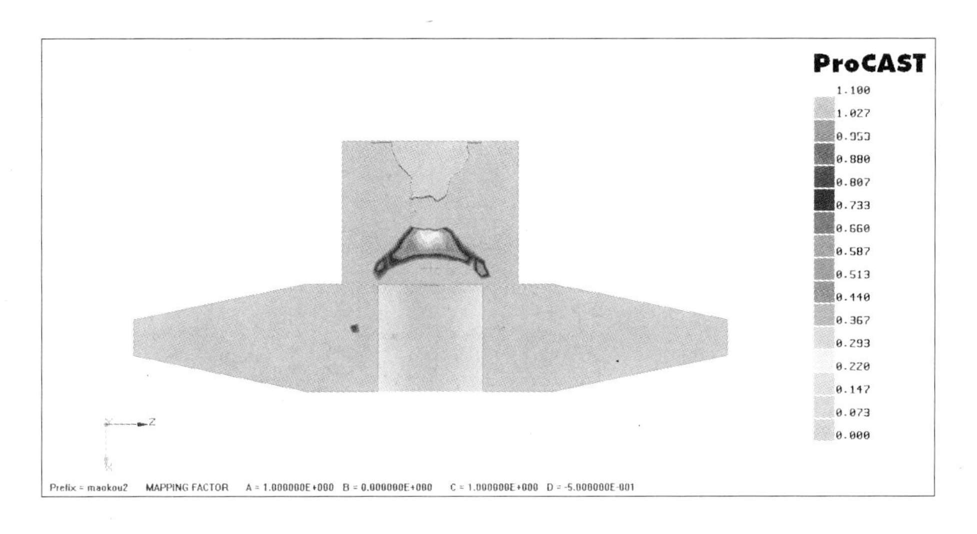

图12-6 Riser1（小冒口）对应的缩松、缩孔缺陷

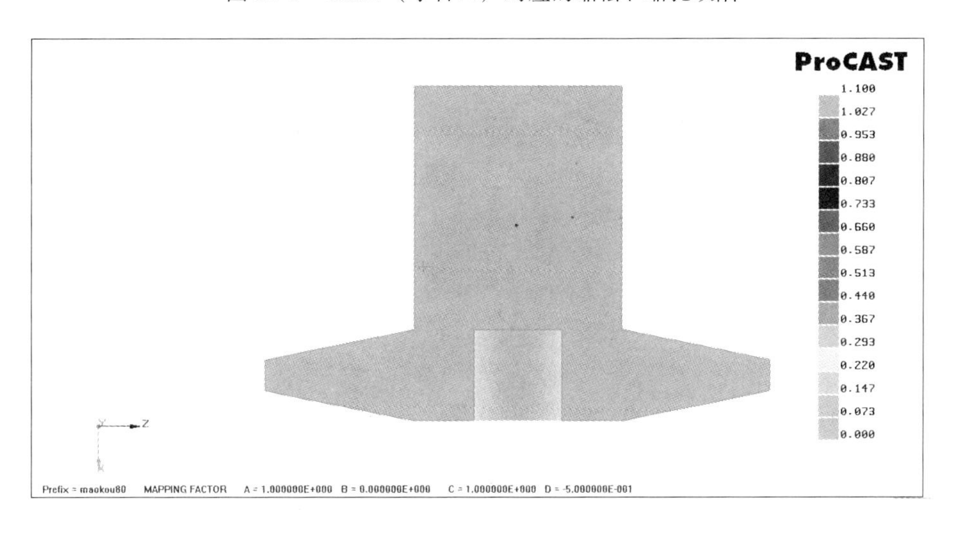

图12-7 Riser2（大冒口）对应的缩松、缩孔缺陷

对比两个方案，清楚冒口的作用，分析冒口的大小对铸件缺陷的影响。

输出要求：将结果以图片格式输出，保存路径：“D:\学号_Casting Defect\Shrinkage \ Output”。

同时，将图片打印、粘贴到“实验报告”的实验结果部分。

（二）裂纹形成数值模拟的实验步骤

（1）选择文件。将实验教材光盘“Casting Defect”下“Crackle”中的“Stress1. igs”和“Stress2. out”分别存储到D盘“Casting Defect”下“Crackle”中的“1”和“2”中。

选择 ProCAST 对“Stress1. igs”和“Stress2. out”文件分别进行温度场的模拟。图 12-8 所示为两个三维模型的几何形状对比示意图。

(2)PreCAST 设置。“Stress1. igs”文件为第十一章实验的实例“Stress. igs”,按照其选做实验一设置进行模拟即可;“Stress2. out”为增加冷铁的方案,直接用 PreCAST 打开,参数设置如下。

先检查几何体,然后设置铸件、冷铁和铸型的材料属性(Materials/Assign)。铸件材料设置为“20MN5M”,冷铁材料为“20MN5M”,“Type”为“Mold”,铸型材料设置为“SAND_Silica”;单击“Materials”→“Stress”设置铸件为“Steel_H13_Stress”,冷铁和铸型为“Rigid”。注意:输入的材料保存在计算机后无需重复设置,直接调用即可。

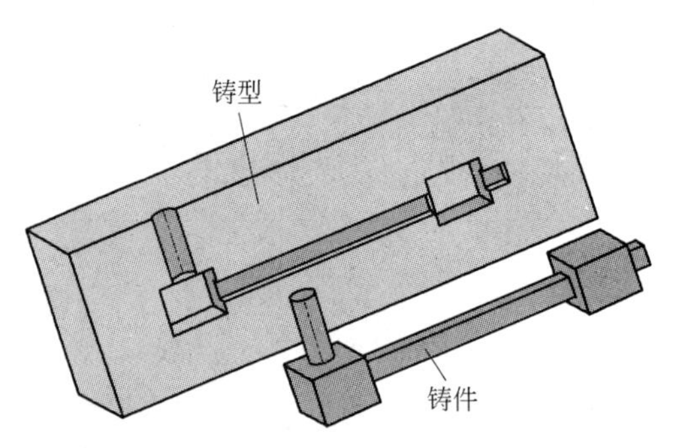

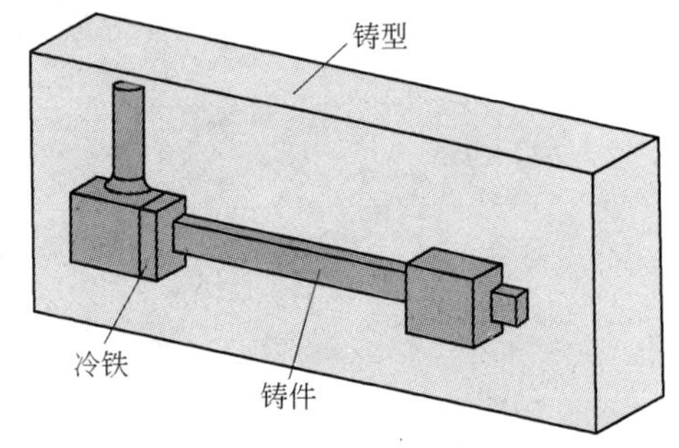

图 12-8 两个三维模型的几何形状对比示意图

创建并设置各部件之间的界面“Interface”。$h_{铸件冷铁}=1500W/(m^2\cdot K)$,$h_{铸件铸型}=500W/(m^2\cdot K)$,$h_{冷铁铸型}=500W/(m^2\cdot K)$。铸件应显示为红色。

设置边界条件(Boundary Condition/Assign Surface),将“Heat”设置为“Air_cooling”。

设置重力(Process/Gravity),Y 轴的负方向为重力方向。

设置初始条件(Initial Condition/Constant),铸件为 1570℃,冷铁和铸型为 20℃。

设置运行参数(Run Parameters),在“General”→“Standard”中终止条件设定最终温度“TSTOP”为“400”℃,最大时间步长“DTMAX”为“600”,设定“Thermal”中“TFREQ”为“5”。设定“Stress”为“1”,“SFREQ”为“5”,点击“Apply”,完成设置。

保存并退出 PreCAST。

(3)运行 DataCAST 和 ProCAST。

(4)在 ViewCAST 中对比观察结果。

1)温度场:对比两个铸件的温度场变化,找出热节位置,预测可能出现的缺陷。

输出要求:将温度场对比结果分别输出不少于 10 张图片,参见图 12-9 和图 12-10(图中灰度的变化原为彩色,可与计算机软件提供的色谱对照查看)。保存路径:“D:\学号_Casting Defect\Crackle\Output”。

同时,各选择 4 ~6 张图片打印、粘贴到“实验报告”的实验结果部分。

2)热裂是铸件生产中最常见的铸造缺陷之一,而通过 ProCAST 中“Hot Tearing Indicator”模块可以有效地预测有热裂倾向的位置,如图 12-11 所示,该铸件的 A 处容易应力集中,在实际生产中在此处也容易产生热裂。热裂倾向:点击“Hot Tearing Indicator”对比查看 A 处加冷铁前后的热裂倾向。结合图 12-9 和图 12-10 的温度场变化,分析热裂出现的原因。

输出要求:将热裂对比结果以图片格式输出,保存路径:“D:\学号_Casting Defect\

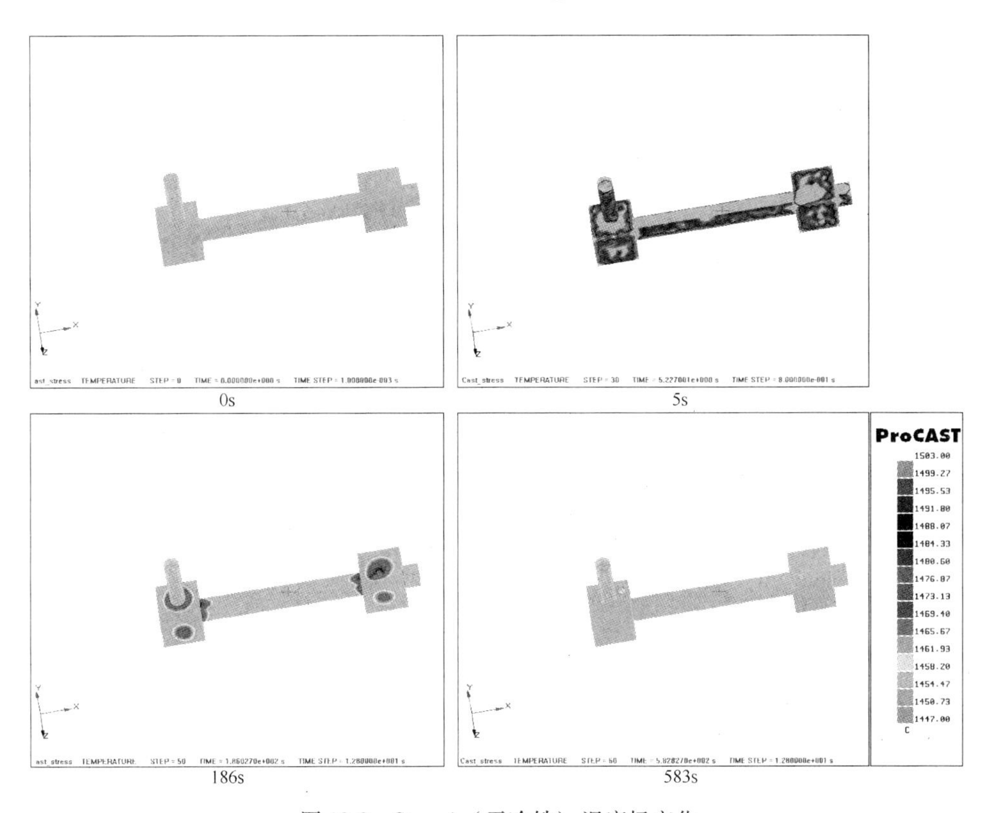

图 12-9　Stress1（无冷铁）温度场变化

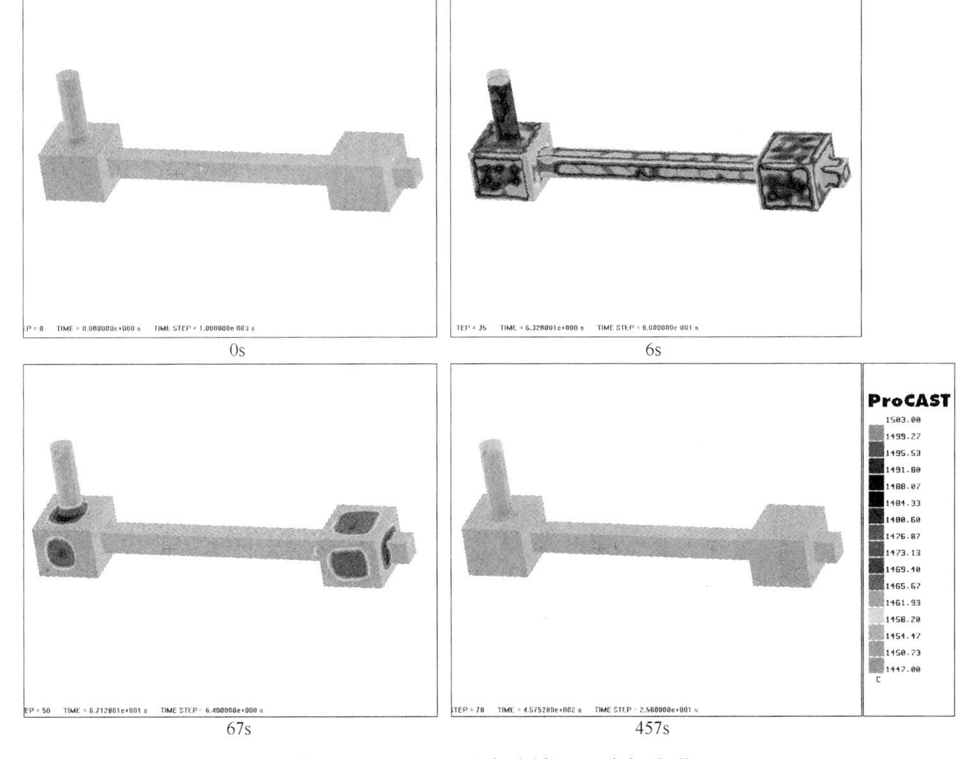

图 12-10　Stress2（有冷铁）温度场变化

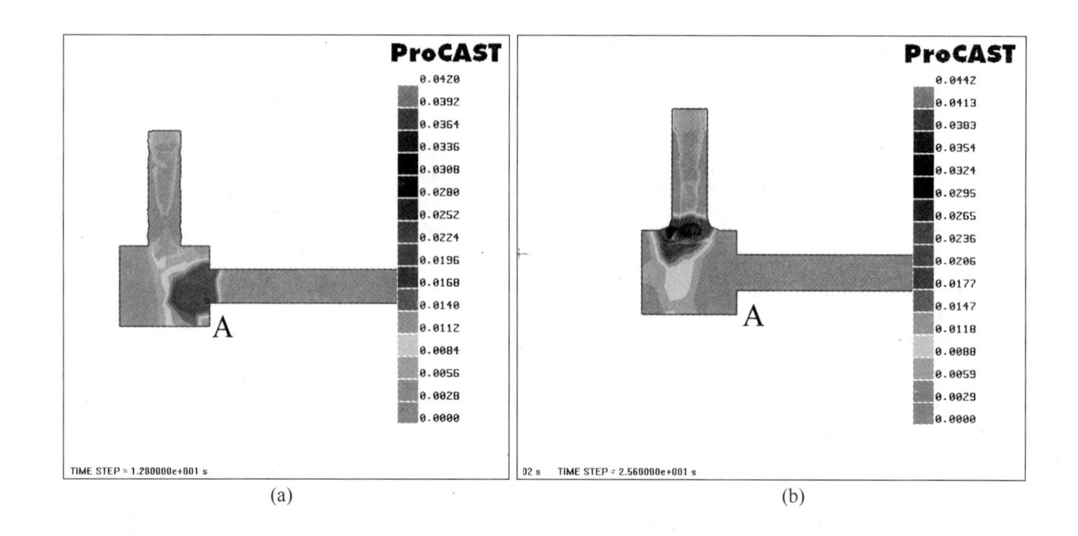

(a) (b)

图 12-11 A 处热裂倾向对比
（a）无冷铁；（b）有冷铁

Crackle \Output”。

同时，将图片打印、粘贴到“实验报告”的实验结果部分。

四、思考题

（1）为了减少缩松、缩孔类铸造缺陷，进行铸造工艺设计时应如何考虑冒口的位置和大小?

（2）裂纹缺陷通常会发生在铸件的什么部位？在铸造工艺设计时，应采用怎样的工艺措施减少和避免热裂缺陷的产生?

第四篇　创新型实验

第十三章　特种铸件的创意设计与成型实验

第一节　特种铸件的创意设计基本方法

一、第一阶段

第一阶段：初步明确创新目标，重视原始设想，培育创新激情，学习采集信息，重视感性认识，培养创新选题能力。

（1）初步选择创新目标。选择创新目标是创新实践活动的开始，是极重要的一步，也是关键的一步。我们要做的是重视设想，培育激情。

有部分同学凭借自己对某事物的兴趣、产生灵感就能提出某一目标方向。初始的想法可能并不完美、不周全，甚至是荒唐的，但是，不要着急，你要高度重视自己的设想，找指导老师陈述自己的设想，指导老师会耐心地听你陈述并鼓励你将设想陈述清楚，并会肯定和支持你的创造性思维的积极性和主动性，同时也会告诉你们：科技创新课题必须有新思想、新概念，多知识点交叉，有条件完成，有制成产品的可能性。对于你的设想是否能成为立项课题，指导老师会给你出点子，让你先去查阅资料，并告诉你还要做进一步的思考。

还有部分学生几乎没有原始的创新想法，但参加创新实践活动的积极性很高，对这部分同学，有效的做法是与指导老师面对面交流，指导老师将给你辅导一些创新与设计思维的原理和方法，同时也会出一些题目让你们思考，从而激发你们创新思维的火花。

【例 1】 有的同学通过老师的讲座和辅导，明白了大型铜艺术品“香港大佛”属于艺术铸造，即是佛教文化与现代铸造技术相结合的结晶，又由艺术铸造联想到能不能将学校的文化内涵通过校园景观表达出来，制成校园纪念品？经过进一步的构思，就有了“校园纪念品艺术铸造”。

【例 2】 有的同学通过联想，将钢的高强度、多孔材料好的储油功能、石墨与矿物油好的润滑性巧妙地结合起来，组合成新的功能——一种组合式含油轴承，最外层采用钢背提高含油轴承的支承强度，中间层为 Al/SiC 复合多孔材料，用做储油层，与轴相磨合的内层为石墨粉和机油渗入到铝基多孔材料的孔隙中形成的耐磨层。于是就有了“特种组合式含油轴承及多孔材料的研究”。

有了初步想法后，就应该开始下一步的工作。

（2）广泛地查阅书本、杂志、网络上的资料。查阅资料是创新人才必须具有的能力。现代信息情报数量大，增长速度快。有效地检索、浏览，从中筛选有用的信息是提高工作和研究效率的重要环节。在“创新实践”活动中，一定要学会查阅资料。

在图书馆里，有书籍、杂志、网络资料，应该好好用好它。每个同学查阅资料不得少于10篇。

（3）到相关的实验室、现场进行观察、测试，熟悉相关的设备和工艺，直接获得感性认识。

要培养提高大学生的创造性能力，其中重要的因素是丰富自己的知识。

在正式确定课题的任务和实施方案之前，为了能直接获得某些相关的感性认识，掌握创新实践的现场材料，应该到实验室去进行观察、拍摄、测试，熟悉相关的设备、工艺工作原理以及主要参数的调节等。

例如，在“特种组合式含油轴承及多孔材料的研究”和“校园纪念品艺术铸造”项目中，学生到实验室去，现场学习测试、观察相关的主要设备，进行压力的调整、温度的计量等；熟悉金属熔化设备、压力设备、搅拌装置的设计、差压浸渗设备等。“校园纪念品艺术铸造”项目中，同学自己在校园里对可能采用的景物进行拍摄。第一阶段，指导老师比较简单地介绍拍摄的图片的基本知识后，由同学自己自由拍摄。第二阶段，根据学生第一阶段拍摄的图片质量有针对性地进行补拍。在第二阶段，老师到现场指导、示范，如在拍摄图书馆外景时，同学开始运用机械制图的概念，正北、正南、正东方向拍摄。老师指导学生：拍摄景物讲究的是最佳角度，与机械制图不一样，拍摄要讲究艺术再创作。因此，学生又在东南方和东北方拍了几张，其艺术效果比正北、正南、正东方向好得多，先后共拍摄了校园景物图片50多张，重拍了10多张。

二、第二阶段

第二阶段：运用“创造技法”进行信息分析与创新方案的确定，培养创新思维能力。

（一）信息分析与创新方案的确定

信息分析即围绕创新目标的要求，从多方面、多角度分析采集的信息，既要注意相关细节，也要去伪存真；通过分析，明确问题，认清实现创新目标的必要条件、实质问题、核心问题。

创新方案的确定运用“创造技法”，围绕明确的问题，寻找与其他事物的联系，尽可能多提出解决问题的假定方案（新产品、新方法或新观念，方案数目不得少于3个），综合比较诸因素以后，确定一个最合理的创新方案。

在这一阶段，学生要学会运用“创造技法”思考问题、分析问题、解决问题。

例如：选择确定“校园纪念品艺术铸造”项目时，运用“系统探求创造技法”进行分析研究。

该法的特点是适合任何工作，只发问，具体内容不同；可突出其中任何一问。

Why? 为何进行该项目？

（1）设计制作能够代表X大学校区最具特色的校园文化景观，供母校和X大学学子们作纪念品。

(2) 在设计制作过程中提高自己的创新能力。

What? 有何功能？是否需要创新？

X大学师生珍藏艺术铸造是艺术与科技相结合的工程，属于多知识点交叉，但无样板可参考，需要从图案的艺术性到文化内涵全方位创新设计（模板用“纸质层叠法”制作，其制作工艺要创新）。

Who? 用户是谁？由谁设计？

例如：(1) X大学师生与校友；

(2) 由XXX设计。

When? 何时完成设计？各阶段如何划分？

例如：2007年9月前完成设计；

2008年2月前完成模板制作；

2008年6月前完成铝质样品铸造并进行表面处理。

Where? 产品用在何处？在何处制造？

例如：样品留给X大学。

在X大学铸造实验室进行模板制作、样品铸造并进行表面处理。

How to do? 如何设计？形状是什么？材料是什么？

纪念品的形状为扇形——象征着X大学由小到大，前程似锦，未来的发展道路越走越宽阔。

纪念品图案应有：

楼群——象征学校是一所多学科发展的综合性大学。

图书馆——象征着知识，象征着进步，是前湖校区标志性建筑。

航空器——不仅是学校航空特色的标志，也象征着X大学人努力拼搏、不断进取的航空精神。

树木和湖水——显示出前湖校区优美的学习环境，象征着浓厚的校园文化；“百年树木，十年树人”，今天的航空学子，明天的国家栋梁！

模板材料为纸质，铸造样品为铝合金。

How much? 单件还是批量生产？

模板为单件；样品可用砂型铸造试制多件。

【例1】 “校园纪念品艺术铸造”项目，先对拍摄的50多张照片从思想文化内涵、美观、艺术性、便于铸造模板的制作和铸造出合格的样品方面逐个进行分析，初步拟定了4个方案。经指导老师、作者本人一起分析、讨论，并听取了部分其他老师和同学的意见，最终确定第一方案为设计图样。理由为：

群　楼——第一方案群楼的设计比较符合校园实际情况，其他几个方案差一些。

图书馆——第一方案线条布局比较合理，而其他几个方案线条布局有些乱。

航空器——第一方案的航空器动感，而其他几个方案没有动感。

树　林——第一、第二、第四方案线条布局比较合理。

湖　水——第一方案的湖水给人一种微波粼粼的动感，让人很舒服，而其他几个方案有些乱，不像湖水而像海潮。

就整体效果而言，还是第一方案好些。

【例 2】 在选择确定“特种组合式含油轴承及多孔材料的研究”项目时，运用“原理组合创新创造技法”进行分析研究。

该法的特点：

（1）技术领域相互转移渗透，形成杂交的边缘科学；

（2）已开发的成熟技术合理组合，创造出崭新的技术系统，操作经济有效；

（3）形式多样，应用广泛。

该法的实质是将两个以上的技术因素组合在一起，得到一个具有新功能的技术产物。

第一方案：用粉末冶金法制备多孔铜做含油材料，用 45 号钢做支承材料，用挤压法将石墨 + 矿物油挤入含油材料中做润滑材料。三者组合而成含油轴承。

第二方案：用 45 号钢做支承材料，用粉末冶金法制备多孔铜做耐磨层，用铸造法制作多孔铝做含油层，用挤压法将石墨 + 矿物油挤入耐磨层做润滑层。四者组合而成含油轴承。

第三方案：用 45 号钢做支承材料，用半固态搅拌工艺制备 SiC/铝基复合材料，再用差压浸渗工艺制备 Al/SiC 多孔复合材料做含油的耐磨层，用挤压法将石墨 + 矿物油挤入多孔复合材料做润滑层。三者组合而成含油轴承。

综合考虑了各种因素后，选择了第三种方案，理由是第三种方案的功能创新很突出：

（1）组合式含油轴承是将钢的高强度、多孔材料好的储油功能、石墨与矿物油好的润滑性巧妙地结合起来。最外层采用钢背来提高含油轴承的支承强度，中间层为 Al/SiC 复合多孔材料用做储油层，与轴相磨合的内层为石墨粉和机油渗入到铝基多孔材料的孔隙中形成的耐磨层。

（2）采用差压浸渗法制备 Al/SiC 多孔复合材料，用做含油轴承的含油层，它是制作含油轴承的关键一步。SiC 颗粒的加入提高了多孔材料的使用强度及抗磨性。Al/SiC 复合多孔材料的通孔孔隙率可达 50%，可用于存储大量的石墨润滑油，突破了 Al/石墨材料的石墨含量达不到 20% 的工艺瓶颈。其工艺未见报道。

与粉末冶金铜多孔材料的价格相比，Al/SiC 多孔复合材料便宜一半以上。

技术因素包含相对独立的技术原理、技术手段、控制方式、工艺方法、材料等。

Al、SiC 材料选择：SiC 为 0.084mm（180 目）的绿色 SiC，加入量为 5%；Al 为 ZL109。

半固态 Al/SiC 复合材料的制造工艺主要工艺参数：机械搅拌速度 1400r/min，搅拌温度控制在 590℃，搅拌时间为 60min。实验装置来源为自制。

差压浸渗 Al/SiC 多孔材料的成型工艺主要工艺参数：下室真空压力为 −0.09MPa，上室气压为 0.6MPa，差压保持时间为 30min，模型预热为 580℃。实验装置来源为自制。

石墨与矿物油的选择：石墨颗粒 0.074mm（200 目），矿物油为机油、黄油。

钢背材料选择与加工：45 号钢淬火，硬度为 HRC40～45，里外表面精车。

热压法组装工艺：钢背材料预热为 300℃，加压 20MPa。

（二）创意选题和创新方案的条件

在进行信息分析和方案制订时，要积极主动分析，先拿出方案，然后再请老师指导，同学要学会思考，学会分析问题，既抓主要矛盾，也要考虑矛盾双方的关系，拿出解决问题的方案。

“创新实践”选题应符合：

（1）有创新思想。这点特别重要，选题不能要那种简单的做点修改或照搬别人现成的东西，即使是“合成”现有的东西，也不应该仅仅是简单的合成，即合成后在原理概念、功能、寿命上要变成全新的东西。

（2）多知识点集合。这类题目学生能学到的东西更多，有利于培养综合素质的人才。丰富学生的知识、技术、技能，这些也是创新能力的基础。

（3）能有成果。其成果最好是一个看得见、摸得到的实体，这样学生就会有成就感。因为学生对产品开发是一个初学者，许多知识只有亲自在做实际东西的时候学到，如果产品开发只是在计算机上模拟模拟，这种题目就没有实践价值。

（4）时间安排要合适。“创新实践”因为属于第二课堂，它应符合第二课堂的教学规律和特点，学生每学期的实际学习课时应控制在30~50学时之间，不够30学时学不到东西，超过50学时时总时间太多，可能会影响到第一课堂的学习。

（5）学校条件要能满足。创新课题是否能顺利进行和完成，与学校的条件有直接关系，包括实验室的设备装置、图书资料、经费情况等。题目太大没有条件实现时不能立题，以免事情不了了之。

（6）用铸造的方法能完成。

三、第三阶段

第三阶段：用铸造的方法完成产品创新方案的实施，培养创新综合能力。

（一）重视创新实践过程

在完成创新方案的实践中掌握技术、技能，发现问题，解决问题，如果在实践中发现原方案错误，必须修改方案或重做方案。

创造性能力的提高包含技术、技能的提高，细节能决定成败，因此，培养创新人才应该注意在实践中训练他们的专业技术、技能。

【例1】 “校园纪念品艺术铸造”项目中，学生学习掌握用纸质层叠原理制作模样的工艺，这种方法是用几张废纸就能叠出漂亮的图案，不依赖高精尖设备。学生感觉收获挺大，干得很起劲，模样做得也很漂亮。

模样制作后，用砂型铸造的方法造型就不那么顺利了，起初，铸型掉砂严重，表面也很粗糙，问题出现后，学生进行了全面的分析：

问题——铸型掉砂。

掉砂产生的可能原因、改正措施及效果见表13-1。

表 13-1 掉砂产生的可能原因、改正措施及效果

序号	产生问题的可能原因	改正措施	效 果
1	造型：（1）在造型时用力太大，使铸型太紧；（2）在造型时用力太小，使铸型太松	在造型时用力均匀，使铸型不太紧也不太松	不明显
2	模样：（1）斜度太小；（2）表面不光滑	经检查，不存在斜度太小、表面不光滑问题	无改善
3	砂型黏度：（1）型砂组成中黏土含量太少，引起黏度太低；（2）型砂过干	（1）改变型砂组成，增加黏土含量；（2）定量加水	基本不掉砂

结论——铸型掉砂的原因是型砂的黏度问题。

随后对型砂的黏度进行改性实验，优化型砂的组成，较好地解决了问题。

【例 2】“特种组合式含油轴承及多孔材料的研究”项目所涉及的知识点更多，包括半固态搅拌、压挤成型复合材料、差压浸渗多孔复合材料，这些新工艺都是在本科生培养计划之外的知识，学校在这方面条件较好、有较强的优势；要指导学生学会使用电炉熔化金属、预热 SiC 颗粒、安装搅拌器、控制搅拌温度、调节差压浸渗实验装置、预热模具、浇注、控制工艺参数、组合含油轴承等。

实验过程中遇到了一些没预料到的问题，开始 Al/SiC 复合材料熔体顺着型腔的排气道排出了大部分，影响了 Al/SiC 复合多孔材料的强度，要引导学生进行全面的分析找原因。

问题——多孔材料的强度低。

强度低产生的可能原因、改正措施及效果见表 13-2。

表 13-2 强度低产生的可能原因、改正措施及效果

序号	产生问题的可能原因	改正措施	效 果
1	模具预热温度过高	降低模具预热温度	不明显
2	浇注温度过高	降低浇注温度	不明显
3	差压保持时间太长	缩短差压保持时间	不明显
4	模具预热温度过高，浇注温度过高，差压保持时间太长，这三因素所产生的综合影响	三因素的工艺参数综合优化	明显好转

结论——产生问题的原因是三因素所产生的综合影响。

调整了相关的工艺参数后，最终得到了较好的成品。

在遇到问题时，老师应启发学生进行思考、分析，找出问题产生的原因，提出解决问题的办法。

（二）追求创新实践成果

成果，是创新实践追求的目标。指导学生根据具体情况选择一种创新方案的完成方式，制成新产品，或完成全套图纸设计，或撰写既有批判又有建设性意见的论文。

“校园纪念品艺术铸造”和“特种组合式含油轴承及多孔材料的研究”项目选择的完成方式是做出实实在在的产品。

既要培养提高学生在实践中碰到问题时分析问题、解决问题的能力，也要培养学生认准了目标，就一定要奋力拼搏、排除万难、争取胜利的坚强信念，有“不到长城非好汉”的精神。让学生明白，创新不是讲空话、讲假话，有成果的创新才是真正意义上的创新。

为了做出实实在在的产品，参加创新项目的同学在平时课余的时间、寒暑假都要查阅资料、做实验，这样才能较好地完成任务。

第二节 特种铸件的创意设计与砂型成型实验

一、创新目标选题指南

在下述砂型成型的环节中，根据自己的兴趣选择某一或多个选题进行创新实验研究。
（1）铸件设计方面：
1）设计一件自己非常有兴趣的模型图案。
2）设计一件具有创新功能的铸件。
（2）模样制作方面：
1）新型模样或模板材料的使用。
2）模样制作方法进行改革，能节约成本或使质量提高。
（3）型砂材料方面：
1）提高型砂激冷效果的方法。
2）提高型砂保温效果的方法。
3）提高型砂强度的方法。
4）提高型砂透气性的方法。
（4）造型方法方面：
1）高强型芯与快速制芯工艺。
2）易溶型芯制芯工艺。
3）真空造型工艺。
4）低压造型工艺。
（5）浇冒系统方面：
1）保温冒口设计与效果测试。
2）挡渣浇口杯与复合型内浇道设计与效果测试。
3）调温冷铁设计与效果测试。
（6）浇注温度、浇注速度选择方面：
1）新型浇注装置的设计与浇注速度的控制。
2）浇注温度快速测量与控制。
（7）自己有兴趣的其他方面。

二、创新方案的确定

创新方案的确定要运用“创造技法”思考问题、分析问题，尽可能多提出解决问题的假定方案（方案数目不得少于3个），综合比较诸因素以后，确定一个最合理的创新方案。确定创新方案要考虑如下因素：

（1）资料信息查阅与分析。围绕选定的目标，查阅相关资料5篇以上，辩证地分析资料中的实验方法、相关数据和观点，寻找目标与其他事物的联系。

（2）创新方案的合理性。创新方案难得有奇招、新招、狠招，但这些“招数”要有科学依据，不能为奇而奇、为新而新。

（3）创新方案的实施条件。要考虑零件是否适用砂型铸造法制造；分析方案实施、后续处理等设备基础条件是否满足。如坩埚电阻炉、黏土砂、树脂砂、砂箱、烘箱、铝合金、精炼剂、变质剂、树脂砂模具、射砂设备、浇注工具及修模工具等是否齐全。

（4）与他人讨论方案。在制订方案时，要主动请教老师和同学，与大家一齐讨论，尤其要重视不同意见，听取他人意见，完善创新方案。

三、创新目标的实施

在完成创新方案的实践中，细节将决定成败，因此，要注意掌握技术、技能，发现问题时分析问题、解决问题，提高创新能力。如果在实践中发现原方案错误，必须修改方案或重做方案。

（1）设计艺术品图案。

设计艺术品图案的基本原则：

1）具有可观性。线条流畅，造型优美，布局合理。

2）具有思想性。内容健康，寓意深刻。

3）可制造性。符合砂型铸件特点与要求。

可能出现的问题：

1）造型与现有某艺术品太多雷同。

2）寓意不深刻。

3）砂型铸造工艺无法成型。

（2）设计某种功能性零件或其他零件。

设计基本原则至少合乎下述其中一条：

1）具有新功能或比现有零件功能更全或结构更合理。

2）零件更有经济性，材料成本或砂型工艺成本降低。

3）零件无毒，加工过程不污染环境。

可能出现的问题：

1）功能创新不足。

2）砂型铸造工艺成本提高。

3）砂型铸造工艺无法成型。

（3）模样制作。

应注意要点：

1）模样的拔模斜度、内外圆角。

2）模样分型面。

3）表面粗糙度。

4）模样基准。

可能出现的问题：

1）模样材料强度不够。

2）模样表面太粗糙。

3）造型后不方便取模。

（4）型砂材料。

应注意要点：

1）型砂材料的耐火度。

2）型砂材料的再生与环保。

可能出现的问题：

1）型砂材料腐蚀铸件。

2）型砂材料不能再生。

（5）造型方法。

应注意要点：

1）型芯粘模。

2）砂型的紧实度与透气性。

可能出现的问题：

1）型芯出模困难。

2）易熔型芯腐蚀铸件。

（6）浇冒系统。

应注意要点：

1）保温冒口的寿命及对型砂的污染。

2）冷铁预热温度的选择要避免周边型砂被烤干。

可能出现的问题：

1）冒口的设置位置造成后处理难。

2）内浇口掉砂堵塞流道。

（7）浇注温度、浇注速度选择。

应注意要点：

1）浇注装置的保温性能。

2）温度传感器的可靠性。

可能出现的问题：

1）温度传感器焊点与接头处断开。

2）浇注装置保温性能太差。

3）浇注装置旋转机构欠灵活。

四、铸件质量检验与问题分析

（1）铸件凝固后要进行质量检验（含表面与内部质量），如不合格，重来，直到合格。

（2）认真分析各因素对铸件成型的影响，尤其是缺陷产生的原因。

五、实验报告要求

实验报告需有下述内容：设计方案与图纸；实验方法与结果；讨论相关问题并写出实验小结。

第三节　特种铸件的创意设计与压铸成型实验

一、创新目标选题指南

在下述压铸成型的环节中，根据自己的兴趣选择某一或多个选题进行创新实验研究。
（1）铸件设计方面：
1）设计一件自己非常有兴趣的模型图案。
2）设计一件具有创新功能的压铸件。
（2）压铸合金方面：
1）半固态压铸合金浆料制备。
2）高强铝合金的成分控制。
3）耐磨铝、锌合金的成分控制。
4）颗粒与纤维增强铝、锌基复合材料制备。
5）加入三维陶瓷、金属网铝、锌基复合材料制备。
6）自然成色（阳极化后）铝合金的成分控制。
（3）压铸模具方面：
1）新型模具材料的使用。
2）真空压铸浇道与排溢系统设计。
3）半固态压铸浇道与排溢系统设计。
4）复合材料压铸浇道与排溢系统设计。
5）延长模具材料寿命的热处理工艺。
6）模具表面抛光新方法。
7）超高压模具设计。
8）含易熔型芯的模具设计。
9）厚大压铸件的模具设计。
（4）压铸机方面：
1）型腔快速达真空的真空压力罐与接口系统设计。
2）多向抽芯的液压系统设计。
3）加热控制系统设计。
4）冷却控制系统设计。
5）自动进料机械手设计。
6）压铸全过程自动化程序设计。
（5）压铸工艺方面：
1）压铸合金精炼、除渣、除气新方法。
2）压铸合金变质与细化新工艺。
3）半固态压铸合金熔化、制浆、浇注温度与速度控制。
4）高强铝合金除渣、除气、浇注温度与速度控制。
5）耐磨铝、锌合金除渣、除气、浇注温度与速度控制。

6）颗粒与纤维增强铝、锌基复合材料除渣、除气、浇注温度与速度控制。

7）加入三维陶瓷、金属网铝、锌基复合材料除渣、除气、浇注温度与速度控制。

8）自然成色（阳极化后）铝合金除渣、除气、浇注温度与速度控制。

9）厚大压铸件的凝固保压时间控制。

二、创新方案的确定

创新方案的确定要运用“创造技法”思考问题、分析问题，尽可能多提出解决问题的假定方案（方案数目不得少于3个），综合比较诸因素以后，确定一个最合理的创新方案。确定创新方案要考虑如下因素：

（1）资料信息查阅与分析。围绕选定的目标，查阅相关资料5篇以上，辩证地分析资料中的实验方法、相关数据和观点，寻找目标与其他事物的联系。

（2）创新方案的合理性。创新方案难得有奇招、新招、狠招，但这些“招数”要有科学依据，不能为奇而奇、为新而新。

（3）创新方案的实施条件。要考虑零件是否适用压铸法制造；分析方案实施、后续处理等设备基础条件是否满足。如压铸机、熔化炉、合金原材料、精炼剂、变质剂、浇注工具及修模工具等是否齐全。

（4）与他人讨论方案。在制订方案时，要主动请教老师和同学，与大家一齐讨论，尤其要重视不同意见，听取他人意见，完善创新方案。

三、创新目标的实施

在完成创新方案的实践中，细节将决定成败，因此，要注意掌握技术、技能，发现问题时分析问题、解决问题，提高创新能力。如果在实践中发现原方案错误，必须修改方案或重做方案。

（1）设计艺术品图案。

设计艺术品图案的基本原则：

1）具有可观性。整体布局合理，优美。

2）具有思想性。有浓厚生活气息，寓意深刻。

3）可制造性。符合压铸件特点与要求。

可能出现的问题：

1）造型与现有某艺术品太多雷同，创新不足。

2）创意、寓意不深刻。

3）压铸铸造工艺无法成型。

（2）设计某种功能性零件或其他零件。

设计基本原则至少合乎下述其中一条：

1）具有新功能或比现有零件功能更全或结构更合理。

2）零件更有经济性，材料成本或压铸工艺成本降低。

3）零件更绿色、环保，无毒、不污染环境。

可能出现的问题：

1）功能创新不足。

2）压铸工艺成本提高。
3）压铸工艺无法成型。
（3）压铸合金。
应注意要点：
1）合金的流动性与抗热裂性。
2）合金对模具的黏附性。
3）合金耐热性与耐蚀性。
可能出现的问题：
1）合金粘模。
2）压铸件出现热裂。
3）高温强度低，推出铸件时碎裂。
（4）压铸模具。
应注意要点：
1）模具材料的线膨胀系数应尽可能小，导热能力应尽可能大。
2）全部压铸模零件的材料质量与加工质量应符合相关标准。
3）应有最佳热处理规范。
可能出现的问题：
1）压铸模变形、开裂；
2）压铸模设计不合理。
（5）压铸机。
应注意要点：
1）多向液压抽芯与压铸机液压油路匹配。
2）压射力的合理选择。
3）合型力的核算。
可能出现的问题：
1）金属液从分型面喷出。
2）加热控制系统漏电与冷却控制系统漏水。
（6）压铸工艺。
应注意要点：
1）采用尽可能低的压铸温度和较高的模具温度。
2）加热与冷却要均匀。
3）经精炼变质后的压铸合金液，其待浇注时间必须控制在精炼变质的有效时间内。
可能出现的问题：
1）铸件欠压铸与飞边严重。
2）铸件鼓气包。
3）厚大压铸件中心缩孔。

四、铸件质量检验与问题分析

（1）铸件凝固后要进行质量检验（含表面与内部质量），如不合格，重来，直到合格。

（2）认真分析各因素对铸件成型的影响，尤其是缺陷产生的原因。

五、实验报告要求

实验报告需有下述内容：设计方案与图纸；实验方法与结果；讨论相关问题并写出实验小结。

第四节　特种铸件的创意设计与金属型铸造成型实验

一、创新目标选题指南

在下述金属型铸造成型的环节中，根据自己的兴趣选择某一或多个选题进行创新实验研究。

（1）铸件设计方面：

1）设计一件自己非常有兴趣的艺术模型图案。

2）设计一件具有功能创新的金属型铸件。

（2）铸造合金与熔炼方面：

1）铝硅、铝铜、铝镁合金熔炼新工艺。

2）再生铝合金粗大晶粒的细化工艺。

3）合金精炼、变质与变质效果快速检测。

（3）金属型铸造机方面：

1）旋转式金属型铸造机的创新设计。

2）多向开模金属型铸造机的创新设计。

（4）金属型设计制造方面：

1）长条形铸件金属型设计制造。

2）厚大铸件金属型设计制造。

3）含砂芯铸件金属型设计制造。

4）复杂铸件金属型设计制造。

5）金属型新材料应用。

6）金属型制造新工艺。

（5）金属型浇注工艺方面：

1）浇注速度的有效控制。

2）浇注温度的有效控制。

3）金属型预热与冷却系统的设计与效果测试。

（6）金属型铸件后续处理方面：

1）浇冒口快速去除新工艺。

2）铸件热处理新工艺。

二、创新方案的确定

创新方案的确定要运用“创造技法”思考问题、分析问题，尽可能多提出解决问题的假定方案（方案数目不得少于3个），综合比较诸因素以后，确定一个最合理的创新方案。确定创新方案要考虑如下因素：

（1）资料信息查阅与分析。围绕选定的目标，查阅相关资料5篇以上，辩证地分析资料中的实验方法、相关数据和观点，寻找目标与其他事物的联系。

（2）创新方案的合理性。创新方案难得有奇招、新招、狠招，但这些“招数”要有科学依据，不能为奇而奇、为新而新。

（3）创新方案的实施条件。要考虑零件是否适用金属型铸造法制造；分析方案实施、后续处理等设备基础条件是否满足。如金属型铸造机、熔化炉、合金原材料、金属型、精炼剂、变质剂、浇注工具及修模工具等是否齐全。

（4）与他人讨论方案。在制订方案时，要主动请教老师和同学，与大家一齐讨论，尤其要重视不同意见，听取他人意见，完善创新方案。

三、创新目标的实施

在完成创新方案的实践中，细节将决定成败，因此，要注意掌握技术、技能，发现问题时分析问题、解决问题，提高创新能力。如果在实践中发现原方案错误，必须修改方案或重做方案。

（1）设计艺术品图案。

设计艺术品图案的基本原则：

1）具有可观性。线条优美，整体效果好。

2）具有思想性。有浓厚的生活气息，寓意深刻。

3）可制造性。符合金属型铸件特点与要求。

可能出现的问题：

1）造型与现有某艺术品太多雷同。

2）寓意不深刻。

3）金属型铸造工艺无法成型。

（2）设计某种功能性零件或其他零件。

设计基本原则至少合乎下述其中一条：

1）具有新功能或比现有零件功能更全或结构更合理。

2）零件更有经济性，材料成本或金属型工艺成本降低。

3）零件更绿色、环保。

可能出现的问题：

1）功能创新不足。

2）金属型工艺成本提高。

3）金属型铸造工艺无法成型。

（3）铸造合金与熔炼。

应注意要点：

1）合金的流动性与抗热裂性。

2）合金对模具的黏附性。

3）合金变质时间与变质温度。

可能出现的问题：

1）合金液粘模。

2）铸件出现热裂。

3）合金变质不足或过变质。

（4）金属型铸造机。

应注意要点：

1）开合模机构的可靠性。

2）抽芯力可靠性。

3）模具最大与最小安装距离。

可能出现的问题：

1）液压系统压力上不去。

2）铸造机刚性不足。

（5）金属型设计制造。

应注意要点：

1）流道要顺。

2）排气要畅。

3）补缩要足。

可能出现的问题：

1）铸件难成型。

2）模具刚性不足。

（6）金属型浇注工艺。

应注意要点：

1）浇注温度控制。

2）浇注速度控制。

3）可靠锁模。

可能出现的问题：

1）锁模不紧。

2）铸件出模困难。

3）模温太低引起欠铸。

（7）金属型铸件后续处理。

应注意要点：

1）合理选择固溶处理温度与时间、时效温度与时间。

2）去除浇冒口时要留足加工余量。

可能出现的问题：

1）热处理超温超时或温度与时间不足。

2）加工余量不足。

四、铸件质量检验与问题分析

（1）铸件凝固后要进行质量检验（含表面与内部质量），如不合格，重来，直到合格。

（2）认真分析各因素对铸件成型的影响，尤其是缺陷产生的原因。

五、实验报告要求

实验报告需有下述内容：设计方案与图纸；实验方法与结果；讨论相关问题并写出实验小结。

第十四章 艺术品精密铸造成型实验

第一节 艺术铸造工艺概述

艺术品铸件通常可分为造型艺术品和工艺美术品两大类。造型艺术品如室内外雕塑，工艺美术品如建筑装饰（门、窗、柱饰、栏杆等）、五金饰件（奖杯、纪念牌、招牌、服饰配件、装饰品等）、宗教用品（钟、磬、香炉、十字架等）、文物复制品、金银饰品等，范围相当广泛，特别是中国古代青铜器。

中国古代青铜器源远流长，具有独特的艺术特色和风格，以其雄伟的造型、精湛的铸造工艺、古朴的纹饰和丰富多彩的铭文著称于世。人类经过漫长的岁月，把沧桑、信念、丰厚……一切都铸造在这些青铜器上，青铜器记录了时代，为历史留下了不可磨灭的足迹。

有的工艺美术品就是雕塑作品。金属浇注而成的是艺术铸件，非金属材料（例如树脂、玻璃等）浇注而成的艺术品，也属于艺术铸件。

艺术铸造一般包括艺术创作、翻制模具、制作铸型、熔炼、浇注、铸后加工、着色或表面装饰等各道工序。所以，艺术铸造与工业品铸造不同，艺术铸造是一项艺术创作和科学技术相结合的工程，是一项创造美的工程，它具有精神生产和物质生产的双重属性。

艺术铸造中，主体是艺术，是创作，铸造只是手段。铸造应该服务于艺术，忠实于艺术。铸造必须一丝不苟地体现原作的精神和风貌。原作中每一根线条、每一个细节，都体现出作品的思想和艺术家的风格，铸造时必须完善地表现出来，铸造人员切忌随意更改。从这种要求出发，艺术铸造并不见得比工业品铸造来得容易。当然，有经验的艺术家在创作时，往往会照顾到铸造成型技术的特点。不少优秀的艺术铸件，就体现出艺术和铸造之间这种和谐的配合。

本章实验把各类艺术品制作过程和铸造专业知识融为一体，通过本课程的学习，学生可以了解艺术品种类特色与风格，进一步加深学生对中国历史源远流长的厚重感。在这个过程，学生不知不觉地就掌握了艺术铸造、熔模铸造、石膏型铸造的特性，以及精巧工艺品的创意设计和构思、三维造型软件的应用、现代的工艺造型设计及制作工艺等，同时理解铸造原理和铸造工艺中一些基本知识。

第二节　硅橡胶模成型工艺实验

一、实验目的

（1）了解硅橡胶的特性。
（2）通过实验翻制工艺品，了解硅橡胶成型性。

二、实验原理

硅橡胶软模是软质模具的一种，是利用硅橡胶作为模具主要材料的快速模具制造技术。硅橡胶是相对分子质量非常高的线型聚硅氧烷，在胶联剂、催化剂作用下，它从高黏滞塑性态转变成弹性的胶凝物质，从而形成模具。硅橡胶模具具有制作周期短、制造成本低、弹性好、易于脱模、可以制造不用拔模斜度甚至负拔模斜度的零件、复印性好以及可以直接用于制造塑料功能件的特点。将选择性激光烧结技术（SLS）和硅橡胶模具技术结合起来可以更好地发挥SLS和硅橡胶模具快速制造零件的优势。

三、实验设备及材料

设备：烘箱；搅拌机。
材料：硅橡胶；固化剂；石膏。

四、实验样件

样件来源包括：
（1）设计雕刻的泥型；
（2）所购的工艺品，可以是树脂类、金属类、塑料类等；
（3）SLS快速原形设计制造的PS型。

五、实验内容及步骤

专用胶模具有多重优良性能，能完全复制样件表面细微的纹理特征，快捷制模，脱模方便。但和一般模具不同，这种专用胶模具是软模具，所以必须对其制作靠模，进行控型，防止制蜡型时在液态树脂的压力下膨胀变形。由于石膏具有凝固快、成型性好、有足够强度的特点，因此采用普通建材石膏制作靠模进行控型。

（1）制专用胶模：将配置好的硅橡胶涂刷在样件上，厚度约5mm，待固化。

（2）胶模控型（靠模）：将石膏和水搅拌均匀成浆状，然后将适量石膏放在平面上，把裹有硅胶的铜器压在石膏上，放一层塑料薄膜为分型面，再将石膏敷在铜器上，待硬化后取下。

六、实验注意事项

（1）固化剂含有活性基团，易受潮水解，所以用后应将盖子密封或盖紧。

（2）硅橡胶模是软模具，在压力下很容易变形，制好的硅橡胶模最好放在和它对应的石膏型里。

七、思考题

（1）介绍模具硅橡胶的特性，如何制作靠模？
（2）分析固化剂对制品的影响。

第三节　树脂艺术品成型工艺实验

一、实验目的

（1）掌握不饱和树脂中固化剂与促进剂的比例及反应机理。
（2）掌握石膏控型原理。
（3）了解树脂工艺品的浇注过程。

二、实验原理

不饱和聚酯树脂是热固性树脂中最常用的一种，它是由饱和二元酸、不饱和二元酸和二元醇缩聚而成的线型聚合物，经过交联单体或活性溶剂稀释形成的具有一定黏度的树脂溶液，简称 UP。它可以在室温下固化，常压下成型，工艺性能灵活，特别适合大型和现场制造玻璃钢制品。

不饱和聚酯是具有多功能团的线型高分子化合物，在其骨架主链上具有聚酯链键和不饱和双键，而在大分子链两端各带有羧基和羟基。主链上的双键可以和乙烯基单体发生共聚交联反应，使不饱和聚酯树脂从可溶、可熔状态转变成不溶、不熔状态。主链上的酯键可以发生水解反应，酸或碱可以加速该反应。若与苯乙烯共聚交联后，则可以大大地降低水解反应的发生。在酸性介质中，水解是可逆的，不完全的，所以，聚酯能耐酸性介质的侵蚀；在碱性介质中，由于形成了共振稳定的羧酸根阴离子，水解成为不可逆的，因此聚酯耐碱性较差。

三、实验设备及材料

设备：烘箱；搅拌机。
材料：硅溶胶；石膏；不饱和聚酯树脂；固化剂；促进剂；填料；石膏；丙烯基颜料；油漆等。

四、实验样件

图 14-1 和图 14-2 所示为试样件实形图。

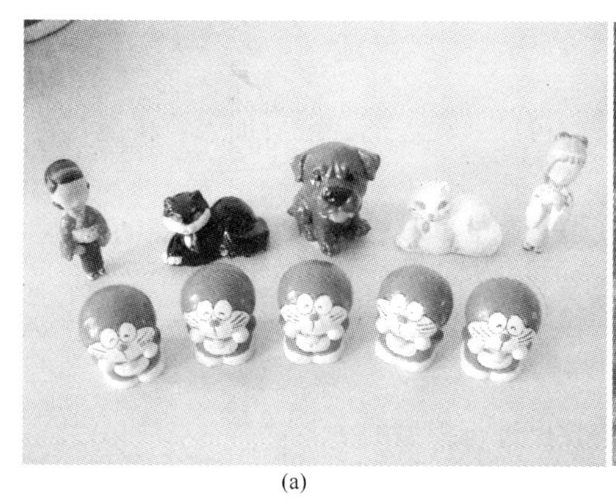
(a)

(b)

图 14-1　试样件实形图（一）
（a）树脂工艺品；（b）树脂人像作品

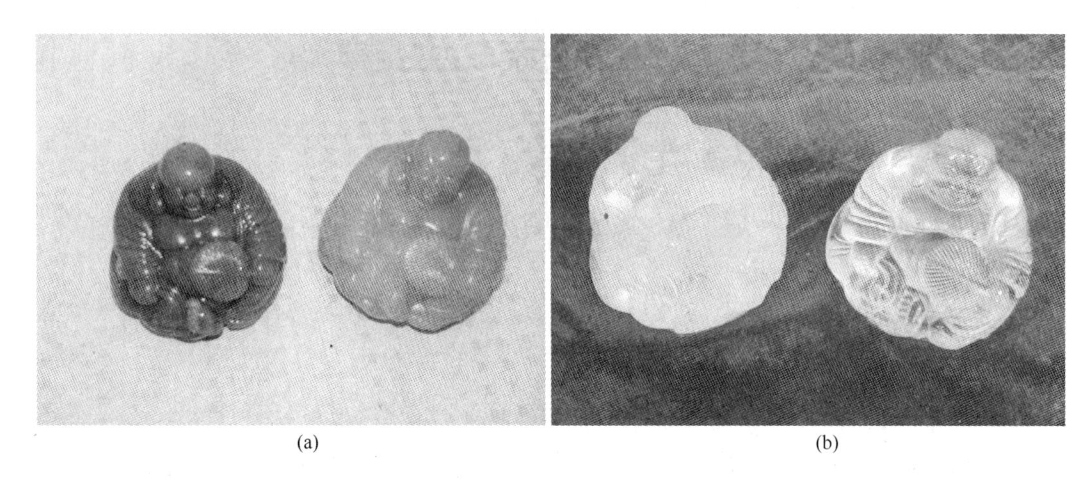

(a)　　(b)

图 14-2　试样件实形图（二）

（a）仿玉树脂工艺品；（b）透明树脂工艺品

五、实验内容及步骤

（1）制专用胶模：将配置好的硅橡胶涂刷样件上，厚度约 5mm，待固化后将手从中脱出。

（2）胶模控型（靠模）：将纯石膏和水搅拌均匀成浆状，然后将适量石膏放在平面上，将外裹固化后硅橡胶放在石膏上，制作好一半石膏靠模。再放一层塑料薄膜为分型面，再将石膏敷在样件的上半型上，制作好另一半石膏靠模，待硬化后取下，合上、下石膏靠模。取出硅橡模中的样件，硅橡胶的分型面开在隐蔽的位置，如人物造型，可开在人物的背面。

（3）浇注树脂：将制好的专用胶膜放入石膏靠模内定型，向其中浇注液态的树脂（树脂、促进剂和固化剂按 50∶1∶1 的比例）。

（4）将固化后树脂工艺品进行打磨，有残损的部位进行石膏修补，最后进行抛光处理。

（5）对打磨好的工艺品进行彩绘，再用软毛刷上漆，对工艺品表面进行处理。

六、实验注意事项

（1）不饱和聚酯树脂先加入固化剂搅拌后，再加入促进剂，最后加入填料搅匀，进行固化。

（2）硅橡胶模是软模，在压力下很容易变形，制好的硅橡胶模最好放在和它对应的石膏型中。

七、思考题

（1）简述树脂成型过程中是怎么对硅橡胶软模进行控型的。

（2）详述树脂艺术品成型的全过程。

（3）展示树脂艺术品图片。

第四节　选区激光烧结艺术品成型工艺实验

一、实验目的

（1）了解整个三维 CAD 图的创作过程，掌握一种三维实体建模软件 UG 或 Pro/E。

（2）了解选区激光烧结 PS 模成型的全过程，了解选区激光烧结工艺和 PS 粉的性能。

二、实验原理

以设计制造金属艺术品鼎为例，进行了设计、创作绘制艺术品鼎的 CAD 三维图，采用 SLS 烧结了聚苯乙烯（PS）熔模型，并通过特殊的 PS 熔模精铸工艺，最终得到尺寸精度高的金属艺术品。

三、实验设备及材料

设备：SLS 快速成型机；计算机。

材料：PS（聚苯乙烯）粉。

四、实验样件

（1）设计创作三维 CAD 图之一——圆鼎。

圆鼎的外形如图 14-3 所示，实物照片如图 14-4 ~ 图 14-6 所示。

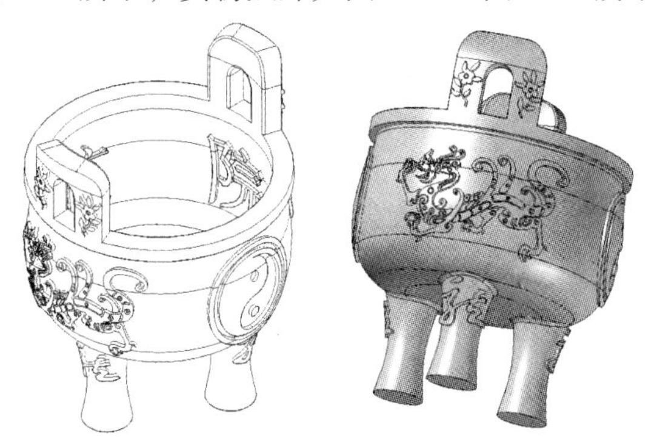

图 14-3　圆鼎的 CAD 三维图

图 14-4　渗蜡处理圆鼎

图 14-5 渗树脂处理圆鼎

图 14-6 金属工艺品鼎

（2）设计和创作三维 CAD 图之二——仿宣德炉。

图 14-7 所示为仿制的宣德炉的 CAD 三维图，图 14-8 和图 14-9 所示为仿制宣德炉实物图片。

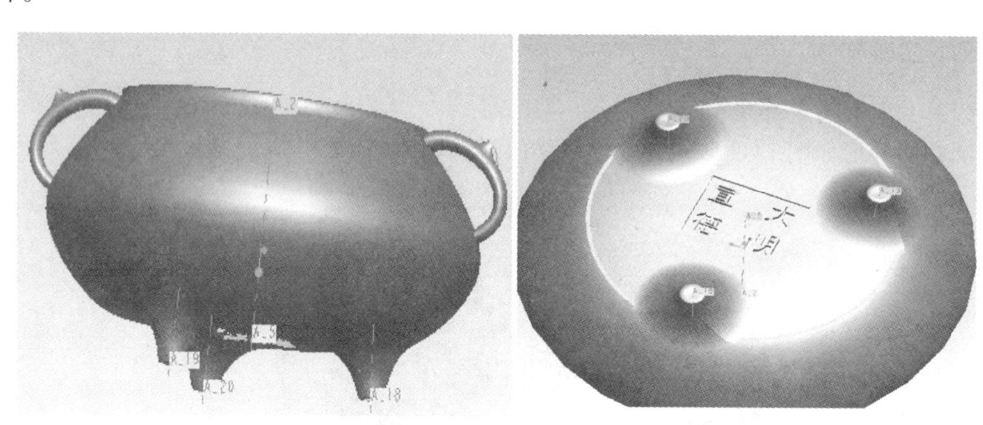

图 14-7 仿宣德炉的 CAD 三维图

图 14-8 渗蜡处理仿宣德炉

图 14-9 未经表面处理的宣德炉

五、实验内容及步骤

（一）设计和创作三维 CAD 图

首先确定实验的对象，观察实验对象，对实验对象的绘制有个整体的思路；对使用的三维 CAD 软件有进一步的认识，能进行对实验对象的绘制工作，并将实验对象绘制完成。

基本步骤：

（1）构建实体主体；

（2）抽壳实体；

（3）草绘实体表面的纹路；

（4）建立“耳朵”特征；

（5）绘制鼎中和鼎底的字；

（6）草绘拉伸“鼎足”；

（7）对已成型的鼎进行倒圆角。

以宣德炉三维 CAD 实体的创作造型为例。

（1）利用“⌐”创建一个平面，如图 14-10 所示，用“视图(V)”→“颜色和外观(C)”将图片加入到“贴花”，通过逆向工程建立曲面点，如图 14-11 所示，通过描点绘制宣德炉外形线条。

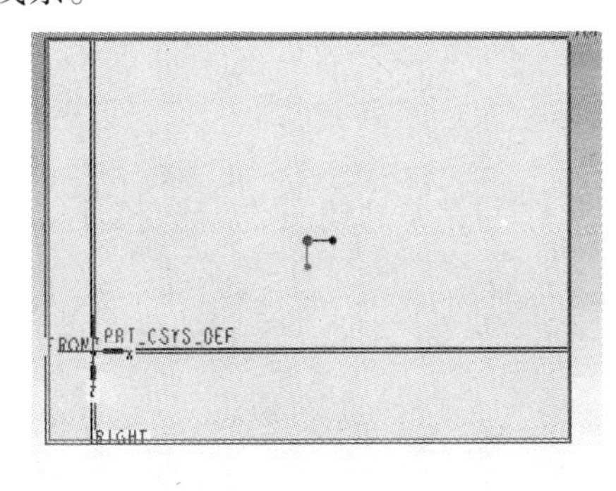

图 14-10 创建平面

图 14-11 将图加入平面

（2）建立模型。

1）利用“ ”建立模型，所绘出的实体其均匀壁厚为5mm，图14-12通过“ ”建立炉体的“柄”，扫描曲线用“ 伸出项 标识1029”，扫描柄外形轮廓图，如图14-13所示。

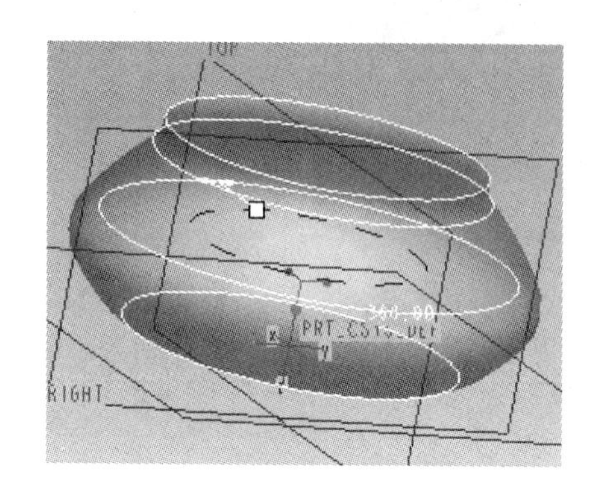

图14-12 建立外形轮廓

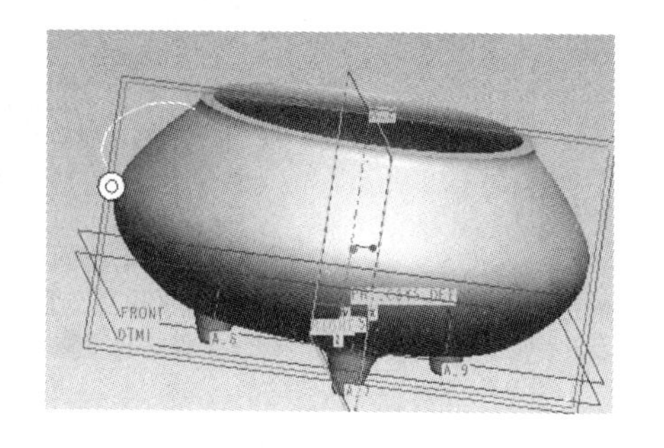

图14-13 炉柄

2）利用“ ”建立“炉”柄上的基准点和基准平面，再通过“ ”绘制“炉”上的凸出点，如图14-14所示。

3）通过“ ”建立“炉”的腿外形特征，利用“ ”建立单一实体，然后通过点击“ ”阵列，三个腿同时使用倒圆角，如图14-15所示。

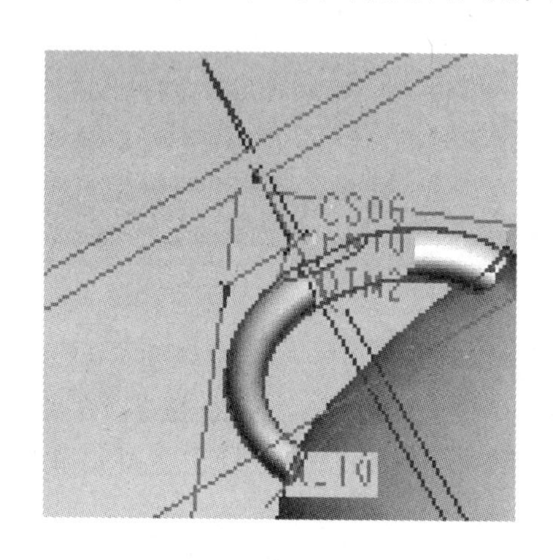

图14-14 炉上的凸出部分

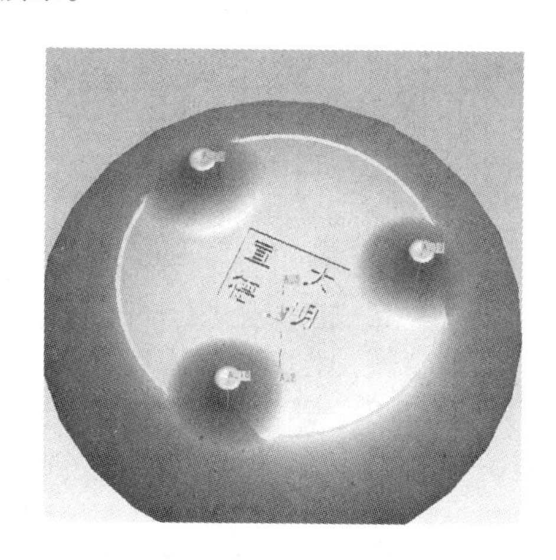

图14-15 炉腿

（3）建立炉体表面铭文。

通过“ ”取底面作为草绘平面，然后使用“ ”书写铭文，使用“ ”拉伸铭文字体成2mm，如图14-16所示。

（4）宣德炉最后实体模型如图14-17所示。

（二）选区激光烧结的PS熔模成型实验

1. 选区激光烧结工艺参数设置

（1）铺粉工艺。对选区激光烧结技术来说，铺粉是一个非常重要的过程。粉料的铺层

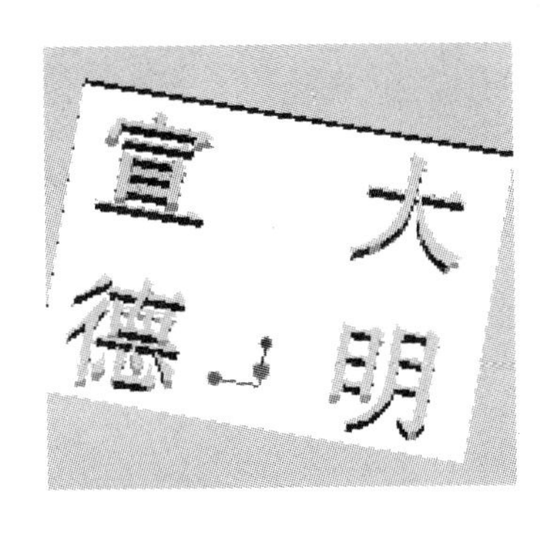

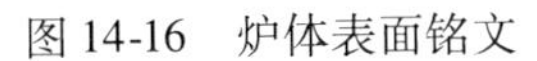
图 14-16　炉体表面铭文

图 14-17　宣德炉实体模型

厚度和铺层密度对于成型精度、成型件的力学性能有着较大的影响。一般铺粉厚度在 50 ~ 250mm 之间，这样可防止烧结层翘曲变形。适当增加铺粉密度能够减小烧结收缩率，还能显著提高坯体的强度，能够显著改善成型件的力学性能。

（2）粉体预热温度。铺粉之后，对其进行预热是非常必要的。这样可以减小粉末层内部的温度梯度，缓和层间热应力，避免出现翘曲、变形等缺陷。另一方面，对粉体进行预热有利于节省激光能量，从而可以增大激光束的扫描速度，提高成型效率。预热温度一般应控制在粉体熔点以下 10 ~ 50℃范围内。

（3）激光束扫描方式。激光束的扫描方式对成型精度有较大影响，还影响着成型件内部的应力分布。常用的扫描方式主要是平行线式扫描和螺旋线式扫描。平行线式扫描简单易行，但是效率较低，片层内部残余应力较大，成型精度不高。螺旋线式扫描比较符合热传递规律，能够降低片层内部的残余应力，有利于截面的光滑和平整度。

（4）激光功率密度和扫描速度。在选区激光烧结过程中，激光功率密度和扫描速度决定了材料的加热温度和烧结状态。适当增大激光功率密度，降低扫描速度，有利于材料的烧结，可以降低烧结件的气孔率，提高制件的密度和强度，防止烧结层严重收缩，翘曲变形。

（5）激光功率。激光烧结直接成型的过程是在激光束照射下熔化的固体金属粉末堆积的过程，对于本工艺而言，导致材料熔化的激光功率密度在 10 ~ 100kW/cm^2。当基体表面的激光辐照能量高于某一临界能量值时，粉末才能熔化并完成烧结，从而完成烧结过程。

2. 烧结 PS 原型件工艺过程

实验采用的材料为聚苯乙烯（PS）粉。

（1）开始烧结前先将已过筛的 PS 粉倒入选区激光快速成型机的料缸中，接着启动成型机，利用成型机的铺粉装置给成型缸铺粉，直到粉末铺平为止，为了加快铺粉速度，可先用勺子给成型缸铺满粉，再利用成型机的铺粉装置将粉铺平。

（2）将激光烧结所需的数据文件输入到成型机中，设定好加工参数后即可开始烧结成型。

（3）烧结完成后待 PS 原型件的温度降至 50℃以下方可取出，以免 PS 原型件温度过高造成其强度过低，给取件和清粉带来困难。先将制件的支撑去除，用毛刷将制件表面的浮粉刷干净，对于制件内腔和细小部分的浮粉可用气枪吹出。制件清理完成后即可用。

（4）取件之后需对制件进行清理，用专门工具小心去掉废料。用专门工具稍做打磨即可。

六、实验注意事项

（1）激光是不可见光，且对人体皮肤有强烈的灼伤作用，在激光烧结过程中，不可将手伸进成型室内。

（2）打开激光器前必须先打开冷却水，以免烧坏激光器。

（3）烧结件强度较低，清粉和测量尺寸时需轻拿轻放，以免损坏制件。

七、思考题

（1）举例说明设计和创作三维 CAD 图的全过程。

（2）简述选区激光烧结工艺的几个关键影响因素。

第五节　石膏型制壳实验

一、实验目的

掌握石膏型工艺的全过程，最终制成金属铸件。

二、实验原理

石膏型熔模铸造是一种石膏造型（灌浆法）代替用耐火材料制壳的一种铸造工艺方法。石膏型是以半水石膏作为基材，加填料、添加剂及水混制成浆体，不能用全部石膏来制作，必须加入足够量的填料配置成石膏混合料方可用来制作石膏型。这是因为半水石膏经水化后析出二水石膏并连生成二水石膏结晶结构网，使石膏型硬化并具有一定硬度，但二水石膏在硬化过程中不断脱水，发生相变，并伴随着体积的变化，特别当温度高于300℃时，线收缩急剧增加，裂纹倾向增大，经700℃焙烧收缩率达6%以上。因此，实验选用的填料为石英粉、滑石粉、铝矾土、玻璃纤维，添加剂为脲，这样能减少石膏的收缩和裂纹产生倾向。

石膏型经烘干排除吸附水后即可进行焙烧，焙烧的主要目的是去除残留于石膏中的模料、结晶水以及其他可燃烧发气物体，并完成石膏型中一些组成物的相变过程，使石膏型体积稳定。

三、实验设备及材料

设备：自制快速搅拌机；烘箱；箱式电阻炉。

材料：铸造用石膏；石英粉；滑石粉；铝矾土；玻璃纤维；脲 $CO(NH_2)_2$。

四、实验样件

以两个实验样件为例子，如图14-18和图14-19所示。

图14-18　“航空之翼”蜡型

图14-19　“航空之翼”石膏型

五、实验内容及步骤

（1）石膏的组成。石膏是一种开采历史悠久，用途广泛的胶凝材料。石膏具有质量轻、凝结快、热传导率小、隔音性好、有一定强度等特点。石膏的化学成分以硫酸钙为主体，依结晶水的方式而分成无水石膏（$CaSO_4$）、半水石膏（$CaSO_4 \cdot 1/2H_2O$，烧石膏）和二水石膏（$CaSO_4 \cdot 2H_2O$）三种。铸造使用的石膏为半水石膏（$CaSO_4 \cdot 1/2H_2O$）。

（2）石膏型的制壳工艺。准备好粉料，由于各种成分的颗粒大小不同会引起石膏型的缺陷，采用同一目数的筛子分别筛过一遍，以保证各组分能均匀混合。

（3）石膏型脱蜡。石膏型制作完后应自然晾干24h以上，先将温度控制在30～40℃放置3～4h，再升至90℃烘烤1h，此温度小于100℃是为了避免水分大量汽化而造成型内压力突然增大产生破裂，然后升到120℃并保温1～3h（具体时间看蜡模的大小及形状的复杂程度），此时，石膏型中的蜡基本已被熔化出来，石膏型制作完毕。

（4）石膏型的焙烧。石膏型经烘干排除吸附水后即可进行焙烧，焙烧的主要目的是去除残留于石膏中的模料、结晶水以及其他发气物体；完成石膏型中一些组成物的相变过程，使石膏型体积稳定。

六、实验注意事项

焙烧石膏型壳时应控制升温速度，采用温度梯度进行升温。

七、思考题

简述造型用石膏的凝结硬化过程并绘制焙烧工艺曲线图。

第六节　熔模精铸制壳实验

一、实验目的

通过实验，了解熔模精密铸造是用可熔性一次模和型芯使铸件成型的铸造方法，熔模铸造生产的铸件精密、复杂，接近于零件最后的形状，可不经加工直接使用或只经很少加工后使用，是一种近净成型的工艺。

二、实验原理

熔模铸造的铸型可分为实体型壳和多层型壳两种，目前普遍采用的是多层型壳。黏结剂、耐火粉料和撒砂材料是组成型壳的基本材料，型壳是由黏结剂和耐火粉料配成涂料后，将模组浸涂在耐火涂料中，然后撒上粒状耐火材料，再经干燥硬化，如此反复多次，直至耐火涂料层达到所需要的厚度为止。这样便在模组上形成了多层型壳，通常将其停放一段时间，使之充分干燥硬化，然后进行脱模，便得到多层型壳。

三、实验设备及材料

设备：蒸汽脱蜡釜；淋砂机；沾浆机；浮砂机；箱式焙烧炉；烘箱。

材料：硅酸乙酯；硅溶胶；石英粉；石英砂等。

四、实验内容及步骤

（一）制精铸型壳用耐火材料

熔模铸造生产中，耐火材料主要有三种用途：一是粉状耐火材料，它与黏结剂混合制成耐火涂料；二是粒状耐火材料，仅供制壳时撒砂用；三是用做制造型芯的原材料。熔模铸造用耐火材料通常是单一的或复合的高熔点氧化物（其中含有少量的 Na_2O、K_2O、MgO、CaO、TiO_2 和 Fe_2O_3 等杂质），主要是由一些天然硅酸盐矿物经过精选、高温煅烧（或电熔，或人工合成再煅烧）等处理而制成。常用的耐火材料有石英、石英玻璃、电熔刚玉、铝硅酸盐以及硅酸锆等。

（二）制壳用黏结剂

如果没有黏结剂，松散的颗粒耐火材料不可能使型壳成型的。在制壳时，涂料的性质和型壳的性能都与黏结剂直接有关。常用的黏结剂一般有硅溶胶、水解硅酸乙酯和水玻璃三种。本实验采用水解硅酸乙酯和硅溶胶作为黏结剂来制造硅酸乙酯-硅溶胶复合型壳。

硅溶胶在0℃以上的环境中有较好的稳定性，应用于熔模铸造工艺，具有型壳表面质量好、高温强度高和高温抗变形能力强等优点，且硅溶胶涂料性能稳定，制壳工艺简单，型壳不需化学硬化，使用方便。但硅溶胶涂料的表面张力较大，对熔模的润湿性能差。

硅酸乙酯的表面张力低，黏度小，对模料的润湿性能好，且硅酸乙酯型壳的耐火度高，高温时变形及开裂的倾向小，热震稳定性好，型壳的表面粗糙度低，铸件表面质量好。但硅酸乙酯本身并不能作黏结剂，它必须经水解后成为水解液，才具有一定的黏结能力。

（三）硅溶胶涂料的配制

硅溶胶涂料有面层和加固层之分。硅溶胶面层涂料是由硅溶胶、耐火粉料、表面活性剂和消泡剂等材料组成。加固层涂料则主要由硅溶胶和耐火粉料组成。硅溶胶涂料可用锆英粉、刚玉粉、石英玻璃、高铝矾土等作为表面层配料，用莫来石、煤矸石等铝硅系耐火熟料配制加固层涂料。

（四）硅酸乙酯型壳涂料的配制

将乙醇、水加入水解器中，再加入盐酸搅拌 1 ~2min 至均匀为止。然后分批少量细流地加入硅酸乙酯，强烈搅拌，待全部加完后继续搅拌 30 ~ 60min，控制溶液温度为 40 ~ 50℃，即成了水解液（黏结剂），再将制备的黏结剂按一定配比配制涂料。配好的涂料应停放一段时间后才能使用。

采用硅酸乙酯-硅溶胶复合型壳既弥补了硅溶胶面层涂料涂挂性的不足，又解决了硅酸乙酯涂料操作工艺复杂的缺陷。而且型壳强度高，表面质量好，在脱蜡和焙烧过程中不易产生裂纹，缩短制壳周期。

五、思考题

简述熔模精铸制壳的工艺过程。

第七节　金属艺术品浇注成型实验

一、实验目的

了解铸造铝合金熔炼的基本工艺过程，进行铝合金的石膏型的实际浇注实验。

二、实验原理

实验以设计与制作“航空之翼”金属工艺品为例，首先设计创作泥雕作品，再通过硅橡胶的良好复制性，翻制泥塑成硅橡胶软模，其间制作靠模——纯石膏对硅橡胶软模控型，然后浇注蜡型，接着采用熔模精铸工艺，最后熔炼铝合金，浇铸成金属工艺品。

三、实验材料、工具及实验设备

（1）熔炼浇注工具；浇勺；渣勺；锭模等。
（2）无公害精炼剂；变质剂；铝合金。
（3）电阻坩埚炉。

四、实验样件

图 14-20 所示为“航空之翼”金属工艺品的样品。

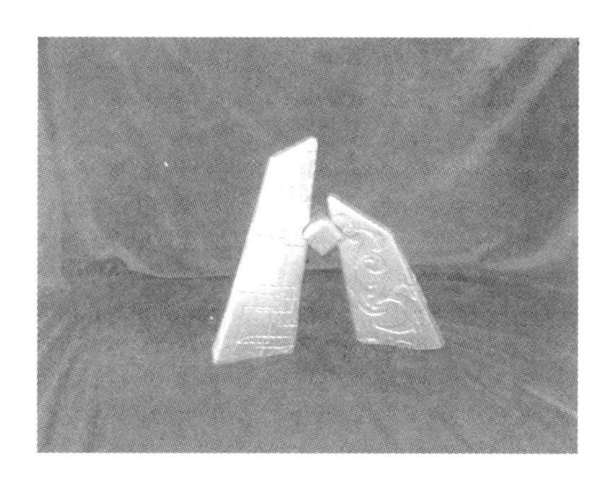

图 14-20　“航空之翼”金属工艺品

五、实验内容及步骤

（1）合金熔炼前的准备：将坩埚清理好，并预热至 150 ~ 250℃时涂料。把下列工具：渣勺和浇勺两个、拉力试棒钢模、锭模清理后，在箱形炉中预热至 250 ~ 300℃时喷涂料，将金属炉料放在箱形电炉内预热至 300 ~ 400℃，熔剂放在炉子旁边进行预热。

（2）合金熔化：将坩埚预热至暗红色（400 ~ 500℃），分批加入预热的金属炉料，待炉料全部熔化后搅拌均匀，升温至680～720℃。

（3）变质处理：把烘干的变质剂均匀地撒在合金液面上并保持严封，变质剂在液面停留10～12min。打破液面硬壳层，用渣勺将硬壳碎块压入合金液内约150mm处，至全部吸收为止（压入合金时间大约为3～5min）。变质完毕，撒渣并立即浇注。

（4）浇注完成，冷却后再清理铸件，检查质量，去除浇冒口。

六、实验注意事项

（1）严禁潮湿的，未预热的铝锭、熔化浇注工具接触铝液，以免引起爆炸事故。

（2）严禁将铝液倒入未预热的钢模、锭模内或地面，以免爆炸。

（3）操作时，穿戴好防护用品（不准穿长白大衣、凉鞋、裙子）。

（4）操作时，关掉电源，以免触电。

（5）勿用手摸刚浇注完毕的零件。

（6）实验结束后应整理现场，打扫卫生。

七、实验报告要求

（1）实验报告内容包括：实验目的、实验原理、实验设备及材料、实验内容及步骤、实验数据及分析。

（2）重点写出创新实验的内容设计及步骤。

（3）分析自己设计实验的结果及产生的原因。

（4）写出创新实验的心得体会。

（5）采用统一实验报告格式，字迹工整。

八、思考题

（1）简述熔炼的全过程。

（2）展示浇注出的金属工艺品的图片。

第十五章

SLS快速铸造工艺及模具制造技术实验

第一节　SLS 快速成型技术原理

选择性激光烧结技术（selective laser sintering，SLS）最早是由美国德克萨斯（Texas）大学的 Deckard 于 1986 年提出的，作为快速成型技术的一种，它具有快速成型技术的所有共同特点。如加工精度高，加工时间短，采用“添加法”加工，材料利用率接近 100%，能加工形状非常复杂的零件等。除此之外，它还有其独特的优点：

（1）成型材料广泛。

（2）无需或只需少量的支撑。

（3）加工的零件可以通过多种后处理的方法来提高其强度。

（4）选择性激光烧结技术可与传统的材料成型技术相结合。

选择性激光烧结技术的加工原理并不复杂，如图 15-1 所示，它就是根据已分好层的 CAD 模型，采用激光照射已经铺好的粉末层，激光被粉末吸收，粉末受热熔化，相互黏结从而形成零件的一层，再在该层上铺上一层新的粉末，再用激光烧结新的粉末，新铺粉末在相互黏结的同时与上一层粉末黏结起来，如此反复，一层一层堆积并最终获得与三维 CAD 模型形状尺寸一样的零件。

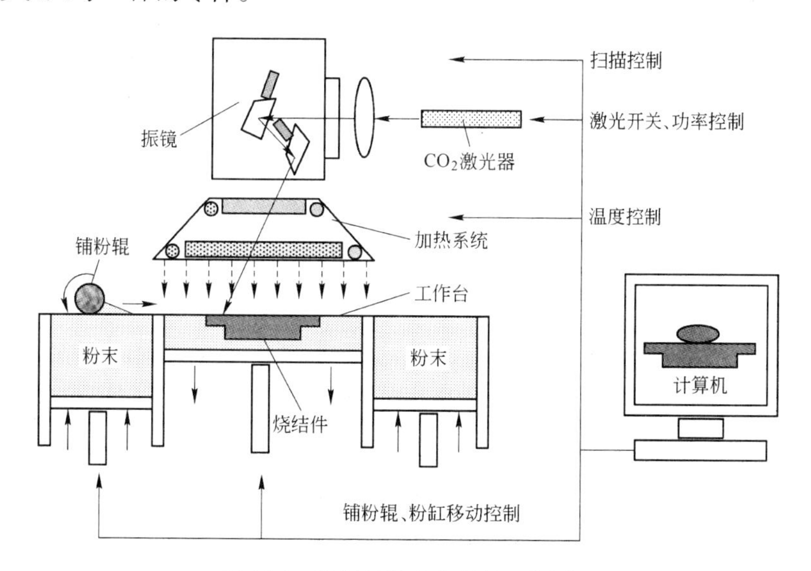

图 15-1　选择性激光烧结的工作原理

第二节 SLS快速原型制件烧结工艺实验

一、实验目的

（1）了解SLS的基本原理和成型过程。
（2）掌握烧结工艺参数对快速原型制件质量的影响规律。
（3）了解取件和制件清理的基本方法。

二、实验原理

激光烧结的能量密度是SLS激光烧结的关键工艺参数，其定义为单位面积上粉末所获得的激光能量，它决定了激光烧结过程中粉末所获得的能量大小，从而决定了快速原型制件的质量。能量密度由式（15-1）来确定：

$$E = \frac{P}{BS \times SP} \tag{15-1}$$

式中 E——能量密度；
P——激光功率；
BS——扫描速率；
SP——扫描间距。

可见，能量密度由激光功率、扫描速率和扫描间距这3个参数决定，通过改变这3个参数中的一个或几个就能够控制烧结件的质量。

SLS快速原型制件的尺寸受到烧结收缩、翘曲、次级烧结和Z轴盈余的影响，其尺寸相对于CAD模型的尺寸会变大或者缩小，为了得到尺寸精度更高的制件，有必要得出制件的收缩（放大）率，从而可以通过放大（或缩小）CAD模型的尺寸来抵消制件在烧结中的尺寸变化，而收缩（放大）率可以通过实验得到。同时，制件在X、Y、Z三个方向上的尺寸变化程度不同，导致三个方向上的收缩（放大）率不同，所以必须分别测定和计算三个方向上的缩放率。缩放率可由下式计算：

$$C = \frac{L_2 - L_1}{L_1} \tag{15-2}$$

式中 C——缩放率；
L_1——CAD模型的尺寸；
L_2——实际测量的尺寸。

得出缩放率后，烧结所需尺寸为L_1的制件，所输入成型机的CAD模型的尺寸为：

$$L = L_1 \times (1 - C) \tag{15-3}$$

三、实验设备及材料

设备：SLS快速成型机；三维旋振筛。
材料：PS（聚苯乙烯）粉。

四、实验样件

为了减少实验所需时间，同时也方便尺寸测量，实验样件确定为简单长方体，如图 15-2 所示，通过测量其上的长、宽、高三个方向的尺寸，可以分析烧结件在三个方向的尺寸变化。

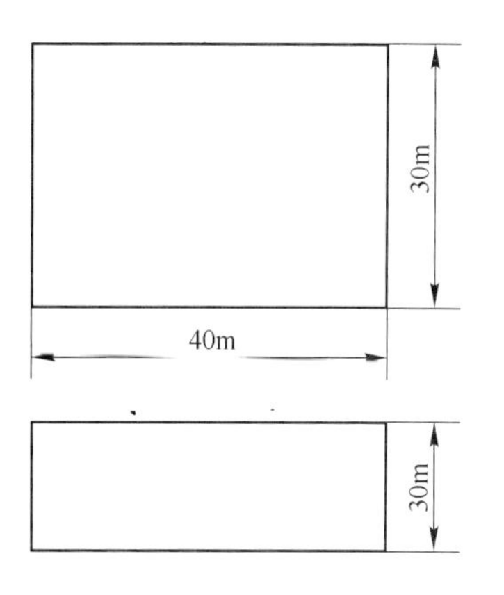

图 15-2 SLS 实验样件

五、实验内容及步骤

（一）SLS 工艺参数的选择

本实验通过改变激光功率来控制粉末所获得的能量密度，从而控制烧结件的质量，各组实验所用的激光功率大小见表 15-1，可自行选择。

表 15-1 SLS 烧结激光功率大小

项 目	参数组别			
	1	2	3	4
激光功率/%				

各组实验其他的 SLS 烧结工艺参数见表 15-2，可自行选择。

表 15-2 其他 SLS 烧结工艺参数

扫描速度/$mm \cdot s^{-1}$	扫描间距/mm	层厚/mm	预热温度/℃

（二）SLS 快速原型制件烧结实验

实验采用的材料为聚苯乙烯（PS）粉。开始烧结前先将已过筛的 PS 粉倒入成型机的料缸中，接着启动成型机，利用成型机的铺粉装置给成型缸铺粉，直到粉末铺平为止，为了加快铺粉速度，可先用勺子给成型缸铺满粉，再利用成型机的铺粉装置将粉铺平，接着将激光烧结所需的数据文件输入到成型机中，设定好加工参数后即可开始加工。

（三）取件、清理及尺寸测量

烧结完成后待制件温度降至 50℃以下方可取件，以免制件温度过高造成其强度过低，给取件和清粉带来困难。取件之后需对制件进行清理，先将制件的支撑去除，用毛刷将制件表面的浮粉刷干净，制件内腔和细小部分的浮粉可用气枪吹出。制件清理完成后即可用游标卡尺测量制件 X、Y、Z 三个方向的尺寸，并计算出每组工艺参数下烧结件的缩放率。

实验流程如图 15-3 所示。

六、实验数据

实验数据填写在表 15-3 中。

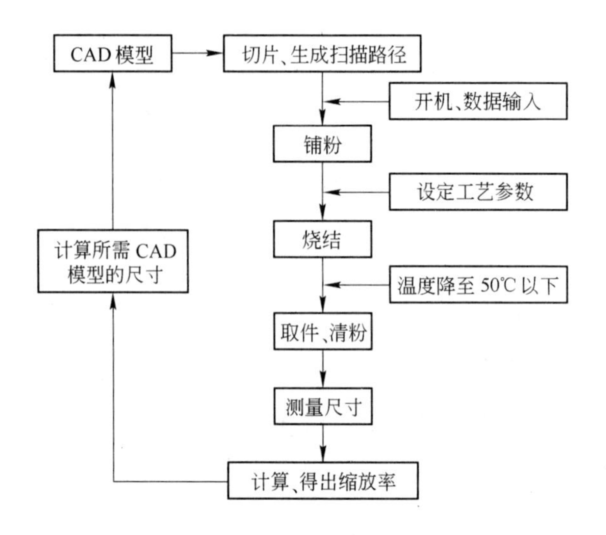

图 15-3 SLS 烧结工艺实验流程

表 15-3 SLS 烧结工艺实验数据

实验结果	组号											
	1			2			3			4		
	X	*Y*	*Z*	*X*	*Y*	*Z*	*X*	*Y*	*Z*	*X*	*Y*	*Z*
CAD 模型尺寸/mm												
测量制件尺寸/mm												
尺寸变化率/%												
缩放后的 CAD 尺寸/mm												

七、实验注意事项

（1）激光是不可见光，且对人体皮肤有强烈的灼伤作用，在激光烧结过程中不可将手伸进成型室内。

（2）打开激光器前必须先打开冷却水，以免烧坏激光器。

（3）烧结件强度较低，清粉和测量尺寸时需轻拿轻放，以免损坏制件。

八、思考题

（1）影响 SLS 快速铸造工艺的参数有哪些，如何选取 SLS 快速铸造工艺参数？

（2）简述激光功率大小对烧结件质量的影响规律。

第三节　SLS 快速原型制件后处理工艺实验

一、实验目的

(1) 了解 SLS 快速原型制件后处理的目的和意义。
(2) 掌握后处理的基本方法。

二、实验原理

受到 SLS 成型原理和成型材料的限制，SLS 快速原型制件的强度较低，一般不能直接使用。为了提高制件的强度和表面质量，必须对 SLS 制件进行后处理，后处理的主要方法有渗蜡和渗树脂。

渗蜡是将熔化的蜡液渗入 SLS 制件中，以封闭表面孔洞，提高表面质量和制件的强度。同时，蜡又是制造用于熔模铸造的熔模的主要材料，其具有低熔点、价格便宜且可以反复回收利用的特点，所以渗蜡后处理是连接 SLS 和熔模铸造的重要步骤。

渗树脂是将已经和固化剂混合了的树脂渗入 SLS 制件中，待到树脂固化之后，SLS 制件的强度会有大幅度提高，可以接近或者达到注塑件的强度。这是一种利用 SLS 技术直接制造塑料功能件的方法。

三、实验设备及材料

设备：SLS 快速成型机；电炉；试样拉伸试验机。
材料：PS（聚苯乙烯）粉；蜡；树脂；固化剂。

四、实验样件

以 8 字块作为实验样件，8 字块的形状和尺寸如图 15-4 所示。

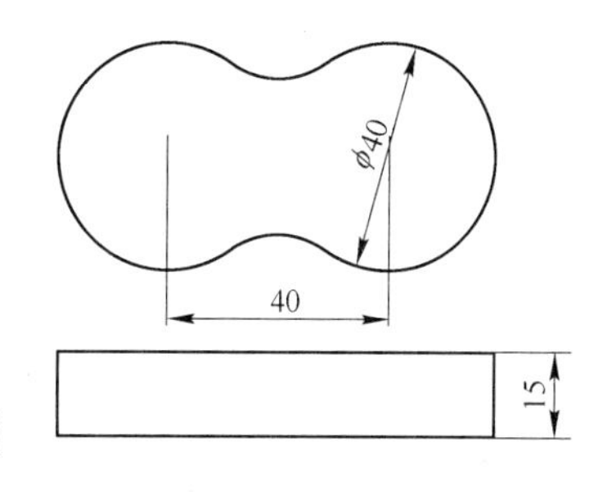

图 15-4　“8”字块试样

五、实验内容及步骤

实验流程如图 15-5 所示。

(1) 激光烧结实验样件。采用 SLS 技术烧结“8”字块作为后处理的实验样件，每组实验烧结 3 件。烧结工艺参数见表 15-4，可自行选择。

表 15-4　SLS 烧结工艺参数

激光功率/%	扫描间距/mm	扫描速度/mm · s^{-1}	层厚/mm	预热温度/℃

(2) 渗蜡。渗蜡时，先将蜡熔化并将蜡液加热到 70℃ 左右，再将 8 字块缓缓放入蜡液中，待没有气泡从制件中冒出后将制件从蜡液中拿出。蜡液完全凝固之后即可在试样拉伸试验机上测量其强度。

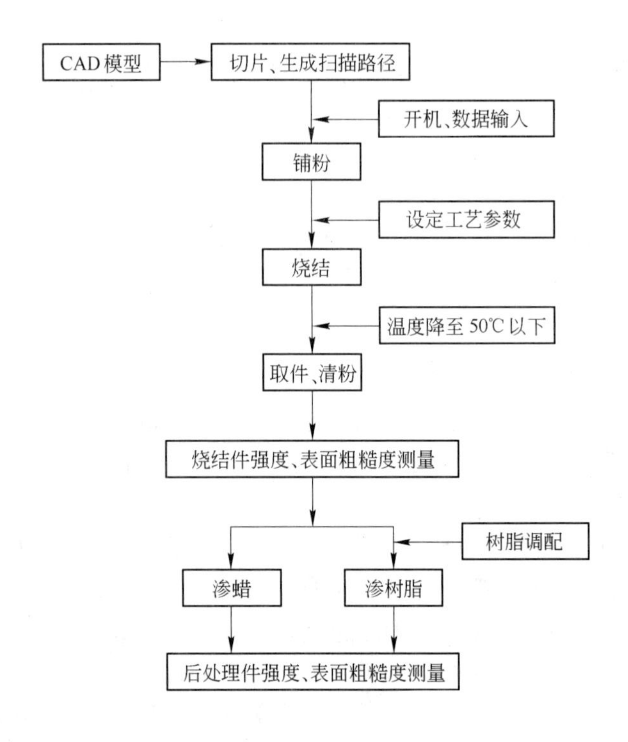

图 15-5 后处理工艺实验流程

(3) 渗树脂。先取一个一次性杯子将树脂和固化剂按 3∶1 的比例倒入其中并搅拌均匀，之后用毛刷蘸取树脂涂抹在 SLS 制件表面，待树脂从制件的表面渗下去之后，再涂抹一层树脂，如此反复，直到树脂填满整个制件。注意，涂抹树脂时要只在制件的一面涂抹，让树脂从制件的一面渗到制件的另一面，以利于空气从制件的另一面排出，以免空气留在铸件中，使得树脂不能填满制件。树脂在室温下即可凝固，待树脂凝固后可在试样拉伸试验机上测量其强度。

(4) 强度测量。用试样拉伸试验机分别测量未经后处理的制件、渗蜡制件和渗树脂制件的拉伸强度，得出制件在渗蜡和渗树脂前后的强度变化量。

六、实验数据

实验数据填写在表 15-5 中。

表 15-5 后处理工艺实验数据

实验结果	强　度						表面粗糙度					
	后处理前			后处理后			后处理前			后处理后		
	1	2	3	1	2	3	1	2	3	1	2	3
渗蜡后处理												
渗树脂后处理												

七、实验注意事项

（1）渗蜡时间不可过长，以免制件开裂。
（2）渗树脂时要戴手套，以免树脂将制件黏在手上。

八、思考题

（1）简述 SLS 快速原型制件渗蜡工艺。
（2）简述 SLS 快速原型制件渗树脂工艺。

第四节 基于 SLS 硅橡胶软模的模具制造工艺实验

一、实验目的

（1）了解硅橡胶的特性。

（2）掌握硅橡胶模具的基本制作方法。

二、实验原理

采用 SLS 技术制造出制模用原型件，通过制造型框固定原型，浇注配置好的硅橡胶，在胶联剂、催化剂作用下，使之从高黏滞塑性态转变成弹性的胶凝物质，从而形成硅橡胶软模。硅橡胶软模是软质模具的一种，是利用硅橡胶作为模具主要材料的模具制造技术。本实验将 SLS 技术与硅橡胶模具成型技术结合起来，可以制造不用拔模斜度甚至负拔模斜度的零件，复印性好，也可以直接用于制造塑料功能件。

三、实验设备及材料

设备：SLS 快速成型机；烘箱。

材料：硅橡胶；固化剂。

四、实验样件

为了方便硅胶模的制造，本实验采用简单的矩形方块作为实验样件，如图 15-6 所示。

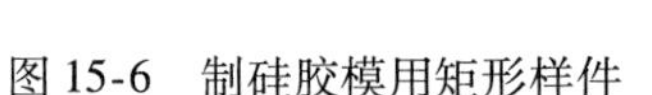

图 15-6 制硅胶模用矩形样件

五、实验内容及步骤

硅胶模具示意图如图 15-7 所示。

（1）原型件的激光烧结和后处理。本实验采用 SLS 技术制造制模用原型件，烧结工艺参数见表 15-4，可自行选择。接着对原型件进行渗树脂后

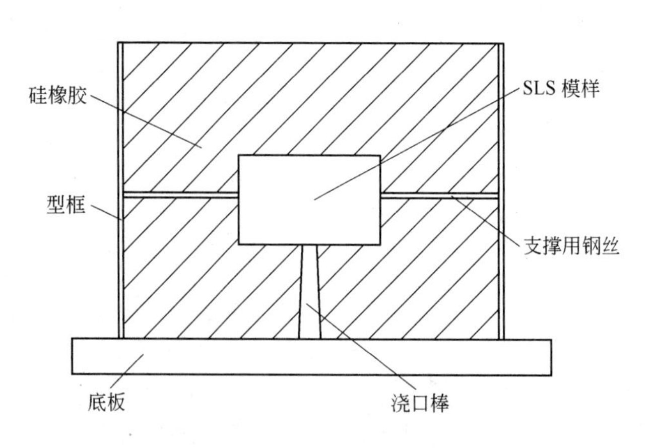

图 15-7 硅胶模具示意图

处理，以提高原型件的强度，以免在制模过程中原型件因强度不足而损坏。受 SLS 成型原理的影响，SLS 制件的表面上有较明显的分层效应，同时，渗树脂也会导致原型件的尺寸和表面质量发生变化，所以必须打磨原型件表面，以消除分层效应、提高表面质量。

（2）制造型框和固定原型。根据原型的尺寸和要求确定型框的形状和尺寸，型框尺寸要适中。由于本原型件较小，可以直接用硬壳纸作为型框的材料。在浇注之前，还需确定分型面、浇注位置和浇口位置，之后将浇口棒与原型件放在硬壳纸制成的型框中。硅胶浇注时，流动的硅胶会对原型件产生一个冲击力，造成原型件在型框中的位置发生变化，因此必须将原型固定。可用细钢丝或细的塑料棒粘在原型上（一般可选在原型的分型面位置），与浇口棒一起构成原型的吊挂支撑，使原型保持平衡，这样浇注后的原型位置准确。

（3）硅橡胶的配制和浇注。将硅橡胶和固化剂按一定比例倒入准备好的容器内，经充分搅拌之后即可进行浇注。将胶液用滴流的方法倒在样模的最高部位，让其自然流淌充满整个模型。如有流淌不到之处，可用勺子重新浇在模样上面。浇注完成后在 70℃ 的烘箱中保温 2h 即可开模取型。

（4）硅胶模的开模取型。硅胶固化后，取出冷却至室温，拆除型框，清理硅胶模上的飞边，并在其表面描出分模线，用刀沿分模线将硅胶模剖开。剖切时，使靠近硅胶模外侧的切口呈波浪形，靠近原型的切口比较光滑，波浪形的截口利于模具的定位，同时，使切口的截面与分模面保持一致或尽量接近。取出原型后硅胶模便制作完成。

硅橡胶模制模的实验流程如图 15-8 所示。

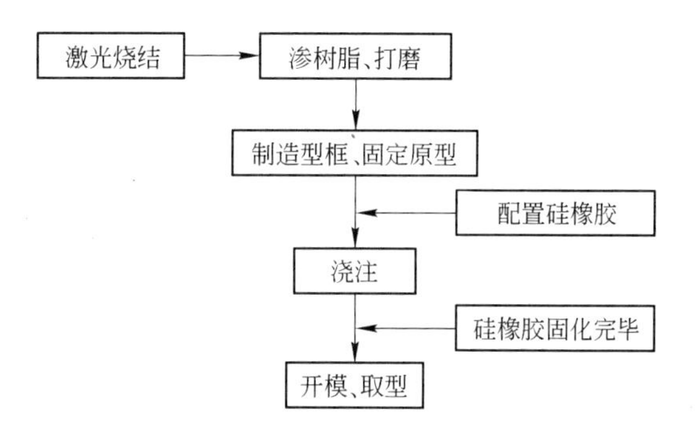

图 15-8　硅橡胶制模的实验流程

六、实验注意事项

（1）在配置硅橡胶时，固化剂的加入量一定要控制好，固化剂加入量过少会使固化时间大幅度增加，而加入量过多会使硅橡胶固化过快，不利于浇注。

（2）固化剂含有活性基团，易受潮水解，用后应将盖子密封或盖紧。

七、思考题

简述 SLS 硅橡胶软模的模具制造工艺过程。

第五节 基于 SLS 熔模精铸的模具制造工艺实验

一、实验目的

（1）了解熔模铸造的基本方法。

（2）掌握 SLS 熔模精铸的模具制造工艺。

二、实验原理

熔模铸造技术是一种用于制造复杂、精密铸件的铸造方法。其基本原理是通过硅酸乙酯和硅溶胶等黏结剂将耐火粉料黏结起来，从而在蜡模周围形成一层型壳，在上一层型壳干燥后接着制下一层型壳，如此反复，直到总的型壳厚度达到所需厚度为止。在制完壳之后，利用高温蒸汽将蜡模脱去，即得到可以用于浇注的型壳。采用由熔模精铸技术和 SLS 技术结合而成的快速铸造技术，可以方便地制造形状复杂的模具和零件，同时制造时间大幅度缩短。

三、实验设备及材料

设备：SLS 快速成型机；淋砂机；沾浆机。

材料：硅酸乙酯；石英粉；石英砂等。

四、实验样件

实验样件如图 15-9 所示，零件本体为立方体结构，其上设置两个浇（冒）口用于浇注、排气及补缩，浇（冒）口与零件本体一起用 SLS 技术烧出。

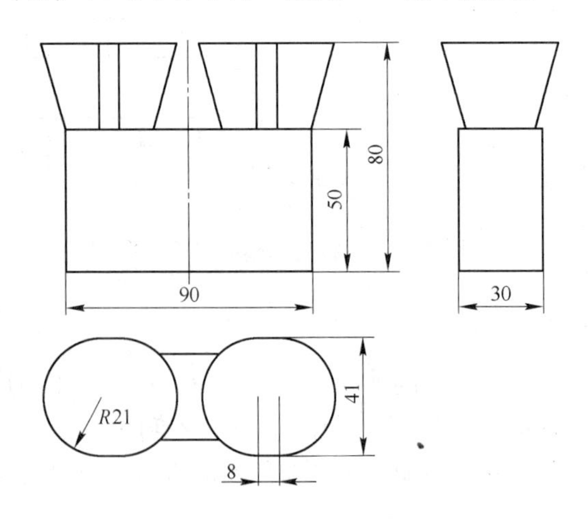

图 15-9 熔模精铸实验样件

五、实验内容及步骤

实验流程如图 15-10 所示。

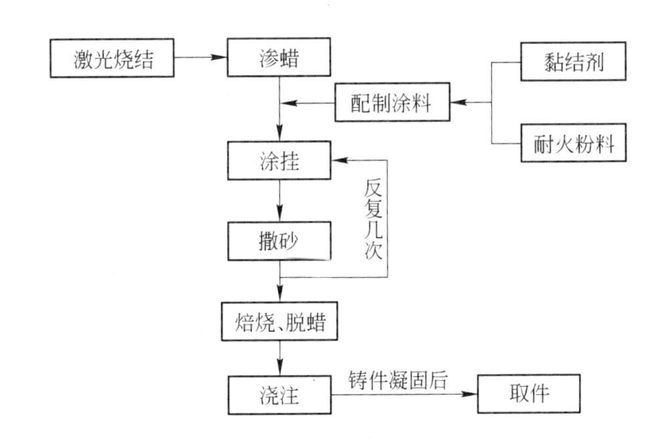

图 15-10　熔模铸造工艺流程

(1) 熔模的激光烧结。本实验采用 SLS 技术烧结熔模，烧结材料为 PS（聚苯乙烯）粉，烧结工艺参数见表 15-4，可自行选择。激光烧结之后还要进行烧结件的渗蜡后处理，以提高熔模的强度和表面质量。

(2) 硅溶胶涂料的配制。硅溶胶涂料有面层和加固层之分，硅溶胶面层涂料是由硅溶胶、耐火粉料、表面活性剂和消泡剂等材料组成。加固层涂料则主要由硅溶胶和耐火粉料组成。硅溶胶涂料可用锆英粉、刚玉粉、石英玻璃、高铝矾土等作为表面层配料，用莫来石、煤矸石等铝硅系耐火熟料配制加固层涂料。

(3) 硅酸乙酯型壳涂料的配制。将乙醇、水加入水解器中，再加入盐酸搅拌 1～2min 至均匀为止。然后分批少量细流地加入硅酸乙酯，强烈搅拌，待全部加完后继续搅拌 30～60min，控制溶液温度为 40～50℃。即成了水解液（黏结剂），再将制备的黏结剂按表 7-4 配比配制涂料。配好的涂料也应停放一段时间后才能使用。采用硅酸乙酯-硅溶胶复合型壳既弥补了硅溶胶面层涂料涂挂性的不足，又解决了硅酸乙酯涂料操作工艺复杂的缺陷。而且型壳强度高，表面质量好，在脱蜡和焙烧过程中不易产生裂纹，缩短制壳周期。

(4) 涂挂。涂挂是制壳的关键工序之一，要各处都涂上涂料，并且要均匀。浸涂面层涂料时，要根据熔模的结构特点在涂料桶中转动或上下移动，防止熔模上的凹角、沟槽和小孔集存气泡。涂背层涂料时，也要使模组在涂料中多次上下移动和转动，使涂料能渗入上一层涂料撒砂的空隙中，并能润湿良好，以排除砂粒中的空气。

(5) 撒砂。撒砂是为了增强型壳和固定涂料，防止涂层干燥时由于凝胶收缩而产生穿透性裂纹。撒砂时要严格控制砂子的含水量，一般质量分数均应小于 0.3%，因为砂子湿度大极易产生浮砂堆积而导致型壳分层。砂子粒度也要合理选择，通常从面层到背层逐渐加粗。面层撒砂不能过粗，否则会穿透涂层造成铸件表面凹凸不平，但撒砂过细又不利于形成较粗糙的背层，不利于同下层牢固结合，容易造成型壳分裂。

(6) 干燥硬化。涂挂撒砂后进行干燥硬化，硅溶胶的含量会提高，胶体颗粒的碰撞几率会增大，会牢固地将耐火材料颗粒黏结起来，同时，耐火材料颗粒彼此接近，这就使得型壳获得了强度。干燥不良的型壳质量不好，型壳的强度与干燥程度密切相关。随着水分的蒸发，型壳将发生收缩，各部分干燥不均匀或表面干燥过快，会导致凝胶收缩造成应力，会使型壳开裂。硅溶胶型壳强度和表面质量不好，大多是因为型壳干燥环节没控制好造成的。所以，要有效控制型壳干燥过程，使型壳充分干燥。在自然风干的情况下，硅溶胶型壳面层干燥时间为4～6h，背层干燥时间为12～14h。

硅酸乙酯型壳是通过水解液中溶剂（乙醇）的挥发以及继续进行水解-缩聚反应而达到最终的胶凝。实验采用空气干燥固化，每层干燥8～10h，型壳强度达到最高。

（7）脱壳、焙烧及浇注。实验将脱模与型壳焙烧一体化进行，将试件置于高温箱式电阻炉中，使温度上升到180℃，在此温度下，大部分的PS粉以玻璃态流出，这样就降低了在焙烧过程中由于PS粉的燃烧而冒出的大量黑烟，降低了对环境的污染。待大部分PS粉以玻璃态流出后，使温度上升至800℃保温1～1.5h，因在此温度下，残余PS粉料可全部去除，结晶水和可发气物也已消失。焙烧完毕，将型壳取出，采用重力浇注ZL101铝合金，待凝固完毕取出样件。

六、实验注意事项

（1）硅酸乙酯水解液配制好以后应当静置16h以上方可使用。

（2）上一层型壳干透以后才能制下一层型壳。

（3）硅酸乙酯水解液胶凝速度较快，需根据实验用量来配制，不能一次配太多，以免浪费。

七、思考题

（1）简述SLS熔模精铸的模具制造工艺过程。

（2）用蜡做熔模与用PS粉做熔模在生产工艺上有什么不同？

第六节　覆膜砂 SLS 烧结工艺实验

一、实验目的

（1）了解覆膜砂的配制工艺。

（2）掌握 SLS 快速砂型（芯）制造工艺。

二、实验原理

采用覆膜砂作烧结材料选择性激光烧结（SLS）工艺过程中，激光对覆膜砂材料粉末传输的热量的多少和激光能的分布情况直接影响到砂型（芯）的成型质量，而激光所产生结果取决于激光能量密度与覆膜砂粉末材料的特征参数。其中，激光能量密度由激光功率、扫描速率和扫描间距 3 个参数决定。覆膜砂粉末材料的特征参数包括粉末材料对激光能量的吸收率、粉末熔点、比热容、粉末颗粒尺寸及分布、颗粒形态、铺粉密度及预热温度等。对具体覆膜砂粉末材料而言，吸收率、粉末熔点、比热容等都是确定的，其他参数的影响作用可用铺粉厚度和预热温度表示。

因此，覆膜砂 SLS 烧结工艺实验主要考虑激光功率、扫描速度、扫描间距、铺粉层厚及预热温度等工艺参数对烧结砂型强度的影响。

三、实验设备及材料

设备：SLS 快速成型机；试样拉伸试验机。

材料：覆膜砂。

四、实验样件

为了方便拉伸强度的测量，实验采用 8 字块为实验样件，如图 15-4 所示。

五、实验内容及步骤

实验的工艺流程如图 15-11 所示。

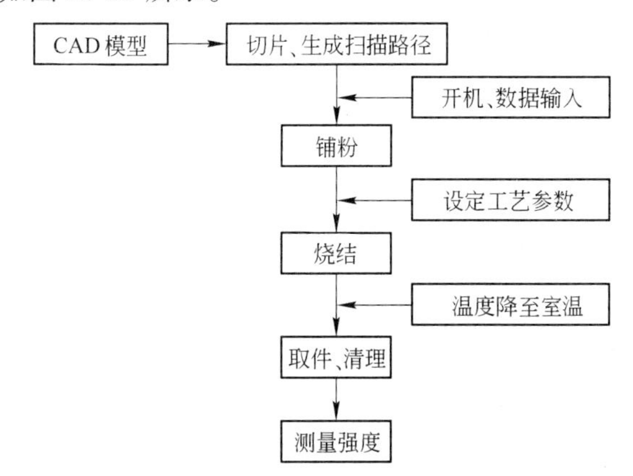

图 15-11　覆膜砂烧结工艺实验流程

（1）实验参数。本实验采用标准8字块作为烧结试样，通过改变激光功率的大小来改变烧结过程中覆膜砂所获得的能量密度的大小，从而控制烧结件质量。本实验采用四组不同的工艺参数，以对比在不同工艺参数下烧结件的力学性能。各组实验所用的激光功率大小见表15-1，可自行选择。各组实验其他的SLS烧结工艺参数见表15-2，可自行选择。

（2）SLS实验步骤。开始烧结前先将已过筛的覆膜砂倒入成型机的料缸中，接着启动成型机，先用勺子手动给成型缸铺满粉，再利用成型机的铺粉装置将粉铺平。接着将激光烧结所需的数据文件输入到成型机中，设定好加工参数后即可开始加工。

（3）取件、清理及尺寸测量。烧结完成后待制件温度降至室温时方可取件，以免制件温度过高造成其强度过低，给取件和清理带来困难。取件之后需对制件进行清理，先将制件的支撑去除，用毛刷将制件表面的浮粉刷干净，制件内腔和细小部分的浮粉可用气枪吹出。制件清理完成后即可在试样拉伸试验机上测试其力学性能。

六、实验数据

覆膜砂烧结样件的抗拉强度实验数据填写在表15-6中。

表15-6 抗拉强度实验数据

实验结果	组号			
	1	2	3	4
抗拉强度/MPa				

七、实验注意事项

（1）在激光烧结过程中不可将手伸进成型室内，以免被激光灼伤。

（2）开激光器前应先开冷却水，以免激光器因过热而损坏。

八、实验报告要求

（1）实验报告内容包括：实验目的、实验原理、实验设备及材料、实验内容及步骤、实验数据及分析。

（2）重点写出创新实验的内容设计及步骤。

（3）分析自己设计实验的结果及产生的原因。

（4）写出创新实验的心得体会。

（5）采用统一实验报告格式，字迹工整。

九、思考题

简述SLS快速砂型（芯）制造工艺。

参考文献

[1] 王祥生．铸造实验技术[M]．南京：东南大学出版社，1990.

[2] 陆文华，李隆盛．铸造合金及其熔炼[M]．北京：机械工业出版社，1996.

[3] 丁文江．镁合金科学与技术[M]．北京：科学出版社，2007.

[4] 中国机械工程学会·铸造分会．铸造手册——铸铁[M]．北京：机械工业出版社，2003.

[5] 中国机械工程学会·铸造分会．铸造手册——造型材料[M]．北京：机械工业出版社，1992.

[6] 石德全．造型材料[M]．北京：北京大学出版社，2009.

[7] 唐剑，王满德，刘静安，苏堪祥．铝合金熔炼与铸造技术[M]．北京：冶金工业出版社，2009.

[8] 罗启全．铝合金熔炼与铸造[M]．广州：广东科技出版社，2002.

[9] 柳百成，荆涛．铸造工程的模拟仿真与质量控制[M]．北京：机械工业出版社，2001.

[10] 傅建，彭必友，曹建国．材料成型过程数值模拟[M]．北京：化学工业出版社，2009.

[11] 张立同，曹腊梅，刘国利，王红红．近净形熔模精密铸造理论与实践[M]．北京：国防工业出版社，2007.

[12] 高以熹，等．石膏型熔模精铸工艺及理论[M]．西安：西北工业大学出版社，1992.

[13] 佟天夫．熔模铸造工艺[M]．北京：机械工业出版社，1991.

[14] 朱林泉，白培康，朱江淼．快速成型与快速制造技术[M]．北京：国防工业出版社，2003.

[15]《熔模铸造手册》编委会．熔模铸造手册[M]．北京：机械工业出版社，2000.

[16] 王广春，赵国群．快速成型与快速模具制造技术及应用(第二版)[M]．北京：机械工业出版社，2008.

[17] 韩霞，杨恩源．快速成型技术与应用[M]．北京：机械工业出版社，2012.

[18] 王从军，李湘生，黄树槐．SLS 成型件的精度分析[J]．华中科技大学学报，2001，29(6)：77 ~ 79.

[19] Yanga H J, Hwanga P J, Lee S H. A study on shrinkage compensation of the SLS process by using the Taguchi method [J]. International Journal of Machine Tools and Manufacture, 2002, 42(11): 1203 ~ 1212.

[20] Raghunath N, Pulak M. Pandey. Improving accuracy through shrinkage modelling by using Taguchi method in selective laser sintering[J]. International Journal of Machine Tools and Manufacture, 2007, 47(6): 985 ~ 995.

[21] Choi S H, Samavedam S. Modelling and optimisation of rapid prototyping[J]. Computers in Industry, 2002, 47(1): 39 ~ 53.

[22] 王艳萍．基于硅胶模技术的小批量塑料件快速制造[J]．塑料科技，2009，37(11)：62 ~ 65.

[23] Vaezi M, Safaeian D. Gas turbine blade manufacturing by use of epoxy resin tooling and silicone rubber molding techniques[J]. Rapid Prototyping Journal, 2010, 17(2): 107 ~ 115.

[24] Mondal B, Kundu S, Lohar A K, et al. Net-shape manufacturing of intricate components of A356/SiCp composite through rapid-prototyping-integrated investment casting[J]. Materials Science and Engineering A, 2008, 498: 37 ~ 41.

[25] 姜不居．实用熔模铸造技术[M]．沈阳：辽宁科学技术出版社，2008.

[26] 孙敏．熔模铸造[M]．北京：北京理工大学出版社，2009.

[27] Balwinder Singh Sidhu, Pradeep Kumar, Mishra B K. Effect of slurry composition on plate weight in ceramic shell investment casting[J]. Journal of Materials Engineering and Performance, 2008, 17(4): 489 ~ 498.

[28] 李远才．覆膜砂及制型（芯）技术[M]．北京：机械工业出版社，2008.

[29] 梁培，徐志锋，蔡长春，等．激光烧结用宝珠砂覆膜工艺优化研究[J]．铸造技术，2010，31(12)：

1660 ~ 1662.

[30] 陈宝庆．基于覆膜砂的选择性激光烧结快速成型基础实验研究[D]．大连：大连理工大学，2005.

[31] 杨力，史玉升，沈其文，等．选择性激光烧结覆膜砂芯成形工艺的研究[J]．铸造，2006，55(1)：20 ~ 22.

[32] Song J L，Li Y T，Deng Q L，et al. Rapid prototyping manufacturing of silica sand patterns based on selective laser sintering [J]. Journal of Materials Processing Technology，2007，187 ~ 188：614 ~ 618.

[33] Casalino G，Filippis L A C，Ludovico A. A technical note on the mechanical and physical characterization of selective laser sintered sand for rapid casting [J]. Journal of Materials Processing Technology，2005，166(1)：1 ~ 8.

[34] Tang Y，Fuh J Y H，Loh H T，et al. Direct laser sintering of a silica sand[J]. Materials & Design，2003，24(8)：623 ~ 629.

附　　录

附录 1

CM-1L 系列静态应变仪键盘按键功能及使用

CM-1L 系列静态应变仪键盘为矩阵式键盘，具有数字键及功能键。

数字键的功能：数字键主要用于数据采集通道的切换及 *K* 值大小的设置，由数字 0 ~ 9 以及“▲”（增）、“▼”（减）键组成。

功能键的功能：功能键共 5 个键，即功能换挡键“Shift”、“K(S)/测量”键、“总清/清零”键、“K(A)/巡检”键、机号键。

有关键盘的操作介绍如下。

（1）切换测点。

测点的切换要求在测量界面下完成，可通过两种途径实现。

方法一：用户可通过数字键输入 2 位数来实现测点切换。如由键盘输入 0、2，则表头显示切换为第 2 测点应变。

方法二：用户可通过按“▲”、“▼”键来查看各通道数据。

（2）*K* 值修正。

当表头显示测量界面时，用户按“Shift” +“K(S)/测量”组合键将表头显示切换为 *K* 值修正界面，查看 *K* 值或对 *K* 值进行修正，即：首先在键盘按下功能换挡键“Shift”，然后再按下“K(S)/测量”键，进入 *K* 值修正界面，表头显示当前测点应变片 *K* 值。在完成上述步骤后，可由数字键的输入对当前 *K* 值进行修改。例：当前 *K* 值为 2.000，若操作者输入四位数如 1999，则表头 *K* 值指示修正为 1.999，完成对 *K* 值的设置并自动保存，也可以通过按“▲”、“▼”键来设置。

表头显示 *K* 值时只需按下“K(S)/测量”键，表头即可切换回测量界面显示应变。应变值与 *K* 值显示最显著的差别是应变值无小数点，*K* 值显示是 2.000 左右的数值。若设置完 *K* 值返回测量界面，只对当前测点 *K* 值修正，在设置完 *K* 值后，按“K(A)/巡检”键，则仪器所有测点的 *K* 值被修改为与当前测量点相同的 *K* 值并返回测量界面。

（3）总清/清零。

按“总清/清零”键，对表头当前测点进行清零；若该键与“Shift”键相组合，可实现总清功能，即先按下“Shift”键，再按“总清/清零”键对各测点自动进行清零，然后返回原测点（即总清前测点）。

（4）巡检。

按一次“K(A)/巡检”键，对各测点自动循环测量一次，并且显示。

（5）测量。

导线接好后打开电源，10 位数码管发亮，由 5 到 0 递减，显示完成仪器自检，进入工作状态，应变表头左部 1 ~ 2 位显示联机站号，3 ~ 4 位显示测点 P，第 5 位显示正负号，

6～10位显示应变值或 K 值（仪器的应变片灵敏度系数）。预热30min，检查每个测量点初始不平衡值，如该数值稳定时，表示此点连接正确。出现不平衡数值有大的跳变或显示“E”时，应查明应变片或导线是否断、短路或有其他异常情况，根据具体情况排除故障。经此检查正确后按“总清”组合键（“Shift” + “总清/清零”）进行巡检清零。总清后给测件加载，加载完成后按“K（A）巡检”键，仪器以约每秒一测点的速率进行显示，也可通过数字键切换显示测点。

附录2

CS-1D型动态应变仪说明

一、面板说明

动态应变仪前后面板如图 A2-1 所示。

（1）增益选择开关。此开关分为1倍、1/2倍、1/5倍、1/10倍、1/20倍、0倍，共6档，使用时可根据被测信号的大小改变此开关。

（2）过荷灯。当仪器输出过荷时此灯亮。

（3）自动复零按钮。用于仪器输出清零。

（4）校准选择开关。此开关为0με、100με、200με、500με、1kμε、2kμε，共6档，可根据被测信号的大小，选择此开关的位置。

（5）功能选择开关。选择此开关不同的位置，可输出正校准值、负校准值及测量值。

（6）低通滤波器。低通滤波器分为10Hz、100Hz、300Hz、1kHz、10kHz、F，共6档，可根据被测量信号的频率选择适当的档位。

（7）电桥平衡。测量时用于调节初始不平衡外接电位器。

（8）增益微调。此电位器为增益调节，出厂时已调节好，正常情况下不要调节。

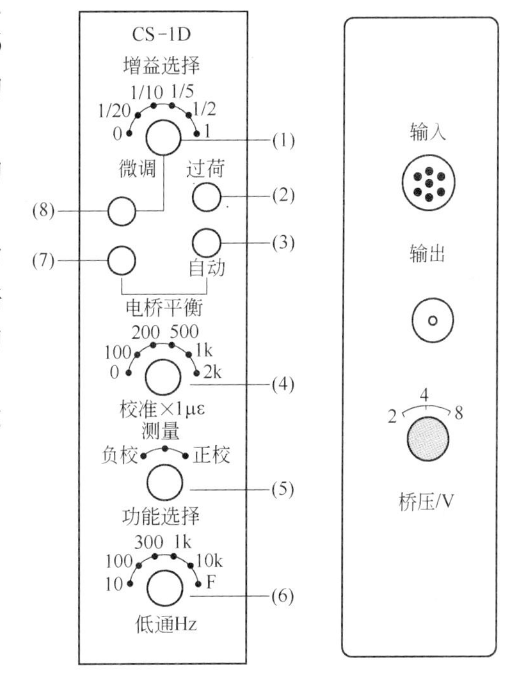

图 A2-1 动态应变仪前后面板

二、测量前的准备和仪器调节

1. 桥压选择

桥路电阻120Ω，桥压选2V或4V。

2. 桥路的连接

桥盒是应变测量元件与信号适调放大器（动态应变仪）连接的桥梁，熟悉桥盒的结构及连接方法是十分必要的。图 A2-2 所示为桥盒的引线结构，图中 R_1、R_2、R_3 是放在桥盒内的120Ω精密线绕电阻，作为辅助组桥用。图 A2-3 所示为1/4桥到全桥的连接方法。在（a）、（b）、（d）的连接方式中，必须使用120Ω的应变片，才能保证电桥平衡。在实际测量时，应变片的连线、桥盒接线柱之间的短路线都要尽可能用烙铁焊接。

为防止外部电磁干扰，特别是50Hz的干扰，桥盒与应变片之间用屏蔽线。遇到干扰严重，譬如集流环转接时，桥路干扰可能很大，可采用图 A2-3 中（b）、（d）三线式接法予以降低。在测量点远离仪器条件下，为了保证校准值的准确度，可采用六线制接法，即

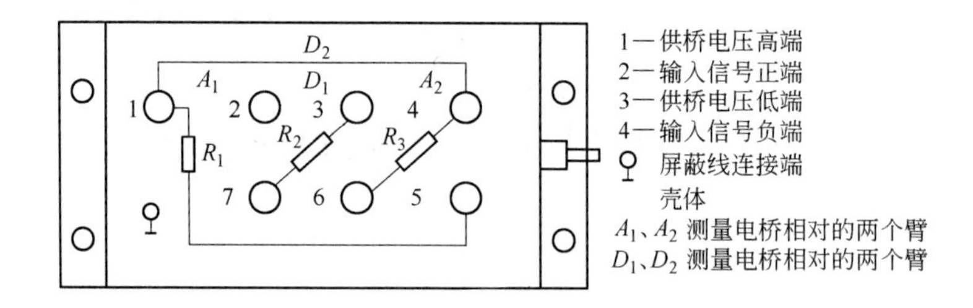

图 A2-2 桥盒结构及引线说明

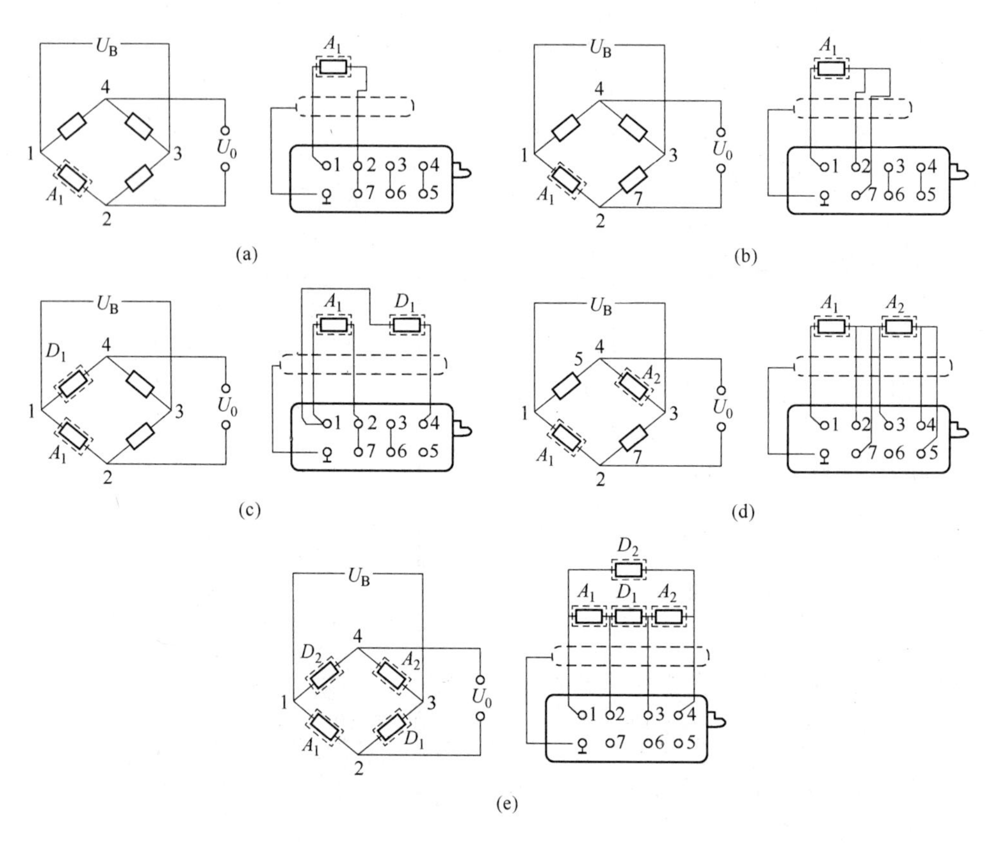

图 A2-3 应变片与桥盒的连接方法

(a),(b)一只应变片的连接；(c)，(d) 两只应变片的连接；(e) 四只应变片的连接

U_B—桥压；U_0—桥路输出

在桥盒插头和仪器桥路输入插座之间引入需要长度的七芯（或六芯）电缆，两端配接相应的六芯转接插头，即 1-1，2-2，…，6-6 对应连接，第七根芯线可剪断。

3. 应变片灵敏度系数的修正

本仪器设计使用的应变片系数 $K=2.00$，若使用灵敏度系数为 K_p 的应变片，实际的应变值 ε_p 为：

$$\varepsilon_p = \frac{2.00}{K_p}\varepsilon_c$$

式中　ε_c——测量的应变值。

4. 接通电源

所有测量通道桥路接好后，放大器增益置于“1”档的位置，无桥路接入的增益置于“0”位，开启电源。

5. 预热

仪器接通电源后即进入工作状态，为了保证稳定运行，电路应预热 15 ~ 30min，对于小应变或长时间测量，则需要 30 ~ 60min 预热。预热完毕，即可进行测量。

6. 零点调平衡

将功能转换开关置于“测量”位置，按下自动平衡按钮。使初始不平衡在最小范围内，然后调节平衡微调（逆时针旋动为减小，顺时针旋动为增大），观察电源通道的表头显示，使仪器输出为零。

三、测量

1. 低通滤波器档位的选择

为了滤除测量信号中不必要的频率分量，应将滤波器开关置于最高被测信号频率 5 ~ 10 倍的截止频率处，本装置截止频率为 10Hz、100Hz、300Hz、1kHz、10kHz 和 F（平坦无滤波）。

2. 量程选择

为了正确的测量，使被测信号有一个合宜的输出幅度，可用放大通道前面板上方增益量程开关和增益微调来完成（微调用螺丝刀调节）。为此，预测被测输出电压值或应变量是必要的。每个通道放大器放大倍数约 5000 倍，若桥压为 2V，单只应变片产生 1$\mu\varepsilon$ 时，输出约 5mV 峰值电压，100$\mu\varepsilon$ 产生约 0.5V 输出电压。用户可以根据预计的应变产生值来放置增益开关位置。增益开关为“1”时，约 5000 倍增益，“1/2”时为 2500 倍，依此类推。顺时针调节“微调增益”电位器，增益变大，逆时针增益减小，最小时约为最大增益的“1/3”值。桥压增加，相当于系统增益加大，即若桥压为 2V 时，对被测信号放大为 5000 倍，桥压为 4V 时，系统实际增益变为 10000 倍。在连续信号测量时，还可以利用过荷灯来适当调节增益，即用增益开关粗调，用随仪器配带的螺丝刀对增益微调电位器进行调节，以保证不过荷，过荷会造成输出信号过大甚至波形失真。

附录 3

振动信号采集分析实验室软件系统使用说明

一、系统的启动与退出

1. 系统的启动

操作：

（1）选择“开始”菜单→“所有程序”→“振动信号采集分析实验室”→“振动信号采集分析实验室”启动系统。

（2）出现启动界面。

（3）出现系统提示，询问是否导入上次退出时保存的设置，如“确定”则导入上次测试分析时的参数，“取消”则以软件出厂设置的参数进入系统。

（4）最后出现系统主界面。

2. 系统的退出

退出本系统可采用两种方法。

方法一：

（1）单击菜单“文件”→“退出”。

（2）出现保存设置提示。用户可选择是否保存当前的设置，以便下次启动时恢复系统设置。保存设置信息包括：采样频率，是否采样保持，放大倍数，开始通道，结束通道，曲线背景颜色，时域曲线颜色，网格颜色，频域曲线颜色，读值线颜色，边框颜色，标注内容，通道设置内容，是否是静态应变应力测量。

（3）然后系统提示是否退出，用户可根据目前的需求选择是否退出系统。

方法二：

可通过系统窗口上的关闭按钮退出系统，后续提示同方法一。

二、数据采集

1. 数据采集功能简介

本系统具有最高 500kHz 的采样频率，最多可进行 32 个通道的连续海量存储（以硬盘单个逻辑分区容量为极限），可选择是否监视采集状态，采用多窗口显示通道的时域波形，进行采集监视。采集时可在时域电压波形、傅氏谱分析频域波形和物理量值之间进行切换。

本系统可进行灵活的触发控制，可以手动控制采集的开始与结束，可进行指定通道的电压信号触发采集（含多次触发采集），可灵活设定采集时间。可进行记忆触发。

采样频率可在30 ~ 500000Hz 之间灵活设置，采集通道可在 1 ~ 32 之间连续选择。

2. 采集频率设置

单击采集设置工具栏上的“采样频率”下拉列表，可以选择一些常用的采样频率值，如果想设置列表中没有列出的特定的频率值，可以直接输入频率采样值进行设置。采样频率设置了合法性检查功能，如果出现错误输入，会出现提示。

3. 通道选择

采集开始前，要对开始通道和结束通道进行设置，由于硬件的限制，采集通道必须连续选择。在下拉列表中选择开始通道和结束通道。

举例：如果选择1~4通道，则开始通道选择1，结束通道选择4。

4. 放大倍数选择

采集卡的放大增益可选择1、2、4、8、16或1、10、100、1000。

单击放大倍数选项列表可以选择需要的放大倍数。

5. 采样保持选择

通过选择采集设置工具栏上的“采样保持”选择框来决定是否进行采样保持（用户需购买采样保持模块）。

6. 采集时间间隔及采集持续时间设置

通过在“采集间隔”和“采集时间”输入栏中输入两次采集的时间间隔和每次采集持续的时间来完成定时采集和电平触发采集的参数设定。

7. 多次触发及触发次数设定

当用户设定了一个触发条件时，可以以这个触发条件来决定是否进行多次触发，并设定触发次数，在选定了“多次触发”后可以设定一个自然数值来决定多次触发次数。如果触发次数为0，则为手动采集功能。

8. 记忆触发

为了保持数据的完整性，可以保存满足触发条件之前的一部分数据（保存的数据长度与用户设置的“分析窗口”长度一样），以观察满足触发条件之前外部输入的状态。

9. 触发条件设置

在触发参数选项卡中，用户可以对通道的触发参数进行设置。

如果某一个通道或某几个通道要参与触发，则首先应选中该通道的“参加触发”选项，然后可以设置触发电平，触发电平是以采集卡输入满度值的百分比来表示的，缺省状态为100%，也就是任何条件都可以触发采集。

触发极性的设置有三种选项可供选择：正、负、绝对值。

10. 数据采集应用举例

本系统的数据采集功能可分为手动采集、定时采集和电平触发三类。

（1）手动采集。

手动采集可分为两种状态：示波状态和采集状态。

示波状态：设置好“采集频率”、“通道选择”、“放大倍数”后，只需单击“开始采集”按钮或选择执行“数据采集”菜单中的“开始采集”命令，即可实时显示各通道的波形，主窗体标题栏显示“示波”字样。

采集状态：首先新建数据文件，这时主窗体右下角状态栏显示出新建文件的存储路径，设置好“采集频率”、“通道选择”、“放大倍数”后，单击“开始采集”按钮或选择执行“数据采集”菜单中的“开始采集”命令，即可进行数据采集，采集数据存入新建立的数据文件，同时实时显示各通道的波形，主窗体标题栏显示“采集”字样，状态栏的“文件大小”增长变化。

注意：手动采集时“采集间隔”必须为0.00。

（2）定时采集。

定时采集功能：可通过设置采集间隔时间、采集持续时间及多次采集次数来实现。

（3）电平触发采集。

电平触发采集功能：用户可以选择一个或多个通道的触发电平、极性、采集时间及触发次数。

例如：选择1～3通道都参加触发，并且1、2通道的触发电平分别为80%和91%，极性都为“正”，满足触发条件时每次采集10s，触发3次。

（4）采集零点。

为了消除采集信号零点对测量及分析的影响，需要在测试前按“0”键，采集一次零点数据；采集或分析时在“补偿零点”选框前打钩，即可显示消除零点后的分析信号，用户可通过点击补偿零点按钮查看零点数据。

三、文件操作

1. 新建数据文件

在开始采集之前应该先建立数据文件，以保存需要的数据。可以通过两种方式新建数据文件。

（1）单击常用工具栏上的新建数据文件图标，弹出文件存储对话框。文件扩展名为“*.usb”，新建的数据文件路径将在主窗体右下的状态栏显示。

（2）通过文件菜单或快捷键来新建数据文件，可以单击菜单中的“文件”→“新建数据文件”，或者使用快捷键“Ctrl + N”来新建数据文件。

2. 打开数据文件

打开数据文件可以通过两种方式进行：

（1）单击常用工具栏上的打开数据文件图标，弹出打开文件对话框。文件扩展名为“*.usb”。

（2）通过文件菜单或快捷键来打开数据文件。可以单击菜单中的“文件”→“打开数据文件”，或者使用快捷键“Ctrl + O”来打开数据文件。

3. 通道数据另存为

通道数据另存为目的是将打开的数据文件以新的名称存盘，可以进行以下四种方式操作：当前文件另存为、当前通道另存为、当前所有通道另存为、拆分多个通道文件。

（1）当前文件另存为。

打开数据文件，然后通过菜单选择“文件”→“通道数据另存为”→“当前文件另存为”。可以将当前打开的文件另存为其他的文件名。主要用于文件的备份，以及采集文件的后处理。

（2）当前通道另存为。

打开数据文件后，可以将当前打开的数据中的某一个窗口以分析窗口长度的点数存储成一个文件。文件名为“用户输入的文件名+通道编号.usb”。

例如：如果用户保存的文件名为“Data”，选定的当前通道为“通道5”，则生成的通道数据文件名为“Data通道5.usb”。

（3）当前所有通道另存为。

打开数据文件后，可以对所有的通道数据以分析窗口长度的点数存储成一个新命名的文件。

（4）拆分多个通道文件。

打开数据文件后，可将数据文件按通道数拆分为多个数据文件。

每一通道文件命名规则为“用户输入的文件名+通道编号.usb”。

例如：如果用户保存的文件名为“Data”，文件中含有1~7通道的数据，则生成的通道数据文件名为“Data通道1.usb~Data通道7.usb”。

注意：本功能需根据拆分文件的大小花费数秒至数小时不等的时间。

4. 另存为文本文件

为了便于Word、Excel、Matlab、Labview等软件对采集的数据进行处理，本功能提供了将二进制数据文件转化为文本文件的功能。系统提供了三种将二进制数据文件转换为文本文件的功能：当前文件另存为文本文件，当前选中通道另存为文本文件，当前全部通道另存为文本文件。

（1）当前文件另存为文本文件。将当前二进制文件转换为文本文件。注意：转换时间以文件大小为限制，从数秒至数小时不等。

（2）当前选中通道另存为文本文件。将当前通道数据另存为文本文件。

（3）当前全部通道另存为文本文件。将当前所有通道数据另存为一个文本文件。

5. 关闭数据文件

关闭采集的数据文件或打开的数据文件。通过菜单选择“文件”→“关闭数据文件”。

6. 通道频谱另存为文本文件

本系统可将单个通道或多个通道频谱分析后的结果存储为文本文件。操作方式：选择“文件”→“通道频谱另存为文本文件”→“当前（所有）通道频谱另存为文本文件”。

7. 应变数据另存为文本文件

本系统可将应变应力数据另存为文本文件，操作方式：“文件”→“应变数据另存为文本文件”。

8. 通道快照及其保存

本系统可以将任意一个活动子窗口的图像存储为*.jpg、*.jpeg、*.bmp、*.ico、*.wmf、*.emf格式的图像文件。

操作过程为：

（1）单击菜单“文件”→“通道快照”。

（2）弹出保存图像文件对话框。

9. 通道数据的打印

本系统提供了对通道曲线数据的打印功能。

操作过程为：

（1）打开数据文件；

（2）选择想要打印的通道窗口；

（3）选择菜单“文件”→“打印”或“Ctrl + P”；

（4）出现打印机设置对话框；

（5）出现页面设置对话框。

四、视图

视图功能包括：曲线颜色管理、时域数据、频域数据、数值数据、统计数据的切换、工具栏和状态栏的显示与隐藏、窗口管理等功能。

1. 频谱的显示与隐藏

（1）单通道频谱显示与隐藏。

操作：右键单击目标窗体，在快捷菜单中选择“显示频谱”。

（2）所有通道频谱显示与隐藏。

操作：菜单“视图”→“显示频谱”。

2. 数值数据的显示与隐藏

（1）单通道数值数据显示与隐藏。

操作：右键单击目标窗体，在快捷菜单中选择“波形/数据切换”。

（2）所有通道频谱显示与隐藏。

操作：菜单“视图”→“波形/数据示波”。

3. 统计信息的显示与隐藏

（1）单通道统计信息显示与隐藏。

操作：右键单击目标窗体，在快捷菜单中选择“显示统计信息”。

（2）所有通道统计信息显示与隐藏。

操作：菜单“视图”→“统计信息”。

4. 状态栏的显示与隐藏

操作：“视图”→“状态栏”。

5. 工具栏的显示与隐藏

操作：“视图”→“工具栏”。

6. 曲线颜色管理

（1）通道曲线颜色管理。

操作：“工具”→“颜色管理”，弹出颜色管理对话框。

（2）所有通道使用相同的颜色设置。

功能：所有通道应用当前通道的颜色设置。

操作：“工具”→“所有通道使用相同的颜色设置”。

五、数据回放

本系统提供了各种方式的数据回放功能。

1. 开始回放

操作："数据采集"→"开始回放"。

2. 分析窗口长度设置

操作：在采集、回放工具栏上修改分析窗口长度。

3. 步进长度设置

操作：在采集、回放工具栏上修改步进长度。

4. 回放速度设置

操作：在采集、回放工具栏上修改回放速度。

5. 帧进回放

操作："数据采集"→"帧进回放"。

6. 帧退回放

操作："数据采集"→"帧退回放"。

六、应变应力

1. 应变应力参数设置

操作：

(1)"视图"→"工具栏"→"通道参数设置"；

(2) 出现通道设置工具栏；

(3) 在工具栏中选择需要的通道的测量内容为"应变应力"；

(4) 设置"应变应力选项卡"；

(5) 在"应变应力选项卡"中设置相应的应变应力参数。

2. 应变应力采集及分析

操作：按第"2"项进行数据采集。注意：在加载前一定要进行一次"采集零点"操作，分析时打开采集的数据文件，进行"应变应力"→"应变应力分析"→……→"停止应变应力分析"操作。

应变应力分析：

(1) 进行通道设置，各通道窗口将显示经过修正后的各通道实际应变值。

(2) 单击"应变应力"→"应变应力分析"。

(3) 出现提示框。

(4) 应变应力结果。

3. 静态应变应力测量与分析

操作：

(1) 新建数据文件。

(2) 设置为"应变应力"，"标定系数"按应变仪给出的参数设置好，在"应变应力"选项卡中"静态"框前打钩。

(3) 设置静态应变应力显示通道。

操作过程："应变应力"→"静态应变显示选择"。出现对话框，选定好需要观察的应变通道后，点击采集后即可实时查看应变应力分析后的数据。

(4) 加载前进行一次"采集零点"操作，每加载一次，单击"开始采集"按钮。

七、量纲与标定

1. 量纲管理

操作："工具"→"量纲管理"，打开量纲管理选项卡。

2. 量纲与标定设置

操作：

（1）"视图"→"工具栏"→"通道参数设置"；

（2）出现通道设置工具栏。

八、标注

1. 添加标注

操作：右键单击目标曲线在快捷菜单中选择"标注"→"添加标注"。

2. 删除当前标注

操作：选择要删除的标注，右键单击目标曲线在快捷菜单中选择"标注"→"删除当前标注"。

3. 删除全部标注

操作：右键单击目标曲线在快捷菜单中选择"标注"→"删除全部标注"。

4. 修改标注内容

操作：单击目标标注，在弹出的文本框中输入内容，在结束时按回车键即可。

注意：每条曲线的标注内容不得多于 10 个。

冶金工业出版社部分图书推荐

书　名	定价(元)
金属精密塑性加工工艺与设备	46.00
金属塑性成形力学	26.00
金属塑性成形力学原理	32.00
金属塑性成形	28.00
金属塑性加工学——轧制理论与工艺	39.80
金属塑性加工学——挤压、拉拔与管材冷轧	35.00
塑性加工金属学	25.00
二十辊轧机及高精度冷轧钢带生产	69.00
中国冷轧板带大全	138.00
板带材生产原理与工艺	28.00
高精度板带材轧制理论与实践	70.00
薄板坯连铸连轧钢的组织性能控制	79.00
薄板坯连铸连轧微合金化技术	58.00
德汉轧钢词典	58.00
金属固态相变教程(第2版)	30.00
金属固态相变原理	20.00
贝氏体与贝氏体相变	59.00
合金定向凝固	25.00
材料科学与工程实验系列教材	
材料科学与工程实验教程(金属材料分册)	43.00
材料成型与控制实验教程(焊接分册)	36.00
金属材料塑性成形实验教程	20.00
材料现代分析测试实验教程	25.00
材料织构分析原理与检测技术	36.00
材料微观结构的电子显微学分析	110.00
材料组织结构转变原理	32.00
材料现代测试技术	45.00
材料的结构	49.00
材料科学基础	45.00
材料评价的分析电子显微方法	38.00
材料研究与测试方法	20.00
材料的晶体结构原理	26.00
现代冶金分析测试技术	28.00
现代物理测试技术	29.00
X射线衍射技术及设备	45.00
X射线衍射实验方法	15.00
现代材料表面技术科学	99.00
材料加工新技术与新工艺	26.00
金属材料工程概论	26.00